土木建筑大类专业系列新形态教材

通风空调工程设计与施工

孔祥敏 ◙ 主　编

清華大學出版社
北　京

内容简介

本书紧扣现行国家设计规范、施工质量验收规范、行业标准，聚焦建筑设备类专业数字化设计人才培养需求，采用项目化、案例化教学的理念，通过通风系统、多联机空调系统、风机盘管加新风空调系统等设计实例，讲解 Revit 和 BIMSpace 的正向设计功能和使用技巧。全书由浅入深，借助软件的数据嵌入及校验功能，完成负荷计算、设备选型、管网水力计算，实现通风空调系统设计的模图一体化。从课程体系、教学方法及软件应用等方面构建数字设计人才认知升级、知识升级、技能升级的全新路径。

本书是面向实际应用的 BIM 图书，不仅可以作为建筑设备类专业的核心专业课教材、毕业设计指导书，还可以作为广大从事 BIM 工作的工程技术人员的参考书。

图书在版编目(CIP)数据

通风空调工程设计与施工/孔祥敏主编. —北京：清华大学出版社，2023.7
土木建筑大类专业系列新形态教材
ISBN 978-7-302-63692-2

Ⅰ. ①通… Ⅱ. ①孔… Ⅲ. ①通风设备－建筑安装工程－工程施工－高等学校－教材 ②空气调节设备－建筑安装工程－工程施工－高等学校－教材 Ⅳ. ①TU83

中国国家版本馆 CIP 数据核字(2023)第 101423 号

责任编辑：杜 晓
封面设计：曹 来
责任校对：刘 静
责任印制：宋 林

出版发行：清华大学出版社
网 址：http://www.tup.com.cn，http://www.wqbook.com
地 址：北京清华大学学研大厦 A 座　**邮 编：**100084
社 总 机：010-83470000　**邮 购：**010-62786544
投稿与读者服务：010-62776969，c-service@tup.tsinghua.edu.cn
质量反馈：010-62772015，zhiliang@tup.tsinghua.edu.cn
课件下载：http://www.tup.com.cn，010-83470410
印 装 者：三河市君旺印务有限公司
经 销：全国新华书店
开 本：185mm×260mm　**印 张：**12.75　**字 数：**289 千字
版 次：2023 年 7 月第 1 版　**印 次：**2023 年 7 月第 1 次印刷
定 价：49.00 元

产品编号：102000-01

前言

本书根据供热通风与空调工程技术专业、建筑设备工程技术专业的人才培养方案的培养目标及核心专业课程的课程标准，结合编者的教学经验及当前建筑安装企业通风与空调工程施工流程和施工方法编写而成。

党的二十大报告指出："教育、科技、人才是全面建设社会主义现代化国家的基础性、战略性支撑。"本书紧扣国家战略和党的二十大精神，依据现行国家设计规范、施工质量验收规范、行业标准，采用项目化、案例化的教学理念进行编写，设置"任务引导""相关知识"等模块，并引入工程实例，强调"工学结合"。全书分 6 个项目：民用建筑通风系统设计、负荷计算、多联机空调系统、全空气空调系统、空气-水空调系统、通风空调系统施工。本书特点如下。

1. 任务驱动

每个项目均有任务引导与相关知识，在任务引导中明确任务要求，厘清任务实施的步骤；在相关知识中梳理完成任务所需的专业知识，并以实例详细示范。

2. 应用 BIM

近年来，BIM 技术在建筑行业得到广泛应用，国家也推出了大量政策来鼓励 BIM 技术的应用，可见应用 BIM 技术是未来发展的必然趋势。本书引入 BIM 的先进理念，使学生在学习专业知识的同时，熟悉 Revit 与 BIMSpace 机电的正向设计功能、建模流程与技巧，并能综合利用这些软件方便、快捷地完成暖通空调系统的设计与建模。

3. 由浅入深

本书的结构为通风系统设计—空调负荷计算—空调系统设计—通风空调系统施工。任务的设置由浅入深，从最简单的卫生间排风系统设计到新风系统设计，完成负荷计算后，再从简单容易入手的多联机空调系统设计到全空气、空气-水空调系统的设计，最后到通风空调系统的施工验收。

4. 图文并茂

在知识梳理中，加入大量的表格、实物图片与示意图，以增强可读性。在设计举例部分，注重实战应用，插入了详细的截图，以便于读者快速熟悉 Revit、BIMSpace 机电的正向设计功能与常用命令的基本操作，完成设计与建模任务。

本书由江苏城乡建设职业学院孔祥敏担任主编，沈晓林、潘飞担任副主编。编写的具体分工为：项目 1、3～6 由孔祥敏编写，项目 2 由沈晓林、潘飞编写。东华工程科技股份有限公司高级工程师马伏战对本书的编写提供了很多宝贵意见。

本书在编写过程中参考了多本同类及相关教材，在此表示衷心感谢。由于编者水平有限，本书难免有不妥与不足之处，敬请广大读者批评、指正。

编　者

2023 年 2 月

目 录

项目 1 民用建筑通风系统设计

行政楼建筑模型

任务引导

任务 1 卫生间排风系统设计

任务要求

通过完成民用建筑(行政楼 3F)卫生间排风系统 BIM 模型的创建,掌握排风量的计算方法,熟悉排风管道和排风扇的选择与布置。

任务分析

卫生间排风量的计算要依据设计规范进行。在 Revit 建筑模型中完成排风扇和排风管道的布置后,利用 BIMSpace 进行排风系统的水力计算,再将水力计算结果(风管尺寸)赋值给排风管道。

任务实施

1. 熟悉任务。
2. 计算卫生间的排风量。
3. 选择排风扇规格型号。
4. 确定排风扇与管道位置,完成初步绘制。
5. 进行排风系统水力计算。
6. 将水力计算结果(风管尺寸)赋值给排风管道。
7. 选择并布置室外排风口。
8. 完成排风系统 BIM 模型的创建。

任务 2 新风系统设计

任务要求

通过完成民用建筑(行政楼 4F)办公室新风系统 BIM 模型的创建,掌握新风量的计算方法,熟悉新风管道和新风机的选择,完成新风系统的设计。

任务分析

新风量的计算要依据设计规范进行。在 Revit 建筑模型中完成新风机和新风管道的布置后,利用 BIMSpace 进行新风系统的水力计算,再将水力计算结果(风管尺寸)赋值给新风管道。

任务实施

1. 熟悉任务。
2. 计算行政楼4F的新风量。
3. 选择新风机的规格型号。
4. 确定新风机与新风管道的位置，完成初步绘制。
5. 进行新风系统水力计算。
6. 将水力计算结果赋值给新风管道。
7. 选择并布置室内送风口与室外进风口。
8. 完成新风系统BIM模型的创建。

任务3 地下室排烟系统BIM模型的建立

任务要求

通过完成民用建筑(行政楼)地下车库排烟系统BIM模型的创建，熟悉排烟量的计算方法，熟悉排烟管道和排烟风口的选择，了解防烟分区的划分原则。

任务分析

民用建筑地下车库排烟量的计算要依据设计规范进行。在Revit建筑模型中完成排烟风机、排烟管道以及排烟风口的布置后，利用BIMSpace进行排烟系统的水力计算，校验其排烟管道尺寸。

任务实施

1. 熟悉任务。
2. 计算地下室排烟量。
3. 布置排烟风机、排烟管道以及排烟风口。
4. 进行排烟系统水力计算。
5. 校验排烟管道尺寸。
6. 完成排烟系统BIM模型的创建。

相关知识

1.1 建筑通风系统

通风是改善室内空气环境的一种重要手段。把建筑物室内污浊的空气直接或净化处理后排至室外，同时把室外新鲜的空气补充进来，从而保持室内的空气环境符合卫生标准和生产工艺的要求，这一过程就是通风。

通风包括从室内排除污浊的空气和向室内补充新鲜的空气两个方面。其中，前者称为排风，后者称为送风或进风。为实现排风或送风而采用的一系列设备、装置的总体，称为通风系统。

1.1.1 通风系统的分类

按照空气流动的动力不同，通风系统可以分为自然通风系统和机械通风系统两大类；按照作用范围的不同，通风系统又可以分为全面通风系统和局部通风系统两大类。

1. 自然通风系统

结合建筑物的特定结构，依靠室外风力造成的风压和室内外空气温度差所造成的热压，使空气流动的通风系统称为自然通风系统。因此自然通风有两种形式：一种是风压作用下的自然通风；另一种是热压作用下的自然通风。

1）风压作用下的自然通风

风压作用下的自然通风是利用室外空气流动（风力）产生的室内外气压差来实现空气交换的方式。在风压的作用下，室外具有一定速度的自然风作用于建筑物的迎风面上，迎风面的阻挡使空气流速减小，静压增大，从而使建筑物内外形成一定压差。室内空气则通过建筑物背风面上的门、窗、孔口排出，如图 1-1 所示。在民用建筑中普遍采用利用风压进行通风，穿堂风即是南方地区利用风压进行通风降温的手段。

2）热压作用下的自然通风

热压作用下的自然通风是利用室内外空气温度不同而形成的密度差实现室内外空气交换的通风方式。当室内空气的温度高于室外时，室内空气密度较小，室外空气密度较大，由于密度差形成的作用力，使室外空气从建筑物下部的门、窗、孔口进入室内，室内空气则从建筑物上部的孔洞或天窗排出，实现换气，如图 1-2 所示。

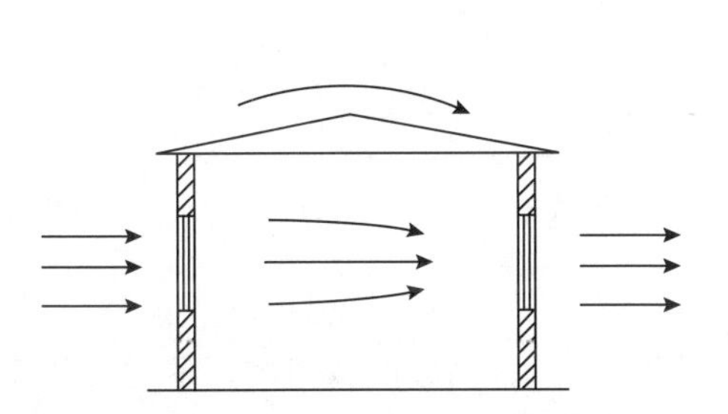

图 1-1 风压作用下的自然通风

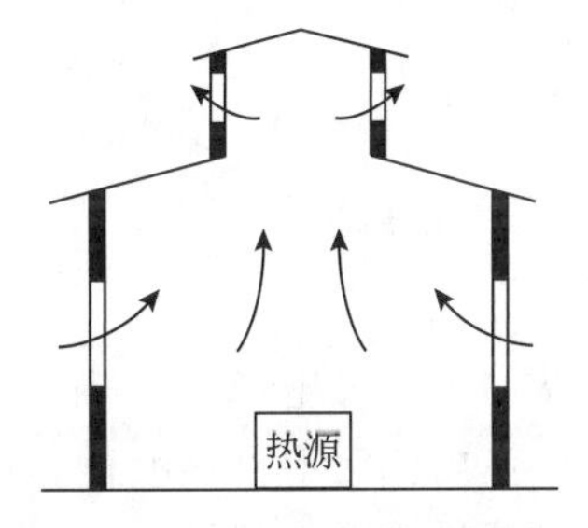

图 1-2 热压作用下的自然通风

自然通风的通风量大小可以通过调节门窗开启面积来改变时，称为有组织的自然通风，应用比较广泛。无组织的自然通风是室内外空气通过围护结构的缝隙进行交换，不能调节风量大小和室内气流方向，是一种辅助性通风措施。

自然通风是一种经济的通风方式，它不消耗能源就能得到较大的通风量，但通风效果不稳定，通风量受室外气象条件特别是风力作用的影响；通风的效果还取决于建筑物的结构形式、总平面布置等。所以自然通风主要在热车间排除余热的全面通风中采用，也用于某些热设备的局部排风。

3）屋顶通风器

屋顶通风器是利用自然通风的原理强化自然通风效果的无动力设备，通常安装在屋顶，如图 1-3 所示。

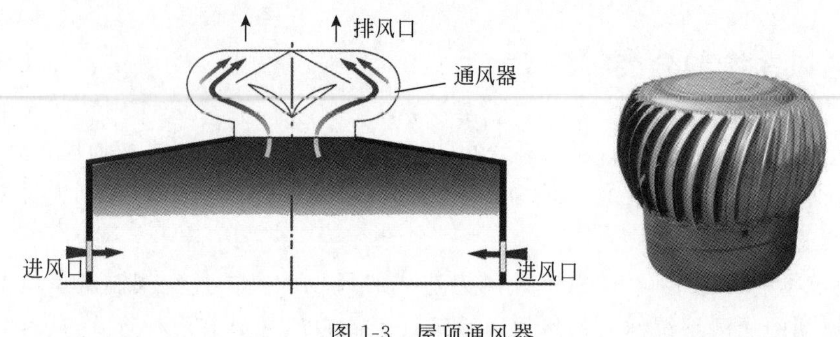

图 1-3 屋顶通风器

2. 机械通风系统

机械通风是依靠风机产生的风压强制空气流动，实现室内外空气交换的通风方式，如图 1-4 所示。机械通风系统可分为机械送风系统和机械排风系统。机械送风是指向室内所有区域送风，或向室内某个区域送风。机械排风是指排出室内所有区域的污染空气，或排出室内某个区域的污染空气。

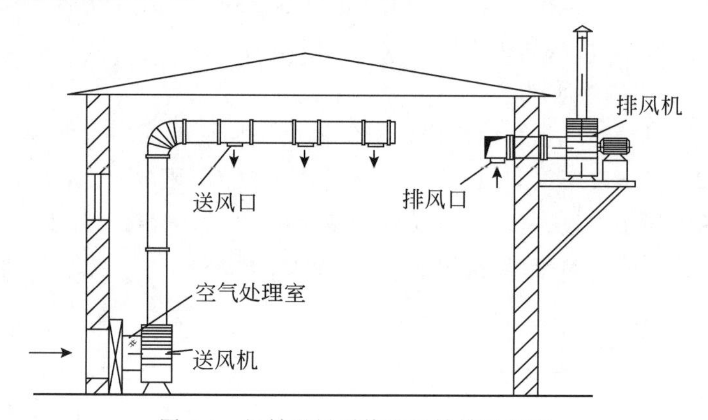

图 1-4 机械送风系统和机械排风系统

机械通风系统中，空气的输送或流动由风机提供动力，能有效地控制风量和送风参数，既可以向室内任何地方供给适当数量且经过处理的空气，也可以从室内任何地方按工艺要求的排风量排出一定数量的被污染的空气。机械通风系统占用较大建筑面积或空间，投资大、运行维护费高，安装和管理复杂。

在实际应用中，自然通风与机械通风可以结合起来使用。如果室内有发热设备，为了获得较好的通风换气量，可以在设置机械送风系统的同时设置自然排风系统。

3. 全面通风系统

全面通风也称稀释通风，它主要是对整个室内进行通风换气，将新鲜的空气送入室内，以改变室内的温度、湿度，稀释有害物，并不断把污浊空气排至室外，使室内工作地带的空气环境符合卫生标准的要求。当室内不能采用局部通风或局部通风不能达到要求时，应采用全面通风。全面通风一般有全面排风、全面送风、全面送排风和置换通风 4 种形式。

1）全面排风系统

如图 1-5 和图 1-6 所示，全面排风系统即通过轴流风机或离心风机向室外机械排风，对室内造成负压;室外空气由外墙(对面)上的窗孔流进室内形成自然通风,从而使整个室内形成全面排风。全面排风适用于要求室内产生的有害物尽可能不扩散到其他区域或邻室区的区域或房间。

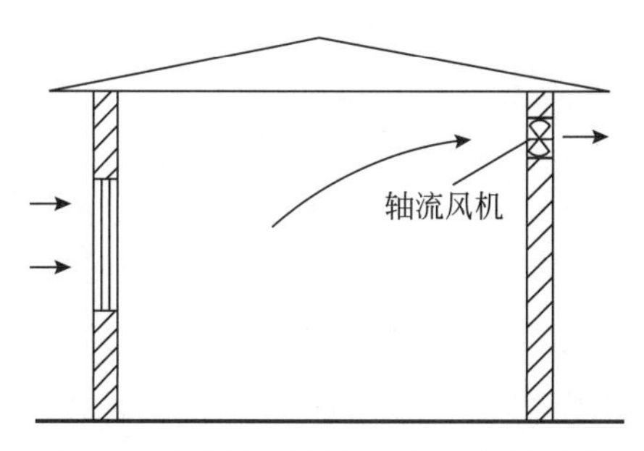

图 1-5 利用轴流风机的全面排风系统

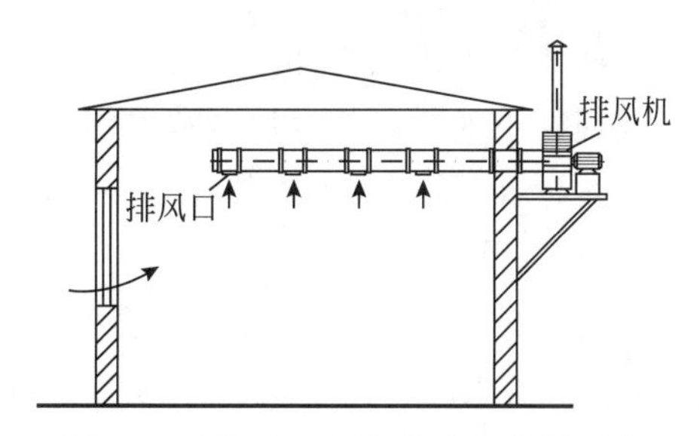

图 1-6 利用离心风机的全面排风系统

2) 全面送风系统

如图 1-7 所示,全面送风系统即室外新鲜空气经空气处理装置处理后,利用风机经送风管道和风口送入室内,对室内造成正压,室内污浊空气由外墙上的窗孔流到室外,使整个室内形成全面的机械送风系统。为了使送入室内的空气比较洁净,温度不至过低,一般将送入室内的空气用空气过滤器和空气加热器进行简单的处理。

3) 全面送排风系统

如图 1-4 所示,全面送排风系统即室外新鲜空气在送风机作用下经空气处理设备、送风管道和送风口被送入室内,室内污浊空气在排风机作用下直接排至室外或净化后排放。可以通过调整送风量和排风量的大小,使室内保持一定的正压或负压。

4) 置换通风系统

如图 1-8 所示,置换通风系统是一种新型的通风形式,其工作原理是根据空气密度差造成的热气流上升、冷气流下降的原理,在室内形成类似活塞流的流动状态,可使人员停留区具有较高的空气品质、热舒适性和通风效率。

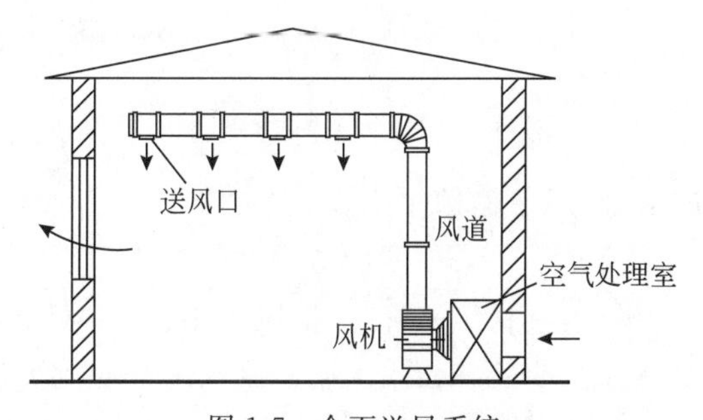

图 1-7 全面送风系统

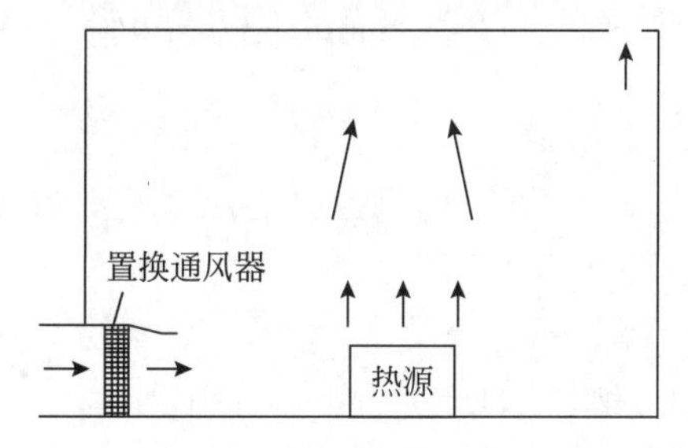

图 1-8 置换通风系统

置换通风是指将低于室内温度的新鲜空气直接从房间底部送入工作区,由于送风温度低于室内温度,新鲜空气在后续进风的推动下与室内的热源(人体及设备)产生热对流,在热对流的作用下向上运动,从而将被污染的空气从设置在房间顶部的排风口排出。一般情况下,置换通风的送风温度低于室内温度 2~4℃,以极低的风速(一般为 0.25m/s 左右)从房间底部的送风口送出，由于其动量很低，不会对室内主导气流造成影响，像倒水一样在地面形成一层很薄的空气层。最终使室内空气在流态上分成两个区：上部混合流动的高温空气区，下部单向流动的低温空气区。

4. 局部通风系统

局部通风指为改善局部空间的空气环境，向该空间送入或从该空间排出空气的通风方式。局部通风一般有局部送风和局部排风两种形式，它们都是利用局部气流，使工作地点不受有害物污染，从而改善工作地点的空气环境。

1）局部送风系统

如图 1-9 所示，局部送风系统是将处理后符合室内卫生标准和工艺要求的空气送到局部工作地点的通风方式。局部送风系统可以保证工作地点的良好环境，直接向人体送风的方法又称为空气淋浴。

2）局部排风系统

如图 1-10 所示，局部排风系统是在散发有害物的局部地点设置排风罩捕集有害物，适当处理后排至室外的通风方式。局部排风系统可以防止有害物与工作人员接触或扩散到整个空间。

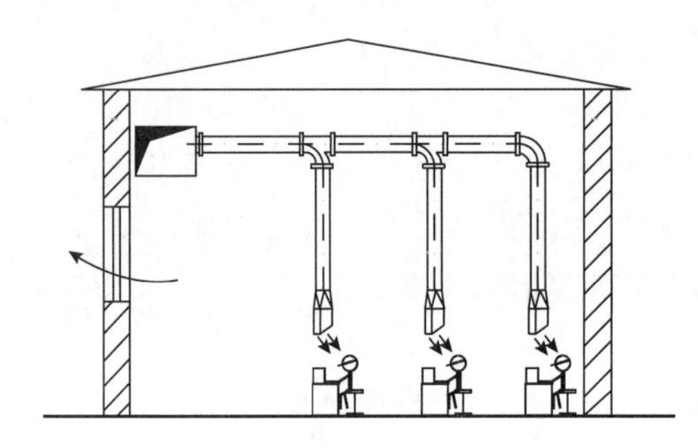

图 1-9　局部送风系统示意图

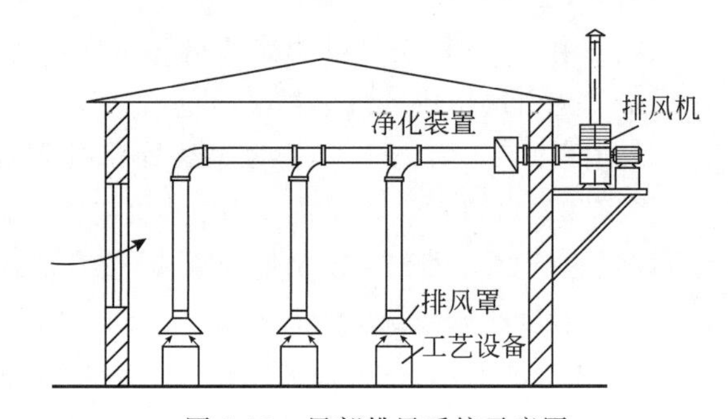

图 1-10　局部排风系统示意图

1.1.2　通风系统的主要部件

1. 风管

通风管道即风管，是通风系统的重要组成部分，用于输送气体。

1）风管材料

制作风管的材料很多，工业通风系统常使用薄钢板制作风管，根据风管用途（一般通风系统、除尘系统）及其截面尺寸的不同，钢板厚度为 0.5～3mm。工业通风系统常使用薄钢板制作风管，板材的规格为 750mm×1800mm、900mm×1800mm 及 1000mm×2000mm 等。其厚度为：一般风管 0.5～1.5mm，除尘风管 1.5～3.0mm。

输送腐蚀性气体的通风系统，如采用涂刷防腐油漆的钢板风管仍不能满足要求时，可用硬聚氯乙烯塑料板制作，截面也可做成圆形或矩形，厚度为 2～8mm。埋在地下的风管，通常用混凝土做底，两边砌砖，内表面抹光，上面再用预制的钢筋混凝土板做顶，如地下水位较高，尚需做防水层。

在民用和公共建筑中，为节省钢材和便于装饰，除钢板风管外，也常使用矩形截面的砖砌风管、矿渣石膏板或矿渣混凝土板风管，以及圆形或矩形截面的预制石棉水泥风管等。另外，由于近年来玻璃钢材料的防火阻燃性能得到了改善，玻璃钢风管的使用也日趋广泛。

2）风管的形式

常用通风管道的截面形状有圆形和矩形等。

（1）圆形风管阻力小、消耗材料少，但占据空间多，布置时难以与建筑结构配合，常用于高速送风系统。圆形风管以外径 D 表示，单位为 mm。

（2）矩形风管制作简单、能充分利用建筑空间、容易与建筑结构相配合，但材料消耗多、阻力大。当考虑到美观和穿越结构物或管道交叉敷设时便于施工，应采用矩形风管或其他截面风管。矩形风管外边长用 A（宽）$\times B$（高）表示，单位为 mm。

3）风道的布置与敷设

（1）风管的布置

风管的布置应与建筑、生产工艺密切配合，风管应尽量短；风管布置可以采用架空、地沟和地下室的方式；在风管易积灰尘处应设密闭的清扫孔。在居住和公共建筑中，垂直的砖风管最好砌筑在墙内，但为避免结露和影响自然通风的作用压力，一般不允许设在外墙中而应设在间壁墙里。

布置原则：不影响工艺过程和采光，与建筑结构密切结合，尽量缩短风管的长度。并应减少局部阻力，避免复杂的局部管件，弯头、三通等管件要安排得当，风管力求顺直。同时，应避免与工艺设备及建筑物的基础相冲突。此外，对于大型风管，还应尽量避免影响采光。

（2）风管的敷设

通风系统在地面以上的风管，通常采用明装，并用支架支承，沿墙壁及柱子敷设，或者用吊架吊在楼板或桁架下面（风道距墙较远时）。敷设在地下的风管，应避免与工艺设备及建筑物的基础相冲突，并应与其他各种地下管道和电缆的敷设相配合。此外，尚需设置必要的检查口。

2. 风机

通风机即风机，是通风系统中的重要设备，是输送气体并提高气体能量的一种流体机械。风机为系统中的空气提供动力，从而克服风道和其他部件、设备所产生的阻力。在通风和空调工程中，常用的风机有离心式风机和轴流式风机两大类。在民用建筑卫生间通风系统中，换气扇应用较多。

1）离心式风机

离心式风机借助风机叶轮旋转时所产生的离心力使气体获得压能和动能，风机的吸气口和出气口方向是相互垂直的。离心式风机的主要部件有叶轮、机壳、吸气口，如图 1-11 所示。

离心式风机在启动前，机壳内充满空气，风机的叶轮在电动机的带动下随机轴一起高速旋转，由吸气口吸入空气，在离心力作用下由径向甩出，同时在叶轮的吸气口形成真空，外界气体在大气压力作用下被吸入叶轮内，以补充排出的气体，由叶轮甩出的气体进入机壳后被压向风道，如此源源不断地将气体输送到需要的场所。离心式风机产生的全压较大，一般用于阻力较大的系统中。

常用的离心式风机实物如图1-12所示。

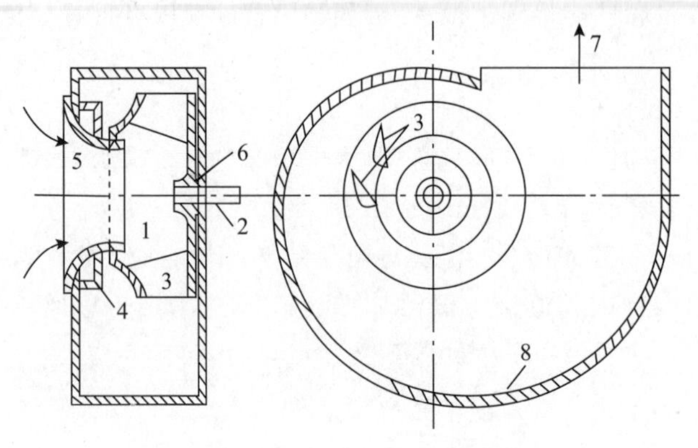

图1-11　离心式风机结构示意图

1—叶轮；2—主轴；3—叶片；4—扩压环；
5—吸气口；6—轮毂；7—出口；8—机壳

图1-12　离心式风机

2）轴流式风机

轴流式风机是借助叶轮的推力作用促使气流流动的，气流的方向与机轴相平行，因此称为轴流式风机。如图1-13所示。轴流式风机的叶轮与螺旋相似，叶轮在电动机的带动下，高速旋转将空气从一侧吸入并从另一侧送出。轴流式风机产生的全压较小，用于不设风管或风管阻力较小的系统中。常用的轴流式风机实物如图1-14所示。

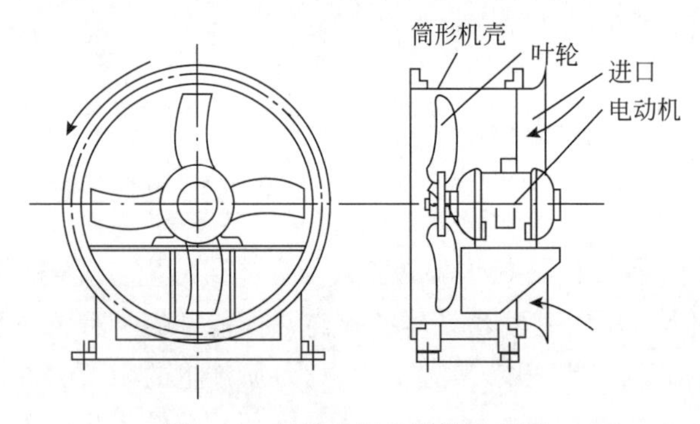

图1-13　轴流式风机结构示意图

图1-14　轴流式风机

3）风机的基本性能参数

（1）流量：单位时间内风机所输送的流体体积，单位为m^3/h。

（2）风机的压头：指单位重量流体通过泵或风机后获得的有效能量，单位为Pa。

（3）功率：电动机传到风机轴上的功率，称为轴功率；单位时间内流体从风机中所得到的实际能量，称为有效功率，单位为W。

（4）效率：指轴功率被流体利用的程度，用有效功率与轴功率的比值表示。

（5）转速：指风机叶轮每分钟的转数，单位为r/min。

4）换气扇

换气扇有金属管道换气扇、塑料换气扇、天花板式换气扇、吊顶式排气扇、百叶窗式换气扇等，如图 1-15 所示，广泛应用于会议室、卫生间、浴室等场所通风换气。

图 1-15 换气扇

3. 室外进排风装置

1）进风装置

室外进风装置是通风和空调系统采集新鲜空气的入口。根据设置位置不同，可采用竖直风道塔式进风口，如图 1-16 所示；也可采用设在建筑物外围护结构上的墙壁式或屋顶式进风口，如图 1-17 所示。室外进风口的位置应符合要求：直接设在室外空气较清洁的地点；应低于排风口；进风口的下缘距室外地坪不宜小于 2m，当设在绿化地带时，进风口的下缘距地面不宜小于 1m；应避免进风、排风短路。

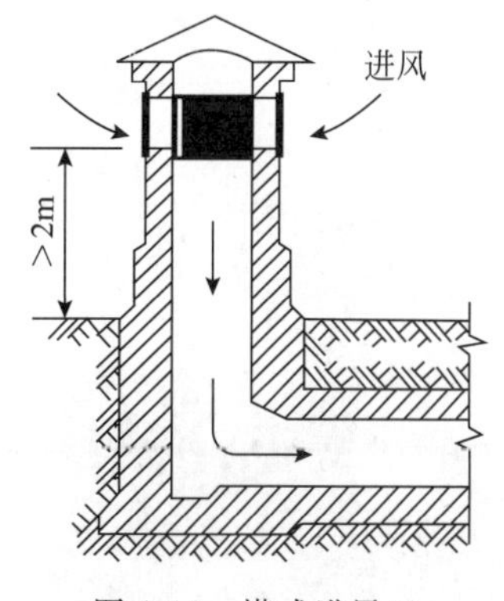

图 1-16 塔式进风口

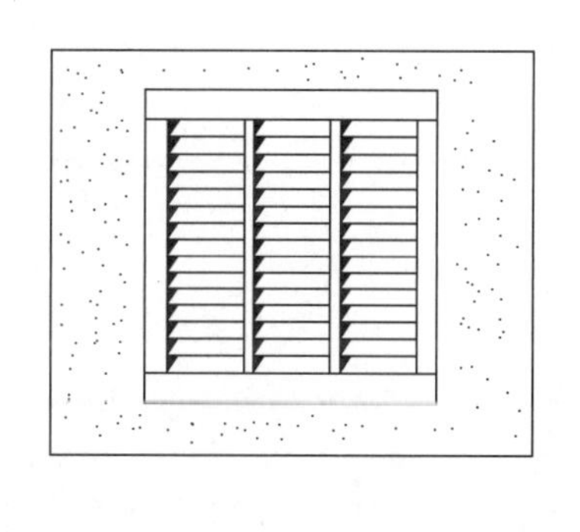
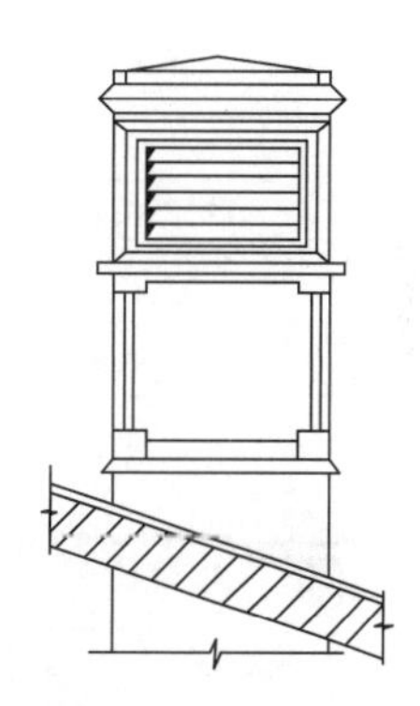

图 1-17 墙壁式和屋顶式进风口

2）排风装置

室外排风装置主要有天窗和屋顶通风器。

(1) 天窗是一种常见的排风装置，分为普通天窗和避风天窗。普通天窗无挡风板，易产生倒灌现象。避风天窗空气动力性能良好，天窗排风口不受风向的影响，排风量稳定。

(2) 屋顶通风器是以型钢为骨架、用彩色压型钢板组合而成的全避风型自然通风装置，具有结构简单、质量轻、不用电力就能达到良好通风效果的优点，尤其适用于高大工业建筑。

3）避风风帽

避风风帽安装在自然排风系统的出口，是利用风力产生的负压加强排风的一种装置。

避风风帽是在普通风帽的外围，增设挡风圈，室外气流吹过风帽时，可以保证排风口基本处于负压区内，能增大系统的抽吸力。

4. 室内送、排风口

1）室内送风口

送风口是送风系统中的风道末端装置，由风道输送来的空气，可通过送风口按一定的方向、流速分配到各个指定的送风地点。民用建筑中常用的送风口为单、双层百叶送风口。双层百叶送风口由外框、两组相互垂直的前叶片和后叶片组成，如图 1-18 所示。

图 1-18　双层百叶送风口

2）室内排风口

排风口又称为吸风口，在局部排风系统中又称为局部排风罩，作用是收集一次气流，隔断一次、二次气流间的干扰，通过排风罩控制气流的运动，来控制有害物在室内的扩散和传播。

排风口的形式主要有密闭罩、柜式排风罩、外部吸气罩、接受式排气罩及吹吸式排风罩以及民用建筑中常用百叶式排风口。如图 1-19 所示。

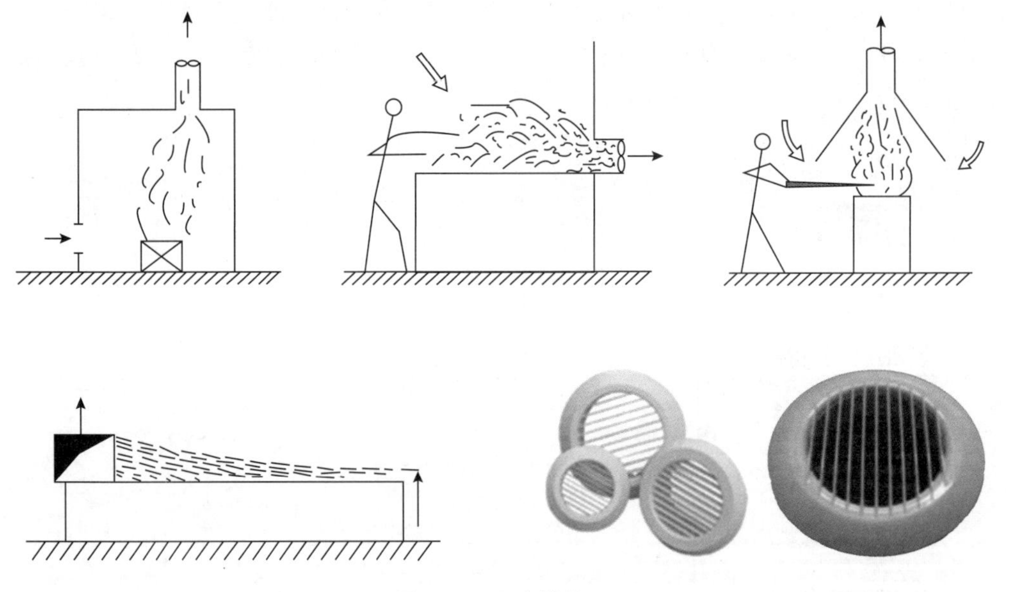

图 1-19　室内排风口

5. 风阀

通风系统中阀门（风阀）的作用是调节风量，平衡系统。

常用的阀门有闸板阀、蝶阀、止回阀和防火阀几种。闸板阀多用于通风机的出口或主干管上，如图 1-20 所示，其特点是严密性好、体积大。蝶阀多用于分支管上或空气分布器前，作风量调节用，如图 1-21 所示，这种阀门只要改变阀板的转角就可以调节风量，操作起来很简便，但由于它的严密性较差，故不适合做关断用。止回阀必须动作灵活、阀板关闭严密，它的作用是在风机停止运转时，阻止气流倒流，主要有垂直式和水平式两种。防火阀在发生火灾时能自动关闭，从而切断气流，防止火势蔓延，如图 1-22 所示。

图 1-20　闸板阀

图 1-21　蝶阀

图 1-22　防火阀

1.2　民用建筑通风方式

一般的民用建筑优先采用自然通风实现换气。但在厨房、卫生间等处，为了加强通风，常使用机械通风系统。

1.2.1　住宅通风

住宅内的通风换气应首先考虑采用自然通风，但在无自然通风条件或自然通风不能满足卫生要求的情况下，应设机械通风或自然通风与机械通风结合的复合通风系统。“不能满足室内卫生条件”是指室内有害物浓度超标，影响人的舒适和健康。应使气流从较清洁的房间流向污染较严重的房间，因此，使室外新鲜空气首先进入起居室、卧室等人员主要活动、休息场所，然后从厨房、卫生间排出到室外，是较为理想的通风路径（注：采用自然通风的生活、工作的房间的通风开口有效面积不应小于该房间地板面积的 5%）。

《民用建筑供暖通风与空气调节设计规范》(GB 50736—2012) 中第 6.3.4 条规定住宅厨房及无外窗卫生间应采用机械排风系统或预留机械排风系统开口；厨房和卫生间全面通风换气次数不宜小于 3 次/h；为保证有效排气，应有足够的进风通道，当厨房和卫生间的外窗关闭或暗卫生间无外窗时，需要通过门进风，应在门的下部设置有效截面积不小于 $0.02m^2$ 的固定百叶，或距地面留出不小于 30mm 的缝隙；住宅厨房、卫生间宜设竖向排风道，竖向排风道应具有防火、防倒灌及均匀排气的功能，并应采取防止支管回流和竖井泄漏的措施，顶部应设置防止室外风倒灌装置。

1. 住宅厨房通风

住宅厨房应设置排油烟机，厨房排油烟机的排气量一般为 $300\sim500m^3/h$，有效进风截面积不小于 $0.02m^2$，相当于进风风速 $4\sim7m/s$，由于排油烟机有较大压头，换气次数基本可以满足 3 次/h 的要求。

厨房排油烟机的排气管道通过外墙直接排至室外时，应在室外排气口设置避风和防止环境污染的构件。当排油烟机的排气管道排至竖向通风井时，竖向通风井的断面应根据所负担的排气量计算确定，并应采取支管无回流、竖井无泄漏的措施。竖向集中排油烟系统宜采用简单的单孔烟道，在烟道上用户排油烟机软管接入口处安装可靠的逆止阀。

2. 住宅卫生间通风

卫生间通风主要有两种方式，一种是直接在建筑物外墙或外窗上安装换气扇，另一种是通过风道和风机（通风器或换气扇）排风。卫生间排风机的排气量一般为 80～100m^3/h，虽然压头较小，但换气次数也可以满足要求。

1.2.2 公共建筑通风

1. 公共建筑厨房通风

《民用建筑供暖通风与空气调节设计规范》(GB 50736—2012)中第 6.3.5 条规定公共厨房通风应符合下列规定：发热量大且散发大量油烟和蒸汽的厨房设备应设排气罩等局部机械排风设施；其他区域当自然通风达不到要求时，应设置机械通风；采用机械排风的区域，当自然补风满足不了要求时，应采用机械补风。厨房相对于其他区域应保持负压，补风量应与排风量相匹配，且宜为排风量的 80%～90%。严寒和寒冷地区宜对机械补风采取加热措施；产生油烟设备的排风应设置油烟净化设施，其油烟排放浓度及净化设备的最低去除效率不应低于国家现行相关标准的规定，排风口的位置应符合该规范第 6.6.18 条的规定；厨房排油烟风道不应与防火排烟风道共用；排风罩、排油烟风道及排风机设置安装应便于油、水的收集和油污清理，且应采取防止油烟气味外溢的措施。

1）通风量

当公共建筑厨房通风系统不具备准确计算条件时，其总风量可按换气次数估算：中餐厨房 40～50 次/h，西餐厨房 30～40 次/h，职工餐厅厨房 25～35 次/h。上述换气次数对于大、中型旅馆、饭店、酒店有炉灶的厨房较合适。当按吊顶下的房间体积计算风量时，换气次数取上限；若按楼板下的房间体积计算风量时，换气次数取下限。

2）负压及补风

厨房排风系统应专用，并且设补风系统，补风量为排风量的 80%～90%。厨房采用机械排风时，房间内负压值不能过大，否则既有可能对厨房灶具的使用产生影响，也会因为来自周围房间的自然补风量不够而导致机械排风量不能达到设计要求。一般以厨房开门后的负压补风风速不超过 1.0m/s 作为判断基准，超过时应设置机械补风系统。

同时，厨房气味影响周围室内环境，也是公共建筑经常发生的现象。

(1) 厨房设备及其局部排风设备不一定同时使用，因此，补风量应能够根据排风设备运行情况与排风量相对应，以免发生补风量大于排风量，厨房出现正压的情况。

(2) 应确实保证厨房的负压。设计时不仅要考虑保证整个厨房与厨房外区域之间存在相对负压，也要考虑厨房内热量和污染物较大的区域与较小区域之间的压差。根据目前的实际工程，一般情况下均可取补风量为排风量的 80%～90%。对于炉灶间等排风量较大的房间，排风和补风量差值也较大，相对于厨房内通风量小的房间则会保证一定的负压值。

在北方严寒和寒冷地区，一般冬季不开窗自然通风，而常采用机械补风且补风量很大。为避免过低的补(送)风温度导致室内温度过低，不满足人员劳动环境的卫生要求并有可能造成冬季厨房内水池及水管道出现冻结现象等，除仅在气温较高的白天工作且工作时间较短(不足 2h)的小型厨房外，补(送)风均宜做加热处理。

3) 其他注意事项

(1) 送风口应沿排风罩方向布置，距其不宜小于 0.7m；设在操作间内的送风口，应采用带有可调节出风方向的风口(如旋转风口、双层百叶风口等)；全面排风口应远离排风罩；排油烟风道的排放口宜设置在建筑物顶端并采用防雨风帽(一般是锥形风帽)，目的是把这些有害物排入高空，以利于稀释。根据《饮食业油烟排放标准》(GB 18483—2001)的规定，油烟排放浓度不得超过 2.0mg/m^3，净化设备的最低去除效率，小型设备不宜低于 60%，中型设备不宜低于 75%，大型设备不宜低于 85%。因此，副食灶等产生油烟的设备应设置油烟净化设施。

2) 排油烟风道不得与防火排烟风道合用，以免发生次生火灾。排油烟系统风管宜采用 1.5mm 厚钢板焊接制作，风管风速不应小于 8m/s，且不宜大于 10m/s；排风罩接风管的喉部风速应取 4～5m/s。排风罩、排油烟风道及排风机的设置安装应便于油、水的收集和油污清理。为防止污浊空气或油烟处于正压渗入室内，宜在厨房顶部设总排风机。排风机的设置应考虑方便维护，且宜选用外置式电动机。

2. 公共卫生间和浴室通风

《民用建筑供暖通风与空气调节设计规范》(GB 50736—2012)中第 6.3.6 条规定公共卫生间和浴室通风应符合下列规定：公共卫生间应设置机械排风系统。公共浴室宜设气窗；无条件设气窗时，应设独立的机械排风系统。应采取措施保证浴室、卫生间对更衣室以及其他公共区域的负压；公共卫生间、浴室及附属房间采用机械通风时，其通风量宜按换气次数确定。

卫生间和浴室通风关系到公众健康和安全的问题，应保证其良好的通风。因此，公共卫生间、酒店客房卫生间、多于 5 个喷头的淋浴间以及无可开启外窗的卫生间、开水间、淋洗浴间，应设机械排风系统。公共浴室宜设气窗(浴室气窗是指室内直接与室外相连的能够进行自然通风的外窗)；对于没有气窗的浴室，应设独立的机械排风系统，保证室内的空气质量。应采取措施保证浴室、卫生间对更衣室以及其他公共区域的负压，以防止气味或热湿空气从浴室、卫生间流入更衣室或其他公共区域。

1) 通风方式

公共建筑卫生间通风主要有两种方式，一种是直接在建筑物外墙或外窗上安装换气扇，另一种是通过风道和风机(通风器或换气扇)排风，如图 1-23 所示。

2) 通风量

公共卫生间、浴室及附属房间采用机械通风时，其通风量宜按换气次数确定，详见表 1-1。

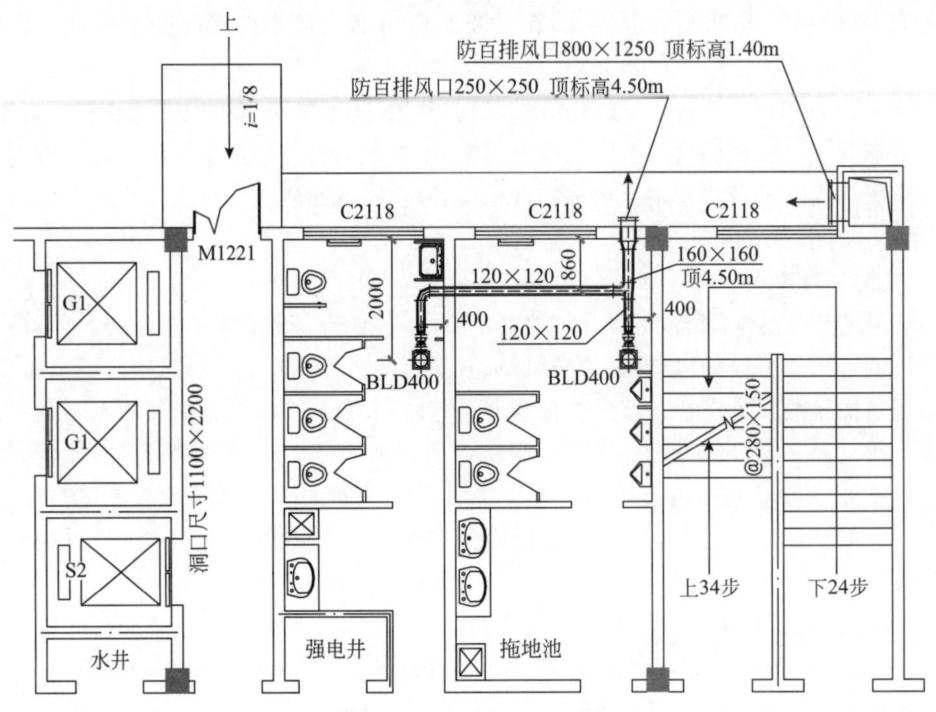

图 1-23　公共建筑卫生间通风

表 1-1　公共卫生间、浴室及附属房间机械通风换气次数

名称	公共卫生间	淋浴	池浴	桑拿或蒸汽浴	洗浴单间或少于5个喷头的淋浴间	更衣室	走廊、门厅
换气次数/(次/h)	5～10	5～6	6～8	6～8	10	2～3	1～2

表 1-1 中桑拿或蒸汽浴指浴室的建筑房间，而不是指房间内部的桑拿蒸汽隔间。当建筑未设置单独房间放置桑拿隔间时，如直接将桑拿隔间设在淋浴间或其他公共房间，则应提高该淋浴间等房间的通风换气次数。

设置有空调的酒店卫生间，排风量取所在房间新风量的 80%～90%。设置竖向集中排风系统时，宜在上部集中安装排风机；当在每层或每个卫生间(或开水间)设排气扇时，集中排风机的风量确定应考虑一定的同时使用系数。卫生间排风系统宜独立设置，当与其他房间排风合用时，应有防止相互串气味的措施。

1.2.3　地下车库通风

1. 通风方式

《民用建筑供暖通风与空气调节设计规范》(GB 50736—2012)中第 6.3.8 条规定自然通风时，车库内 CO 最高允许浓度大于 $30mg/m^3$ 时，应设机械通风系统；地下汽车库，宜设置独立的送风、排风系统；具备自然进风条件时，可采用自然进风、机械排风的方式。

(1) 地上单排车位≤30 辆的汽车库，当可开启门窗的面积≥$2m^2$/辆且分布较均匀时，可采用自然通风方式。

(2) 当汽车库可开启门窗的面积≥0.3m^2/辆且分布较均匀时，可采用机械排风、自然进风的通风方式。

(3) 当汽车库不具备自然进风条件时，应设置机械送风、排风系统。

室外排风口应设于建筑下风向，且远离人员活动区并宜作消声处理；可采用风管通风或诱导通风方式，以保证室内不产生气流死角；车流量随时间变化较大的车库，风机宜采用多台并联方式或设置风机调速装置；严寒和寒冷地区，地下汽车库宜在坡道出入口处设热空气幕；车库内排风与排烟可共用一套系统，但应满足消防规范要求。

2. 通风量

送排风量宜采用稀释浓度法计算，送风量宜为排风量的80%～90%。

(1) 对于单层停车库的排风量宜按稀释浓度法计算，如无计算资料时，可采用换气次数估算。

① 汽车出入较频繁的商业类等建筑，按6次/h换气选取。

② 汽车出入一般的普通建筑，按5次/h换气选取。

③ 汽车出入频率较低的住宅类等建筑，按4次/h换气选取。

④ 当层高<3m时，按实际高度计算换气体积；当层高≥3m时，按3m高度计算换气体积。

(2) 全部或部分为双层或多层停车库时，排风量应按稀释浓度法计算，如无计算资料时，宜采用单车排风量法估算。

① 汽车出入较频繁的商业类等建筑，按每辆500m^3/h选取。

② 汽车出入一般的普通建筑，按每辆400m^3/h选取。

③ 汽车出入频率较低的住宅类等建筑，按每辆300m^3/h选取。

1.2.4 事故通风

事故通风是保证安全生产和保障人民生命安全的一项必要的措施。对在生活中可能突然放散有害气体的建筑，均应设置事故排风系统。有时虽然很少或没有使用，但并不等于可以不设，应以预防为主。这对防止设备、管道大量逸出有害气体(家用燃气、冷冻机房的冷冻剂泄漏等)而造成人身事故是至关重要的。

1. 事故通风量

可能突然放散大量有害气体或有爆炸危险气体的场所应设置事故通风。设置事故通风的场所(如氟利昂制冷机房)的机械通风量应按平常所要求的机械通风和事故通风分别计算。事故通风量，要保证事故发生时，控制不同种类的放散物浓度低于国家安全及卫生标准所规定的最高容许浓度，且换气次数不低于12次/h。有特定要求的建筑可不受此条件限制，允许适当取大。

2. 事故排风口

事故排风口的布置是从安全角度考虑的，目的是防止系统投入运行时排出的有毒及爆炸性气体危及人身安全和由于气流短路时对送风空气质量造成影响。对事故排风的死角，应采取导流措施。

当发生事故向室内放散密度比空气大的气体或蒸汽时，室内吸风口应设在地面以上0.3～1.0m处；放散密度比空气小的气体或蒸汽时，室内吸风口应设在上部地带；放散密度比空气小的可燃气体或蒸汽，室内吸风口应尽量紧贴顶棚布置，其上缘距顶棚不得大于0.4m。排风口的高度应高于周边20m范围内最高建筑屋面3m以上。

事故排风的室外排风口应符合下列规定：

(1) 排风口与机械送风系统的进风口的水平距离不应小于20m；

(2) 当水平距离不足20m时，排风口应高出进风口，并不宜小于6m；

(3) 当排气中含有可燃气体时，事故通风系统排风口应远离火源30m以上，距可能火花溅落地点应大于20m；

(4) 排风口不得朝向室外空气动力阴影区和正压区。

3. 其他规定

《民用建筑供暖通风与空气调节设计规范》(GB 50736—2012)中第6.3.9条规定事故通风应根据放散物的种类，设置相应的检测报警及控制系统；事故通风的手动控制装置应在室内外便于操作的地点分别设置；放散有爆炸危险气体的场所应设置防爆通风设备；事故排风宜由经常使用的通风系统和事故通风系统共同保证，当事故通风量大于经常使用的通风系统所要求的风量时，宜设置双风机或变频调速风机；但在发生事故时，必须保证事故通风要求。

1.2.5 住宅新风系统

随着人们生活水平的提高，人们对生活环境的要求也在不断提高，室内空气品质越来越受到人们的关注与重视，而新风系统是比较有效减轻室内污染的手段之一，是评价空气品质最重要的一个参数。

室外空气污染严重(如雾霾、沙尘天气)时，开窗自然通风会加剧室内环境的污染。有研究表明，对于没有明显室内污染源的住宅，75%的PM2.5来自室外；对于有明显室内污染源(吸烟、烹饪)的住宅，室内PM2.5中仍然有55%～60%来自室外。住宅设置新风系统可以将新风净化处理后送入室内。另外，随着建筑节能要求的提高，住宅建筑的密闭性越来越好，夏季供冷和冬季供暖时，无法满足室内通风换气要求，也需要设置新风系统。

1. 设置条件

新风系统作为改善和提高住宅室内空气品质的主要途径之一，正越来越多地被住户所采用。《民用建筑供暖通风与空气调节设计规范》(GB 50736—2012)第6.3.4条规定："自然通风不能满足室内卫生要求的住宅，应设置机械通风系统或自然通风与机械通风结合的复合通风系统。室外新风应先进入人员的主要活动区。"

《住宅新风系统技术标准》(JGJ/T 440—2018)中第3.0.1条规定当符合下列条件之一时，住宅应设置新风系统：

(1) 住宅自然通风无法满足通风换气要求；

(2) 室外污染严重；

(3) 住宅不具备自然通风条件。

同时，新风系统的排风系统应满足新风量的要求。当采用机械排风、机械送风的系统形式时，排风量应为新风量的80%～90%。新风系统应根据室外环境对新风进行过滤处理，宜对新风进行加热、杀菌等处理。当技术经济合理时，应采用热回收新风系统。

2. 新风量

(1) 新风系统的最小设计新风量设计宜采用换气次数法。住宅建筑的建筑污染部分比重一般要高于人员污染部分，按人员新风量指标所确定的新风量不能体现建筑污染部分的差异，从而不能保证始终完全满足室内卫生要求。因此，新风系统的最小设计新风量宜采用表1-2的换气次数来计算。

表1-2　最小设计新风量设计换气次数

人均居住面积 F_P/m^2	换气次数 n/(次/h)	人均居住面积 F_P/m^2	换气次数 n/(次/h)
$F_P \leqslant 10$	0.70	$20 < F_P \leqslant 50$	0.50
$10 < F_P \leqslant 20$	0.60	$F_P > 50$	0.45

表1-2中人均居住面积的计算：对于新建住宅，有明确设计人数时按设计室内人数计算，没有明确设计人数时，可根据现行国家标准《城市居住区规划设计标准》(GB 50180—2018)的规定计算；对于既有住宅，按实际居住人数计算。

(2) 住宅卧室和起居室的新风量设计时，需要进行各房间的新风量设计，以保证室内空气质量。对于新建住宅，主卧室一般按2人考虑，次卧室一般按1人考虑，起居室按住户设计总人数考虑。对于既有住宅，可以根据住户的实际居住人数进行计算。

① 卧室应按设计人数或实际使用人数，采用换气次数法计算新风量。新风量应与室内CO_2浓度限值所需的新风量进行比较，并应取较大者作为卧室的新风量设计值。

卧室主要是人晚上休息的场所，校核满足室内CO_2浓度要求所需要的新风量，可按人在睡觉状态考虑。成人睡觉状态下呼出的CO_2量按14.4L/(h·人)计算，室内CO_2浓度限值取0.1%，室外CO_2浓度取0.04%，则由《住宅新风系统技术标准》(JGJ/T 440—2018)中公式(4.2.2)计算得出卧室满足室内CO_2浓度要求所需要的新风量为每人$24m^3/h$。

另外，江苏省《居住建筑热环境和节能设计标准》(DB 32/4066—2021)中第7.2.2条规定居住建筑的主要室内房间，在供暖空调时，室内最小新风量应满足表7.2.2的要求。其中卧室、书房的新风量应满足每人$30m^3/h$的要求。

② 起居室应按住户设计总人数或实际使用总人数，采用换气次数法计算新风量。

(3) 新风系统的设计新风量应取按换气次数计算的最小设计新风量和按卧室与起居室计算的新风量之和的较大者。

(4) 新风量估算指标。根据工程实践和家用新风机的产品性能指标，住宅新风量按照房间分别计算后求和。

① 卧室类房间：一般卧室$30m^3/(h·人)$，高级卧室$50m^3/(h·人)$，书房、儿童房、老人房等较密闭的房间按照卧室类房间计算。

② 客厅类房间：一般客厅(不吸烟)0.7次/h，高级客厅(少量吸烟)1.0次/h，餐厅、起居室、娱乐室等较空旷的房间按照客厅类房间计算。

(5) 新风系统设计送风量和排风量宜平衡，并宜对厨房、卫生间局部排风系统进行就地自然补风或机械补风。

3. 系统类型

居住建筑的新风系统有新风器、户式新风系统、集中式新风系统三大类。工程上可以根据具体情况因地制宜选择。

1）新风器

新风器就地安装在房间墙体或外窗上，直接将室外新风引入室内，如图 1-24 所示。各房间可以自由开启，系统简单，使用方便，但应做好隔声及防水处理。采用新风器时，应符合下列要求：

(1) 新风器高档风速运行时的噪声应低于 36dB(A)，新风器隔声量不应低于 30dB(A)；

(2) 新风器安装于外墙时，应预留安装孔洞，并做好防水处理；

(3) 新风器安装于外窗时，应采用新风外窗一体化产品。

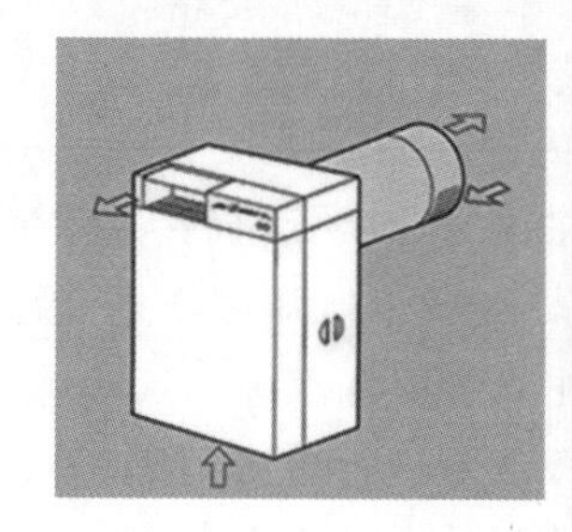

图 1-24 新风器

2）户式新风系统

户式新风系统是以住宅中的每个住户为单元，每个住户单独设置新风系统，满足个性化需求，如图 1-25 所示。具体形式有双向流（机械送风和机械排风）、单向流（机械送风加自然排风）两类系统。户式新风系统减少了外墙外窗的开口，有利于减少围护结构质量隐患。同时利于房间噪声控制，也便于对室外空气进行净化处理、对新风进行温湿度集中处理。

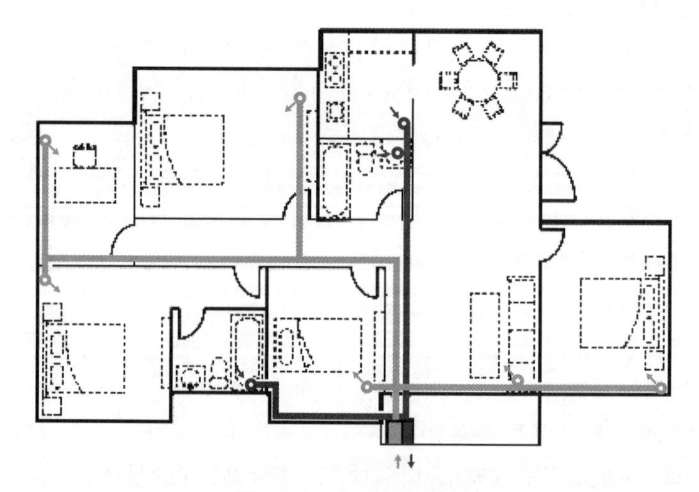

图 1-25 户式新风系统

户式新风系统安装在每套居室内，不占用住宅的公共区域，可以灵活设计；用户可以独立控制系统的启停、新风量的大小等；可以根据室内空气质量要求，采用相应的新风处理措施。当住户对室内空气质量要求不同、使用时间不同、需要独立控制系统运行的模式或既有住宅改造时，住宅宜采用分户式新风系统。分户式新风系统设计宜符合下列规定。

(1) 采用单向流新风系统时，应采用正压送风方式。房间应设置过流口或内门与地面之间留出 20～25mm 的缝隙。

(2) 采用双向流新风系统时，宜设置热回收装置。

(3) 应为新风机检修维护及过滤器更换预留操作空间。

3) 集中式新风系统

集中式新风系统借鉴集中式空调系统的概念，风机和净化等处理设备集中设置在机房内，新风经集中处理后，由送风管道送入住户室内，如图 1-26 所示。

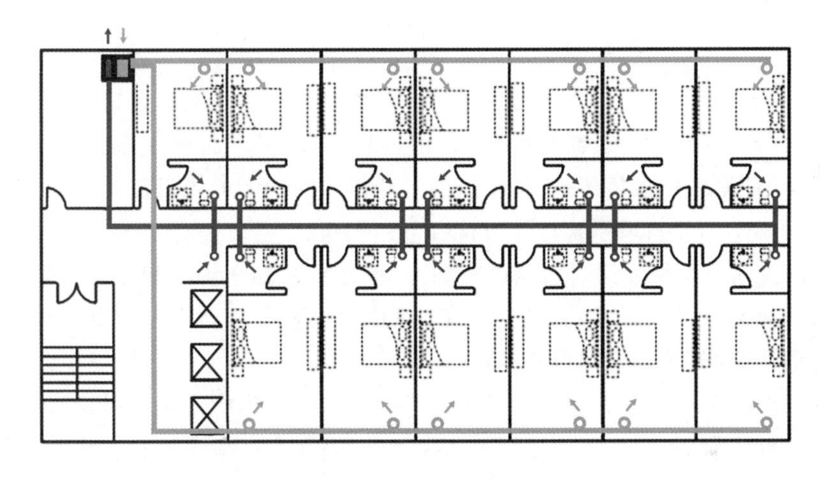

图 1-26　集中式新风系统

集中式新风系统既可以为整栋住宅的所有住户送新风，也可以为住宅的一个或多个单元、一个或多个楼层的住户送新风。采用这种方式往往与室内末端空调形式相关联，例如，当室内采用辐射供冷形式时，新风系统需要承担室内除湿任务，为避免分户新风间歇运行带来的不确定性，需要采用建筑集中新风系统对新风集中管理，以保障室内环境，保障房间不会结露。

集中式新风系统是新风统一处理后送入各住户，送入各住户的新风品质相同。集中式新风系统便于集中统一管理和运行维护，可以有效地保证室内新风效果。因此，当住户对室内空气质量要求差异不大，且有统一管理需求时，宜采用集中式新风系统。集中式新风系统设计应符合下列规定：

(1) 应设计机房和风管公共空间；

(2) 设计新风量应取各住户设计新风量之和；

(3) 入户送风管上应装设阀门，且阀门关闭时应严密；

(4) 户内送风末端管段上宜装设风量调节阀；

(5) 风机应采用变速调节。

建筑集中新风系统也存在系统风量不易调节、运行能耗高等问题。当室内不采用辐射供冷形式时，一般条件下不推荐采用建筑集中新风系统。

4）单向流新风系统

单向流新风系统由排风机、排风口、排风管道以及进风口（有过滤功能）组成，即“强制排风＋自然送风”系统，如图 1-27 所示。

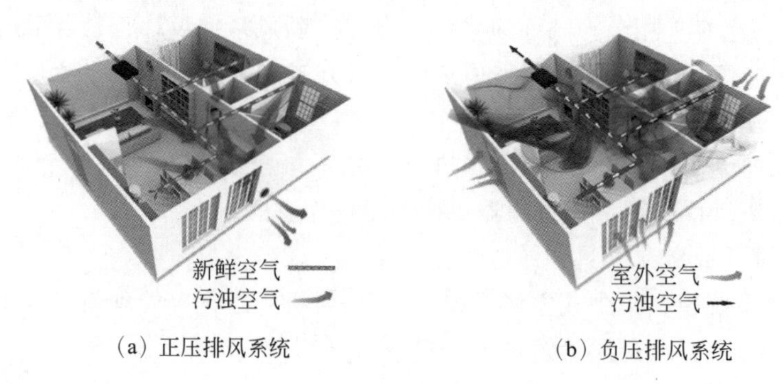

（a）正压排风系统　　（b）负压排风系统

图 1-27　单向流新风系统

单向流新风系统只具有单一的送风或排风功能。只有新风经送风机送入室内，使室内形成正压，室内污浊空气通过门窗缝隙等排出，即为正压单向流新风系统。只有排风经排风机排至室外，使室内形成负压，室外新风通过墙体或窗户上的风口进入室内，即为负压单向流新风系统。单向流新风系统设计应符合下列规定。

（1）单向流新风系统无法对新风进行预冷或预热，在夏季供冷和冬季供暖时新风直接进入室内会产生较大的新风负荷，并导致室内的温度、湿度波动而影响室内热舒适性。因此，应校核新风对建筑能耗和热舒适的影响。

（2）负压单向流新风系统一般在起居室等公共活动区集中设置排风口，外围护结构与室外接触的房间设置新风口；正压单向流新风系统，新风口一般设置在各房间。因此，为保证室内的有效通风换气，形成良好的气流组织，房间应设置过流口或内门与地面间净空应留 20～25mm 的缝隙。

（3）正压单向流新风系统房间跨度不大时，送、排风口位置设置不合理易造成新风短路，在设计时应注意正压单向流新风系统不应短路。

（4）负压单向流新风系统设计应根据门窗密闭性确定。负压单向流新风系统靠排风负压使新风进入室内，门窗的密闭性较差时会难以形成室内负压，室内新风将会大量无组织通过门窗进入室内，不能形成良好的气流组织。

（5）负压单向流新风系统宜设计恒风量新风口。负压单向流新风系统的新风靠室内外的压差进入室内，而室外的压力会受温度、气流等影响，如果新风口室内外的压差变动会影响新风量的大小。设计恒风量新风口，在一定的压差范围内新风量可以保持恒定，有效地保证室内新风量。

5）双向流新风系统

双向流新风系统由送风机、送风口、排风机、排风口以及送排风管道构成，即“强制送风系统＋强制排风”系统，如图 1-28 所示。

双向流新风系统设计应符合下列规定。

（1）原则上双向流新风系统每个房间均应设置送风口和排风口，即分室送风分室排风的系统形式。但有的建筑布局或结构等原因不允许时，也可只在每个房间设置送风口，而在起居室等公共活动区域设置排风口，整个居室集中排风，即分室送风集中排风的系统形式。

图 1-28　双向流新风系统

（2）对于采用分室送风集中排风系统，为了使只设送风口的房间达到有效通风换气，整个居室内形成良好的气流组织，房间应设置过流口与集中排风区域相连；对不能设置过流口的房间，其内门与地面间净空应留 20～25mm 的缝隙。

6）热回收新风系统

所谓热回收型双向流新风系统就是在双向流新风系统的基础上，增加热回收装置，如图 1-29 所示。热回收装置一般设置在双向流通风机内，工作原理是室内排出的空气，与室外引入的空气，经过空气热交换器进行热交换，回收排风的能量，实现新风、排风能量高效转换，既提供充足的新鲜空气，又保存了室内冬季热量、夏季冷量。如在夏季空调开启条件下，室内温度相对较低的空气在排至室外之前，通过热回收装置与室外温度相对较高的新风进行能量交换，降低新风温度和含湿量，从而降低空调新风负荷，具有节能意义。

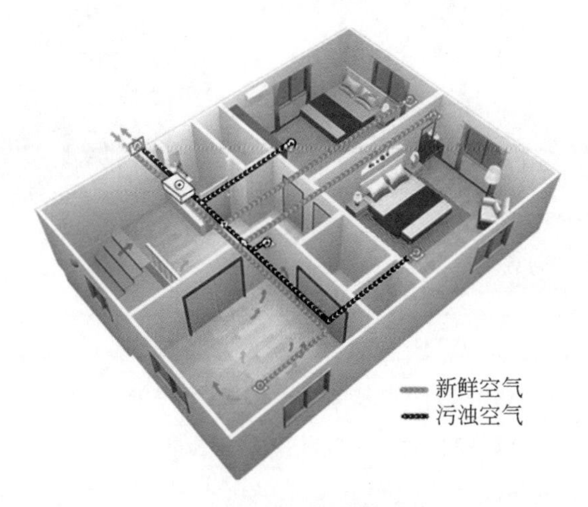

图 1-29　热回收新风系统

热回收新风系统设计应符合下列规定。

（1）新风系统中，新风、排风中显热和潜热能量的构成比例是选择显热或全热回收通风器的关键因素。在严寒地区及夏季室外空气比焓低于室内空气设计比焓而室外空气温度又高于室内空气设计温度的温和地区，宜选用显热回收通风器；其他地区，尤其是夏热冬冷地区，宜选用全热回收通风器。

(2) 在严寒和寒冷地区，冬季室外温度较低，随着进入热回收通风器的新风温度降低，通风器排风侧的温度也在降低，产生冷凝水；当温度进一步降低时，有可能产生霜冻甚至霜堵现象，影响系统正常运行。因此，设计时应考虑热回收通风器冷凝水的排放，校核热回收通风器排风侧的霜冻点温度。关于防霜冻措施，可以在新风入口侧设置空气预热器；或者在新风系统运行控制上设计防冻措施，如温度过低时停止引入新风或降低新风量或采用内循环模式。

4. 风口和气流组织

良好的气流组织是发挥新风系统效用的关键。新风系统的气流组织应进行优化设计，室外新风宜直接送入卧室、起居室等人员主要活动区，并应将室内空气排至室外。通过有组织的气流运动，保证人员活动区域的空气质量。住宅设计有空调供暖系统时，新风系统设计时应结合室内空调供暖系统管道的布置、空调送/回风口位置以及空调供暖系统的形式等进行设计。比如，采用地板辐射供暖系统时，新风系统可以考虑地送风的系统形式。新风系统的送风口布置时，避免与空调送、回风口距离过近。新风系统送风口距离空调送风口或回风口至少 1.0m，且新风系统送风口不应与空调回风口相对布置。

新风系统的气流组织首先要考虑室内空气质量的要求，同时新风系统不能造成人员的吹风感和产生噪声。送、排风口的选型和布置时应与住宅室内装修相协调，注意对装修美观的影响。

1) 室外新风口、排风口

新风系统室外新风口、排风口如图 1-30 所示。

图 1-30　室外新风口、排风口

新风系统室外新风口、排风口的选型和布置应符合下列规定：

(1) 室外新风口宜选用防雨百叶风口，并应设防虫网；

(2) 室外新风口和排风口宜选用隔音型风口；

(3) 室外新风口应设在室外空气较洁净区域，进风和排风不应短路；

(4) 每个住户的室外新风口、排风口不应影响相邻住户；

(5) 室外新风口水平或垂直方向距燃气热水器排烟口、厨房油烟排放口和卫生间排风口等污染物排放口及空调室外机等热排放设备的距离不应小于 1.5m，当垂直布置时，新风口应设置在污染物排放口及热排放设备的下方；

(6) 对分户式新风系统，当新风口和排风口布置在同一高度时，宜在不同方向设置；在相同方向设置时，水平距离不应小于1.0m；

(7) 对分户式新风系统，当新风口和排风口不在同一高度时，新风口宜布置在排风口的下方，新风口和排风口垂直方向的距离不宜小于1.0m。

2) 气流组织

气流组织计算的任务在于选择气流分布的形式；确定送风口的形式、数量和尺寸；使住宅室内的风速和温度、湿度满足设计要求。

(1) 住宅新风系统的室内允许风速应符合现行国家标准《民用建筑供暖通风与空气调节设计规范》(GB 50736—2012)第3.0.2条的规定：对于人员长期逗留区域："供热工况风速不大于0.2m/s；供冷工况，热舒适度较高时风速不大于0.25m/s，热舒适度一般时风速不大于0.3m/s。"

(2) 住宅新风系统应采取相关的降噪和隔声措施，使室内的允许噪声级满足国家标准《民用建筑隔声设计规范》(GB 50118—2010)的规定，如表1-3所示。

表1-3 卧室、起居室(厅)内的允许噪声级

<table>
<tr><th rowspan="2">房间名称</th><th colspan="2">运行噪声级/dB</th></tr>
<tr><th>昼间</th><th>夜间</th></tr>
<tr><td rowspan="2">卧室</td><td>≤45(一般住宅)</td><td>≤37(一般住宅)</td></tr>
<tr><td>≤40(高要求住宅)</td><td>≤30(高要求住宅)</td></tr>
<tr><td rowspan="2">起居室</td><td colspan="2">≤45(一般住宅)</td></tr>
<tr><td colspan="2">≤40(高要求住宅)</td></tr>
</table>

(3) 室内送风方式宜根据新风系统的类型选用上送风、侧送风或下送风方式，并宜采用贴附射流送风。

① 装设新风器的无管道新风系统一般是采用侧送风，宜采用下送上排、中送上排的形式，不宜采用上送下排的形式。

② 采用单向流新风系统，负压送风方式时，一般是厨房或卫生间上部集中排风，建议卧室、起居室(厅)的送风口安装在窗户下部或距地面约0.8m的墙上，可以形成较好的气流组织。

③ 采用双向流新风系统或热回收新风系统，当室内吊顶空间允许时，可采取上送风、上回风的气流组织形式或下送风、上排风的气流组织形式，将送、排风管道集中于室内空间上部或者将送风管道铺设在地板下，排风管道铺设在吊顶内；当室内吊顶空间不允许时，可采取下送风上回风的气流组织形式，送风管道铺设在地板下，公共区集中排风。

④ 采用贴附射流送风可以形成较好的气流组织，并避免送风气流对室内空气流场的影响，舒适性较好。

3) 室内送风口、排风口

室内送风口、排风口如图1-31所示。

图 1-31　室内送风口、排风口

室内地送风口如图 1-32 所示，一般装设在地板或靠近地板的墙壁上。

图 1-32　室内地送风口

室内送风口、排风口的选型及布置应符合下列规定：

(1) 送风口的面积应满足设计新风量的需要，且应带有调节风量功能，宜设导流装置；

(2) 送风口的出口风速应根据送风方式、送风口类型、安装高度、室内允许风速和噪声等确定，且不宜大于 3m/s；

(3) 排风口不应设在送风射流区内和人员长期停留的地点，排风口的吸风速度不应大于 3m/s；

(4) 送风口和排风口不应相对布置，在同一高度布置时水平距离不应小于 1.0m；垂直布置时，垂直距离不应小于 1.0m；

(5) 在夏季空调和冬季供暖的室内设计热湿环境条件下，室内风口的所有外露部分应采取保温、采用非金属风口等措施，防止风口外露部分结露，影响室内环境。

5. 新风机

新风机即新风系统的通风器，常见形式有新风器(图 1-24)和热回收型新风机(图 1-33)两类，根据应用中的安装位置，有窗式、壁挂式、吊顶式、立柜式之分。

图 1-33　热回收型新风机

新风机应根据风量和风压选择，并应符合下列规定：

(1) 通风器的风量应在系统设计新风量的基础上附加风管和设备的漏风量，附加率应为 5%～10%；

（2）通风器的风压应在系统计算的压力损失上附加10%～15%；

（3）宜选用静音型；

（4）具有热回收功能通风器的热交换性能应符合现行国家标准《热回收新风机组》（GB/T 21087—2020）的相关规定。

6. 新风管道

新风系统的风管按材料分为金属风管、非金属及复合风管，普通户式住宅新风系统风量较小，风管大多采用非金属材质，如PE、PP等材质。对于镀锌钢板等金属材质风管由于工程造价和制作困难的原因，目前采用的不多。但镀锌钢板风管有统一规格，且不存在材料本身污染物散发的问题，也适用于住宅新风系统。

新风管宜采用圆形或长短边之比不大于4的矩形风管，如图1-34所示。圆形和矩形风管的截面尺寸宜符合现行国家标准《通风与空调工程施工质量验收规范》（GB 50243—2016）的相关规定，金属风管的尺寸应按外径或外边长计，非金属风管应按内径或内边长计。

（a）圆形

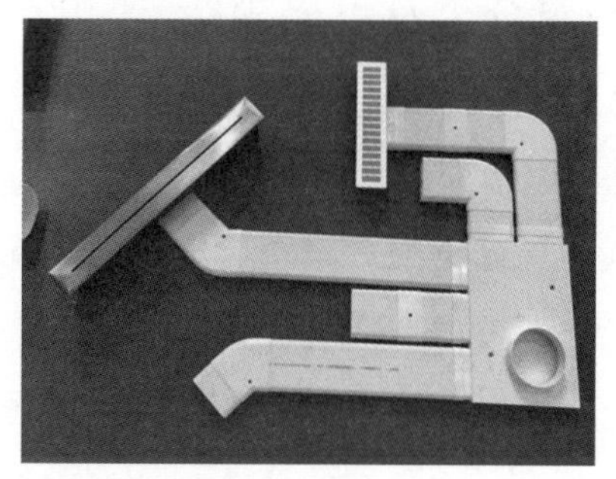

（b）矩形

图1-34 圆形风管和矩形风管

（1）住宅卧室和起居室对噪声要求比较高，气流在风管中产生的再生噪声与风管的截面积和风速大小有关。新风系统风管内的空气流速，干管内宜为3.5～4.5m/s，且不应超过6.0m/s；支管内宜为2.0～3.0m/s。

（2）应对新风系统各环路的压力损失进行压力平衡计算。各并联环路压力损失的相对差额不宜超过15%。当通过调节管径无法达到要求时，应设置调节装置。

（3）通风器与室外连接的风管应进行保温设计。

（4）新风系统应设置风管测定孔、检查孔和清洗孔。

1.3 建筑防排烟系统

现代化的民用建筑中，可燃的装修、陈设较多，还有相当多的高层建筑使用了大量的塑料装修、化纤地毯和用泡沫塑料填充的家具。这些可燃物在燃烧过程中，会产生大量的有毒烟气和热量，同时也要消耗大量的氧气，这是造成人员伤亡的主要原因。据测定分析，烟气中含有CO、HF、HCl等多种有毒有害成分，高温缺氧又会对人体造成危害；同时，烟气有遮光作用，使能见度下降。这对疏散和救援活动造成很大的障碍。

防排烟的目的，是将火灾产生的大量烟气及时予以排除，以及阻止烟气向防烟分区以外扩散，以确保建筑物内人员的顺利疏散、安全避难和为消防队员创造有利的扑救条件。防排烟的设计理论，就是对烟气控制的理论：对于一幢建筑物，当内部某个房间或部位发生火灾时，应迅速采取必要的防、排烟措施，对火灾区域实行排烟控制，使火灾产生的烟气和热量能迅速排除，以利于人员的疏散和扑救；对非火灾区域的空气加压，阻止烟气的侵入，控制火势的蔓延。烟气控制的实质是控制烟气合理流动，也就是使烟气不流向疏散通道、安全区和非着火区，而向室外流动。

防排烟措施主要包括划分防火分区和防烟分区，自然排烟和机械排烟，机械加压送风防烟。建筑物的防排烟系统应当能够在火灾发生时及时对烟气进行控制，并在建筑物内创造无烟(或烟气含量极低)的水平和垂直的疏散通道或安全区，为建筑物内人员安全疏散或临时避难和消防人员及时到达火灾区扑救提供保障。

1.3.1 建筑分类及耐火等级

1. 建筑分类

民用建筑根据其建筑高度和层数可分为单、多层民用建筑和高层民用建筑。高层民用建筑根据其建筑高度、使用功能和楼层的建筑面积可分为一类和二类。民用建筑的分类应符合表 1-4 的规定。

表 1-4 民用建筑的分类

名称	高层民用建筑		单、多层民用建筑
	一　类	二　类	
住宅建筑	建筑高度大于 54m 的住宅建筑(包括设置商业服务网点的住宅建筑)	建筑高度大于 27m，但不大于 54m 的住宅建筑(包括设置商业服务网点的住宅建筑)	建筑高度不大于 27m 的住宅建筑(包括设置商业服务网点的住宅建筑)
公共建筑	(1) 建筑高度大于 50m 的公共建筑； (2) 建筑高度 24m 以上部分任一层建筑面积大于 1000m² 的商店、展览、电信、邮政、财贸金融建筑和其他多种功能组合的建筑； (3) 医疗建筑、重要公共建筑、独立建造的老年人照料设施； (4) 省级及以上的广播电视和防灾指挥调度建筑、网局级和省级电力调度建筑； (5) 藏书超过 100 万册的图书馆、书库	除一类高层公共建筑外的其他高层建筑	(1) 建筑高度大于 24m 的单层公共建筑； (2) 建筑高度不大于 24m 的其他公共建筑

2. 耐火极限

民用建筑的耐火等级分级是为了便于根据建筑自身结构的防火性能来确定该建筑的其他防火要求。《建筑设计防火规范》(GB 50016—2014)(2018 年版)中规定民用建筑的耐火等级可分为一级、二级、三级、四级。

民用建筑的耐火等级应根据其建筑高度、使用功能、重要性和火灾扑救难度等确定，并应符合下列规定：

(1) 地下或半地下建筑(室)和一类高层建筑的耐火等级不应低于一级；

(2) 单、多层重要公共建筑和二类高层建筑的耐火等级不应低于二级；

(3) 除木结构建筑外，老年人照料设施的耐火等级不应低于三级。

1.3.2 防火分区与防烟分区

1. 防火分区

防火分区是指采用防火墙、具有一定耐火极限的楼板及其他防火分隔物(防火门、防火窗、防火卷帘、防火阀等)人为划分出的、能在一定时间内防止火灾向同一建筑的其余部分蔓延的局部空间。划分防火分区的目的在于有效地控制和防止火灾沿垂直方向或水平方向向同一建筑物的其他空间蔓延，减少火灾损失，同时能够为人员安全疏散、灭火扑救提供有利条件。

防火分区按照限制火势向本防火分区以外扩大蔓延的方向可分为两类：一类为竖向防火分区，用耐火性能较好的楼板及窗间墙(含窗下墙)，在建筑物的垂直方向对每个楼层进行的防火分隔。竖向防火分区用以防止建筑物层与层之间竖向发生火灾蔓延。另一类为水平防火分区，用防火墙或防火门、防火卷帘等防火分隔物将各楼层在水平方向分隔出的防火区域。水平防火分区用以防止火灾在水平方向扩大蔓延。

防火分区划分得越小，越有利于保证建筑物的防火安全。但如果划分得过小，则势必会影响建筑物的使用功能。防火分区面积大小的确定应考虑建筑物的使用功能及性质、重要性、火灾危险性、建筑物高度、消防扑救能力以及火灾蔓延的速度等因素。

《建筑设计防火规范》(GB 50016—2014)(2018 年版)中规定，不同耐火极限等级建筑的允许建筑高度或层数、防火分区最大允许建筑面积应符合表 1-5 要求。

表 1-5 不同耐火极限等级建筑的允许建筑高度或层数、防火分区最大允许建筑面积

名称	耐火等级	允许建筑高度或层数	防火分区的最大允许建筑面积/m^2	备注
高层民用建筑	一、二级	按表 1-4 确定	1500	对于体育馆、剧场的观众厅，防火分区的最大允许建筑面积可适当增加
单、多层民用建筑	一、二级	按表 1-4 确定	2500	
	三级	5 层	1200	
	四级	2 层	600	
地下或半地下建筑(室)	一级		500	设备用房的防火分区最大允许建筑面积不应大于 1000m^2

注：1. 表中规定的防火分区最大允许建筑面积，当建筑内设置自动灭火系统时，可按本表的规定增加 1.0 倍；局部设置时，防火分区的增加面积可按该局部面积的 1.0 倍计算。

2. 裙房与高层建筑主体之间设置防火墙时，裙房的防火分区可按单、多层建筑的要求确定。

2. 防烟分区

所谓防烟分区是指用挡烟垂壁、挡烟梁(从顶棚向下突出不小于 500mm 的梁)、挡烟隔墙等划分的可把烟气限制在一定范围的空间区域。这是为了利于建筑物内人员安全疏散与有组织排烟,而采取的技术措施。防烟分区的划分,能使烟气集于设定空间,通过排烟设施将烟气排至室外。挡烟梁与挡烟垂壁如图 1-35 所示。

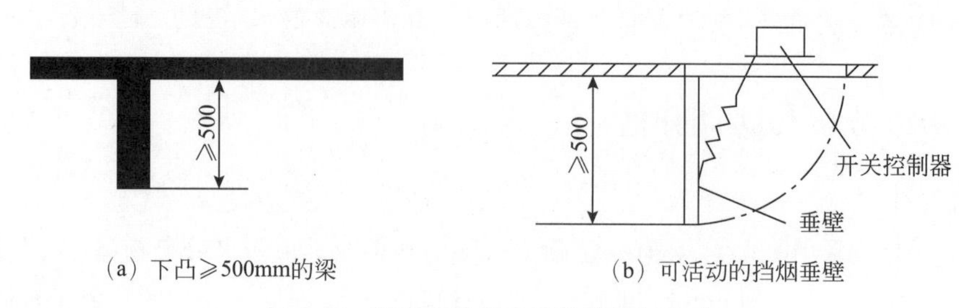

(a) 下凸≥500mm的梁　　(b) 可活动的挡烟垂壁

图 1-35　用梁和挡烟垂壁阻挡烟气流动

防烟分区一般按以下原则来设置。

(1) 不设排烟设施的房间(包括地下室)和走道,不划分防烟分区。

(2) 防烟分区不应跨越防火分区设置。

(3) 对有特殊用途的场所,如地下室、防烟楼梯间、消防电梯、避难层间等应单独划分防烟分区。

(4) 设有机械排烟系统的汽车库,其每个防烟分区的建筑面积不宜超过 2000m^2,且防烟分区不应跨越防火分区。

(5) 公共建筑、工业建筑防烟分区的最大允许面积及其长边最大允许长度应符合表 1-6 的规定,当工业建筑采用自然排烟系统时,其防烟分区的长边长度尚不应大于建筑内空间净高的 8 倍。

表 1-6　公共建筑、工业建筑防烟分区的最大允许面积及其长边最大允许长度

空间净高H/m	最大允许面积/m^2	长边最大允许长度/m
$H \leqslant 3.0$	500	24
$3.0 < H \leqslant 6.0$	1000	36
$H > 6.0$	2000	60m;具有自然对流条件时,不应大于 75m

3. 防火分隔物

防火分隔物是指能在一定时间内阻止火势蔓延,且能把建筑内部空间分隔成若干较小防火空间的物体。常用的防火分隔物有防火墙、防火门、防火窗、防火卷帘、防火阀和防火排烟阀等。

(1) 防火墙由不燃烧材料构成的,为减少或避免建筑物、结构、设备遭受热辐射危害和防止火灾蔓延,设置的竖向分隔体(如砖墙、钢筋混凝土墙等),其耐火极限不低于 4h(单层及多层建筑)、3h(高层建筑、地下建筑)。防火墙是防火分区的主要建筑构件。

(2) 防火门、防火窗指在一定时间内,连同框架能满足耐火稳定性、完整性和隔热性要求。一般设置于防火墙或空调机房、变配电室和重要物资仓库的门窗等。其作用为阻止火势蔓延和烟气的扩散，为疏散人员与火灾扑救提供安全条件。防火门按其耐火极限可分为甲、乙、丙三级：甲级，耐火极限不低于 1.20h；乙级，耐火极限不低于 0.90h；丙级，耐火极限不低于 0.60h。

(3) 防火卷帘指在一定时间内，连同框架能满足耐火稳定性和耐火完整性要求的卷帘。其平时卷放在门窗洞口上方、中庭周围或防火分区部位的转轴箱内，火灾时，将其落下，阻止火势从门窗等开口部位蔓延。同时它还可配合防火冷却水幕替代防火墙作防火分隔之用，如图 1-36 所示。

图 1-36 防火卷帘

1.3.3 防、排烟方式

建筑中的防排烟方式主要有自然排烟、机械排烟和机械加压送风防烟三种方式。建筑排烟系统的设计应根据建筑的使用性质、平面布局等因素，优先采用自然排烟系统，且同一个防烟分区应采用同一种排烟方式。

1. 防排烟系统的设置位置

(1) 建筑的下列场所或部位应设置防烟设施：

① 防烟楼梯间及其前室；

② 消防电梯间前室或合用前室；

③ 避难走道的前室、避难层(间)；

④ 建筑高度不大于 50m 的公共建筑、厂房、仓库和建筑高度不大于 100m 的住宅建筑，当其防烟楼梯间的前室或合用前室符合下列条件之一时，楼梯间可不设置防烟系统。

a. 前室或合用前室采用敞开的阳台、凹廊；

b. 前室或合用前室具有不同朝向的可开启外窗，且可开启外窗的面积满足自然排烟口的面积要求。

(2) 民用建筑的下列场所或部位应设置排烟设施：

① 设置在一层、二层、三层且房间建筑面积大于 $100m^2$ 的歌舞娱乐放映游艺场所，设置在四层及以上楼层、地下或半地下的歌舞娱乐放映游艺场所；

② 中庭；

③ 公共建筑内建筑面积大于 $100m^2$ 且经常有人停留的地上房间；

④ 公共建筑内建筑面积大于 $300m^2$ 且可燃物较多的地上房间；

⑤ 建筑内长度大于 20m 的疏散走道。

(3) 地下或半地下建筑(室)、地上建筑内的无窗房间,当总建筑面积大于 $200m^2$ 或一个房间建筑面积大于 $50m^2$,且经常有人停留或可燃物较多时,应设置排烟设施。

2. 自然排烟

自然排烟是利用热烟气产生的浮力、热压或其他自然作用力,采用靠外墙上的可开启外窗或高侧窗、天窗、敞开阳台与凹廊或专用排烟口、竖井等将烟气排除。如图 1-37 所示。自然排烟不需要动力,经济方便,但易受室外风力影响,火势猛烈时,火焰可能从开口部位向上蔓延。

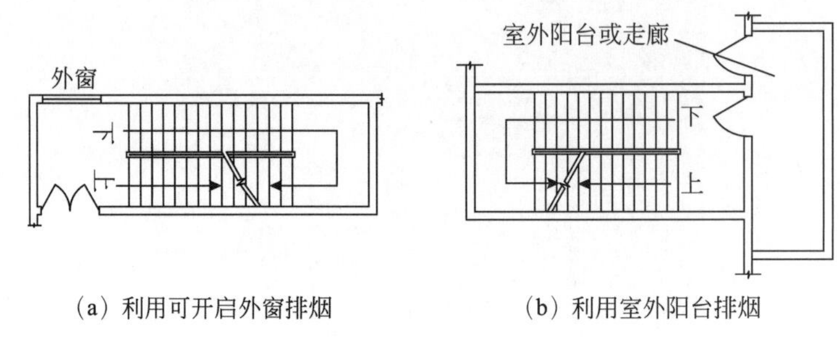

(a) 利用可开启外窗排烟　　(b) 利用室外阳台排烟

图 1-37　自然排烟

对于建筑高度不超过 50m 的公共建筑、不超过 100m 的居住建筑和工业建筑中的防烟楼梯间及前室、消防电梯间前室、中庭和房间允许采用可开启外窗的自然排烟方式,但可开启外窗的面积,应满足下列条件:

(1) 防烟楼梯间前室、消防电梯间前室可开启外窗面积不应小于 $2.00m^2$,合用前室不小于 $3.00m^2$;

(2) 靠外墙防烟楼梯间每 5 层内有可开启外窗总面积之和不小于 $2.00m^2$,并保证该楼梯间顶部设有不小于 $0.80m^2$ 的自然通风窗。

3. 机械排烟

机械排烟即使用排烟风机进行强制排烟,机械排烟不受室外风力的影响,工作可靠,但初始投资多。

1) 排烟量计算

(1) 排烟系统负担一个防烟分区时:建筑空间净高小于或等于 6m 的场所,其排烟量应按不小于 $60m^3/(h \cdot m^2)$ 计算,且计算结果取值不小于 $15000m^3/h$,或设置有效面积不小于该房间建筑面积 2% 的自然排烟窗(口)。

(2) 排烟系统负担多个防烟分区时:当系统负担具有相同净高场所时,对于建筑空间净高大于 6m 的场所,应按排烟量最大的一个防烟分区的排烟量计算;对于建筑空间净高为 6m 及以下的场所,应按同一防火分区中任意两个相邻防烟分区的排烟量之和的最大值计算;当系统负担具有不同净高场所时,应采用上述方法对系统中每个场所所需的排烟量进行计算,并取其中的最大值作为系统排烟量。

(3) 中庭:中庭周围场所设有排烟系统时,中庭采用机械排烟系统的,中庭排烟量应按周围场所防烟分区中最大排烟量的 2 倍数值计算,且不应小于 $107000m^3/h$;中庭采用自然排烟系统时,应按上述排烟量和自然排烟窗(口)的风速不大于 0.5m/s 计算有效开窗面积。当中庭周围场所不需设置排烟系统,仅在回廊设置排烟系统时,回廊的排烟量不应小于 40000m^3/h;中庭采用自然排烟系统时,应按上述排烟量和自然排烟窗(口)的风速不大于 0.4m/s 计算有效开窗面积。

2) 机械排烟系统设计风量

综合考虑实际工程中由于风管(道)及排烟阀(口)的漏风及风机制造标准中允许风量的偏差等各种风量损耗的影响,排烟系统设计风量应不小于计算风量的 1.2 倍。排烟系统的设计风量是选择排烟风机的依据。

3) 补风系统

根据空气流动的原理,必须要有补风才能排出烟气。排烟系统排烟时,补风的主要目的是形成理想的气流组织,迅速排除烟气,有利于人员的安全疏散和消防人员的进入。除地上建筑的走道或建筑面积小于 500m^2 的房间外,设置排烟系统的场所应设置补风系统。

补风系统应直接从室外引入空气,且补风量不应小于排烟量的 50%。补风系统可采用疏散外门、手动或自动可开启外窗等自然进风方式以及机械送风方式。在同一个防火分区内可以采用疏散外门、手动或自动可开启外窗进行排烟补风,并保证补风气流不受阻隔,但是防火门、窗不得用作补风设施。补风系统应与排烟系统联动开启或关闭,其风机应设置在专用机房内。

4. 加压送风防烟

机械加压送风防烟系统是将室外不含烟气的空气加压送至室内某些特定区域,从而在建筑物发生火灾时提供不受烟气干扰的疏散路线和避难场所。因此,加压部位必须使关闭的门对着火楼层保持一定的压力差,同时应保证在打开加压部位的门时,在门洞断面处有足够强大的气流,能有效地阻止烟气的入侵,保证人员安全疏散与避难。

1) 送风量计算

(1) 楼梯间或前室的机械加压送风量计算公式如下:

$$L_j = L_1 + L_2 \tag{1-1}$$

$$L_s = L_1 + L_3 \tag{1-2}$$

式中:L_j——楼梯间的机械加压送风量(m^3/s);

L_s——前室的机械加压送风量(m^3/s);

L_1——门开启时,达到规定风速值所需的送风量(m^3/s);

L_2——门开启时,规定风速值下,其他门缝漏风总量(m^3/s);

L_3——未开启的常闭送风阀的漏风总量(m^3/s)。

① 门开启时,达到规定风速值所需的送风量计算公式如下:

$$L_1 = A_k v N_1 \tag{1-3}$$

式中:A_k——一层内开启门的截面面积(m^2),对于住宅楼梯前室,可按一个门的面积取值;

v——门洞断面风速(m/s);当楼梯间和独立前室、共用前室、合用前室均机械加压送风时,通向楼梯间和独立前室、共用前室、合用前室疏散门的门洞断面风速均不应小于 0.7m/s;当楼梯间机械加压送风、只有一个开启门的独立前室不送风时,通向楼梯间疏散门的门洞断面风速不应小于 1.0m/s；当消防电梯前室机械加压送风时，通向消防电梯前室门的门洞断面风速不应小于 1.0m/s；当独立前室、共用前室或合用前室机械加压送风而楼梯间采用可开启外窗的自然通风系统时，通向独立前室、共用前室或合用前室疏散门的门洞风速不应小于0.6(A_1/A_g+1)(m/s)，其中 A_1 为楼梯间疏散门的总面积(m^2)，A_g 为前室疏散门的总面积(m^2)。

N_1——设计疏散门开启的楼层数量；楼梯间：采用常开风口，当地上楼梯间为 24m 以下时，设计 2 层内的疏散门开启，$N_1=2$；当地上楼梯间为 24m 及以上时，设计 3 层内的疏散门开启，$N_1=3$；当为地下楼梯间时，设计 1 层内的疏散门开启，$N_1=1$。前室：采用常闭风口，计算风量时，$N_1=3$。

② 门开启时，规定风速下的其他门漏风总量应按下式计算：

$$L_2=0.827\times A\times \Delta P^{1/n}\times 1.25\times N_2 \tag{1-4}$$

式中：A——每个疏散门的有效漏风面积(m^2)；疏散门的门缝宽度取 0.002～0.004m。

ΔP——计算漏风量的平均压力差(Pa)；当开启门洞处风速为 0.7m/s 时，$\Delta P=6.0$Pa；当开启门洞处风速为 1.0m/s 时，$\Delta P=12.0$Pa；当开启门洞处风速为 1.2m/s 时，$\Delta P=17.0$Pa。

n——指数(一般取 $n=2$)；

1.25——不严密处附加系数；

N_2——漏风疏散门的数量，楼梯间采用常开风口，N_2＝加压楼梯间的总门数－N_1 楼层数上的总门数。

③ 未开启的常闭送风阀的漏风总量应按下式计算：

$$L_3=0.083\times A_f N_3 \tag{1-5}$$

式中：0.083——阀门单位面积的漏风量[$m^3/(s\cdot m^2)$]；

A_f——单个送风阀门的面积(m^2)；

N_3——漏风阀门的数量，前室采用常闭风口，N_3＝楼层数－3。

(2) 当系统负担建筑高度大于 24m 时，防烟楼梯间、独立前室、合用前室和消防电梯前室应按计算值与表 1-7～表 1-10 的值中的较大值确定。

表 1-7　消防电梯前室加压送风的计算风量

系统负担高度 h/m	加压送风量/(m^3/h)
$24<h\leqslant 50$	35400～36900
$50<h\leqslant 100$	37100～40200

表 1-8　楼梯间自然通风，独立前室、合用前室加压送风的计算风量

系统负担高度 h/m	加压送风量/(m^3/h)
$24<h\leqslant 50$	42400～44700
$50<h\leqslant 100$	45000～48600

表 1-9　前室不送风，封闭楼梯间、防烟楼梯间加压送风的计算风量

系统负担高度 h/m	加压送风量/(m^3/h)
$24<h\leqslant 50$	36100～39200
$50<h\leqslant 100$	39600～45800

表 1-10　防烟楼梯间及独立前室、合用前室分别加压送风的计算风量

系统负担高度 h/m	送风部位	加压送风量/(m^3/h)
$24<h\leqslant 50$	楼梯间	25300～27500
	独立前室、合用前室	24800～25800
$50<h\leqslant 100$	楼梯间	27800～32200
	独立前室、合用前室	26000～28100

注：

(1) 表 1-7～表 1-10 的风量按开启 1 个 2.0m×1.6m 的双扇门确定。当采用单扇门时，其风量可乘以系数 0.75 计算。

(2) 表 1-7～表 1-10 中风量按开启着火层及其上下层，共开启 3 层的风量计算。

(3) 表 1-7～表 1-10 中风量的选取应按建筑高度或层数、风道材料、防火门漏风量等因素综合确定。

2) 机械加压送风系统设计送风量

充分考虑实际工程中由于风管(道)的漏风与风机制造标准中允许风量的偏差等各种风量损耗的影响，为保证机械加压送风系统效能，设计风量至少应为计算风量的 1.2 倍。设计送风量是选择风机的依据。

1.3.4　防排烟系统的主要部件

1. 风机

1) 排烟风机

排烟风机应满足 280℃时连续工作 30min 的要求，国内生产的普通中、低压离心风机或排烟专用轴流风机都能满足要求。排烟风机宜设置在排烟系统的最高处，烟气出口宜朝上，并应高于加压送风机和补风机的进风口，且应设置在专用机房内。排烟风机与风机入口处的排烟防火阀连锁，当该阀关闭时，排烟风机应能停止运转。

2) 加压送风机

机械加压送风风机宜采用轴流风机或中、低压离心风机，其设置应符合下列规定。

(1) 送风机的进风口应直通室外，且应采取防止烟气被吸入的措施。

(2) 送风机的进风口宜设在机械加压送风系统的下部。

(3) 送风机的进风口不应与排烟风机的出风口设在同一面上。当确有困难时，送风机的进风口与排烟风机的出风口应分开布置，且竖向布置时，送风机的进风口应设置在排烟出口的下方，其两者边缘最小垂直距离不应小于 6.0m；水平布置时，两者边缘最小水平距离不应小于 20.0m。

(4) 送风机应设置在专用机房内。

2. 排烟口

排烟口宜设置在顶棚或靠近顶棚的墙面上,且使烟流方向与人员疏散方向相反,排烟口与附近安全出口相邻边缘之间的水平距离不应小于1.5m。排烟口的设置应经计算确定,且防烟分区内任一点与最近的排烟口之间的水平距离不应该大于30m。

3. 加压送风口

楼梯间宜每隔2～3层设一个常开式加压送风口;合用一个井道的剪刀楼梯应每层设一个常开式百叶送风口。前室应每层设一个常闭式加压送风口,火灾时由消防控制中心联动开启火灾层的送风口。加压送风口如图1-38所示。

图1-38 加压送风口

4. 防火阀

防火阀安装在通风、空气调节系统的送回风管道上,平时呈开启状态,火灾发生时,管道内烟气达到70℃时关闭,起到隔烟阻火的作用。

风管穿越防火分区处;风管穿越通风、空调机房及重要的火灾危险性大的房间隔墙和楼板处;垂直风管与每层水平风管交接处;穿越变形缝的两侧应各设一个。公共建筑浴室、卫生间和厨房的竖向排风管在支管上设70℃的防火阀;公共建筑内厨房的排油烟管与竖向排风管连接的支管处设150℃的防火阀。

5. 排烟防火阀

排烟防火阀安装在机械排烟系统的管道上,平时呈开启状态,发生火灾时当排烟管道内烟气温度达到280℃时关闭,起隔烟阻火的作用。

排烟系统垂直于每层水平风管交接处的水平管段上、一个排烟系统负担多个防烟分区的排烟支管上、排烟风机入口处、排烟风管穿越防火分区处均应设置排烟防火阀。

1.4 通风系统设计举例

1.4.1 卫生间排风系统设计

微课:卫生间排风

1. 设计内容

行政楼一楼卫生间排风系统。

2. 设计步骤

1）计算卫生间的排风量

男、女卫生间面积分别为 $28m^2$、$26m^2$，层高为 4m，换气次数按表 1-1 取 10 次/h，则男、女卫生间的排风量分别为 $112m^3/h$、$104m^3/h$。

2）选择排风扇规格型号

选择吊顶式排风扇，排风量为 $150m^3/h$。

3）确定排风扇与管道位置，完成初步绘制

（1）在项目浏览器"族"→"风管系统"中复制"排风"，并重命名为"1F 卫生间排风"。在立面图中创建一个参照平面，距一层地面高度为 3000mm，名称为 1F 吊顶，如图 1-39 所示。

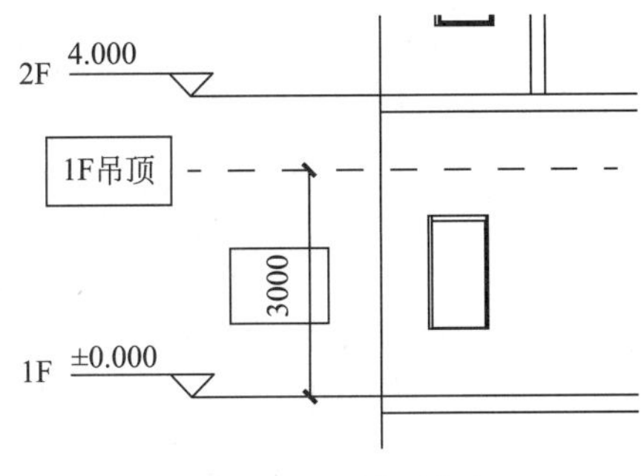

图 1-39　1F 吊顶高度

（2）在 1F 中，绘制辅助线，确定男、女卫生间排风扇的具体位置，如图 1-40 所示。

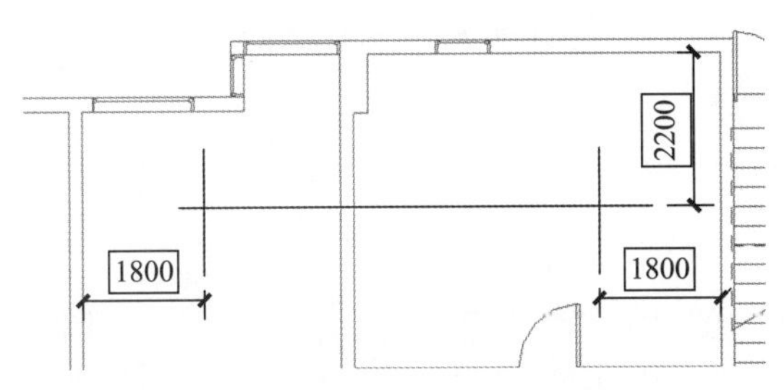

图 1-40　绘制辅助线确定排风扇位置

（3）单击"系统"→"机械设备"→"放置在工作平面上"，在设置栏的"放置平面"中选择"参照平面：1F 吊顶"。在属性面板中选择"排风机-吊顶式-150CMH"，如图 1-41 所示。

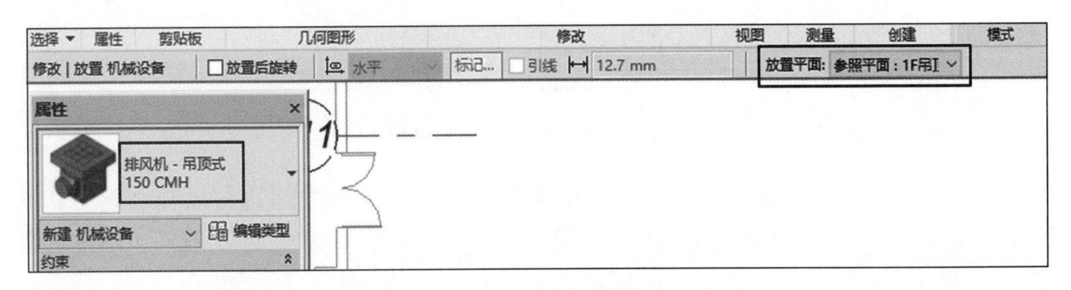

图 1-41　选择排风扇型号

(4) 放置排风扇,如图 1-42 所示。

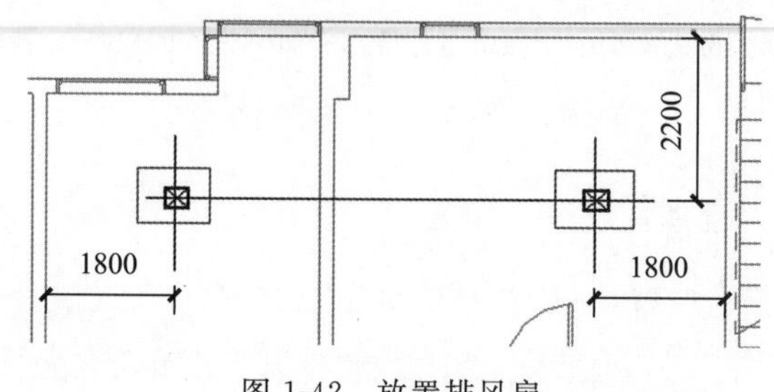

图 1-42 放置排风扇

(5) 删除辅助线及其标注。对排风扇建立剖面图,在剖面图中单击排风扇,单击“翻转工作平面”,使排风扇的吸风口朝下,如图 1-43 所示。

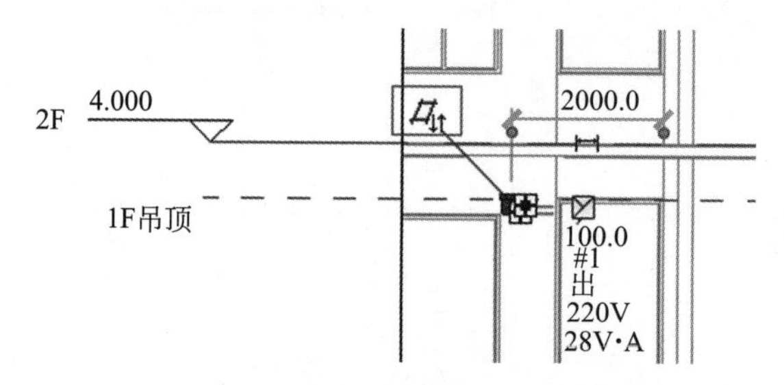

图 1-43 调整排风扇吸风口方向

(6) 在 1F 平面视图中,单击排风扇后,按空格键调整“创建风管”标志,使两个排风扇的标志相对,如图 1-44 所示。在属性面板中,将“视图样板”设置为“无”,详细程度为“精细”,视觉样式设置为“真实”。

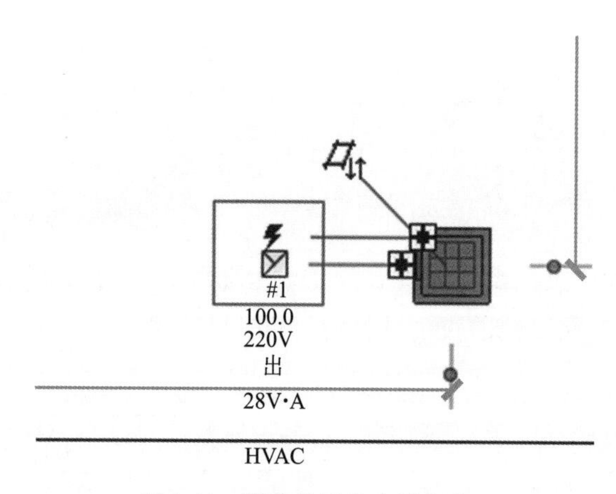

图 1-44 调整排风扇出风方向

(7) 绘制矩形风管,偏移量为 3600mm,如图 1-45 所示。在排风扇与风管之间用软管连接,软管选择“圆管”,管径与排风扇风管接口一致为 100mm,如图 1-46 所示。系统会自动生成“天方地圆”连接件,如图 1-47 所示。

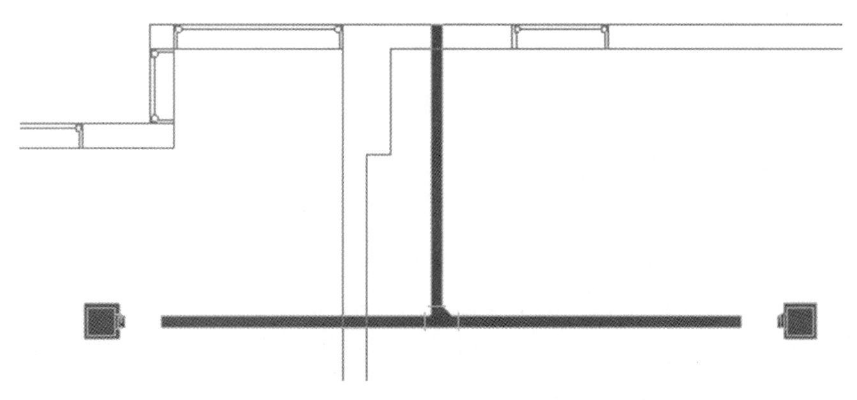

图 1-45　绘制排风管道

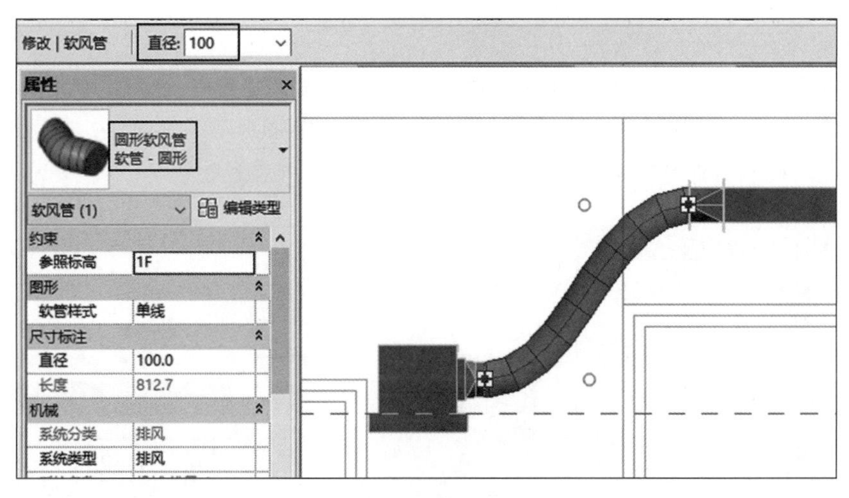

图 1-46　创建连接软管

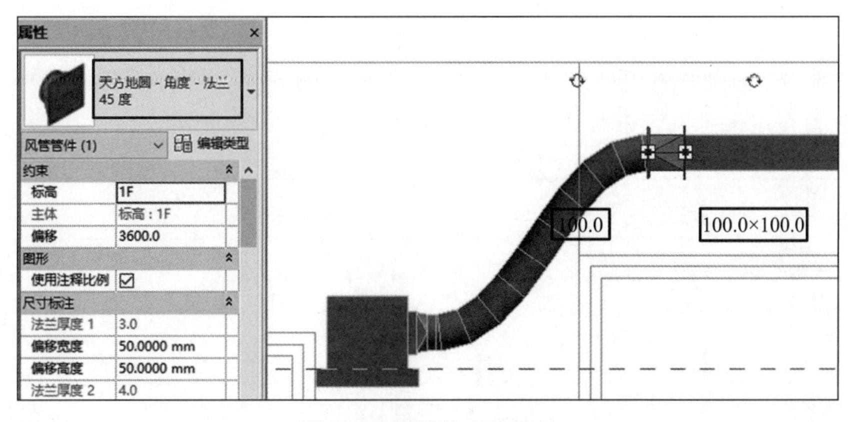

图 1-47　天圆地方连接件

4）进行排风系统水力计算，并赋回图面

单击“风/水系统”选项卡中的“风管水力”打开风管水力计算面板，输入各段风管风量，改变风管尺寸，调整风速至符合规范的合适数值。单击“赋回图面”，如图 1-48 所示。风管尺寸会自动调整,和水力计算结果保持一致。

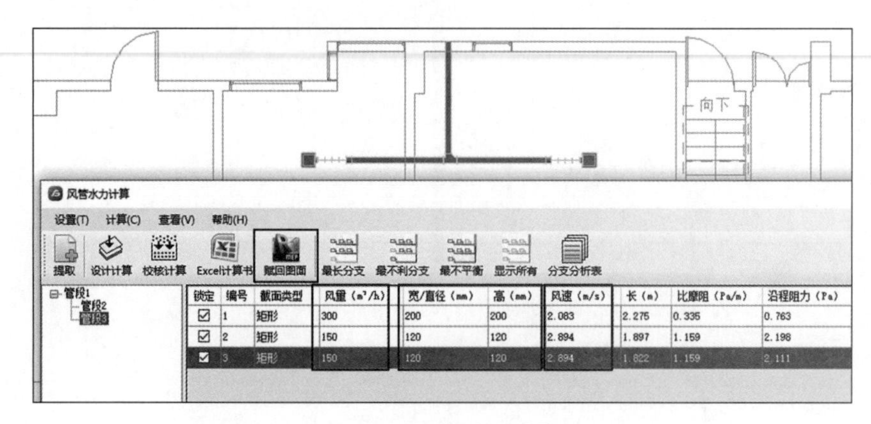

图 1-48　风管水力计算

由于矩形风管尺寸发生改变,与软管之间连接的天方地圆会消失。此时将软管的顶点拖至矩形风管的顶点,即可重新生成天方地圆,尺寸与矩形风管自动保持一致,如图 1-49 所示。也可以在水力计算结束,将风管尺寸赋回图面后,再放置软管。

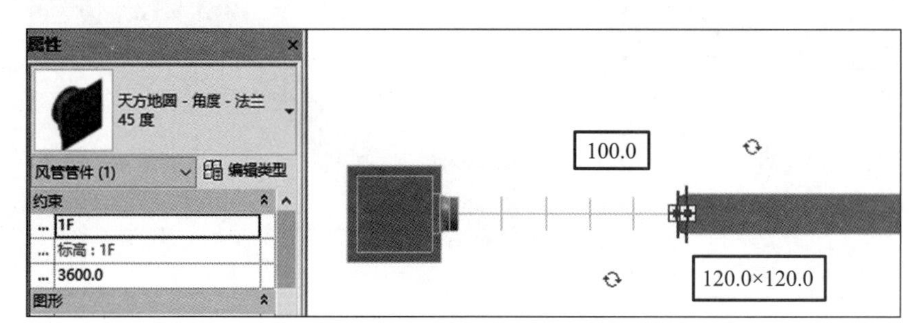

图 1-49　调整连接软管

5) 选择并布置室外排风口

单击“系统”选项卡中的“风道末端”,选择矩形防雨百叶风口,尺寸为 200mm × 200mm,放置在主干排风管末端,即北外墙外表面处,如图 1-50 所示。

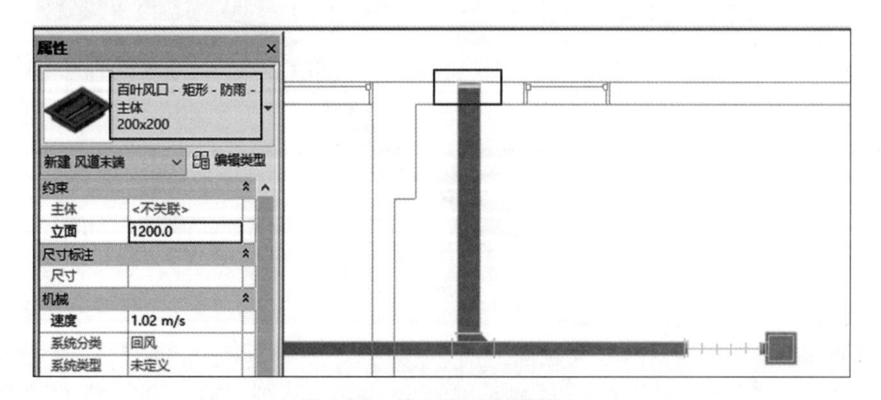

图 1-50　放置防雨百叶风口

6）完成排风系统 BIM 模型的创建

至此，一楼卫生间排风系统 BIM 模型创建完成，如图 1-51 所示。

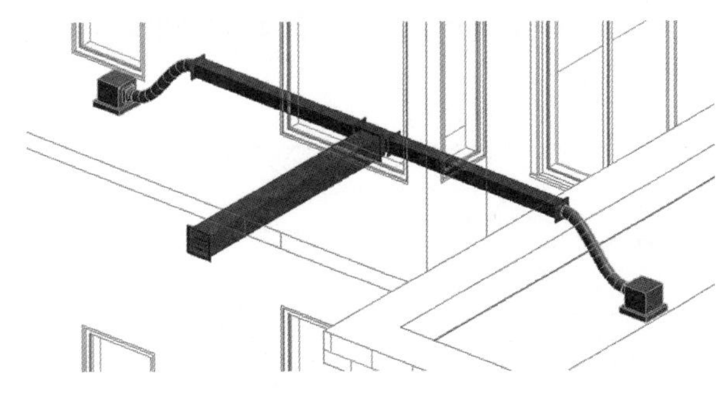

图 1-51　卫生间排风系统

1.4.2　新风系统设计

1. 设计内容

行政楼二楼北面两个接待室和东面会议室的新风系统。两个接待室和会议室的人员分别为 10 人、20 人、50 人。

2. 设计步骤

1）计算各房间所需新风量

两个接待室和会议室面积分别为 $54m^2$、$80m^2$、$180m^2$，二楼层高为 4m，则体积分别为 $216m^3$、$320m^3$、$720m^3$。新风量指标选取 $30m^3/(h \cdot 人)$。则两个接待室和会议室的新风量分别为 $300m^3/h$、$600m^3/h$、$1500m^3/h$，系统总新风量为 $2400m^3/h$。

微课：新风系统 1

2）选择新风机规格型号

选择吊顶式新风机组，风量为 $2500m^3/h$。

3）确定新风机与管道位置，完成初步绘制

（1）布置新风机组。在项目浏览器“族”→“风管系统”中复制“送风”并重命名为“2F 新风”。依次单击系统—机械设备，在属性面板中选择“AHU-吊装式”“2500CMH”偏移量为 3200mm，按空格键调整其出风方向朝北，放置位置大致如图 1-52 所示。

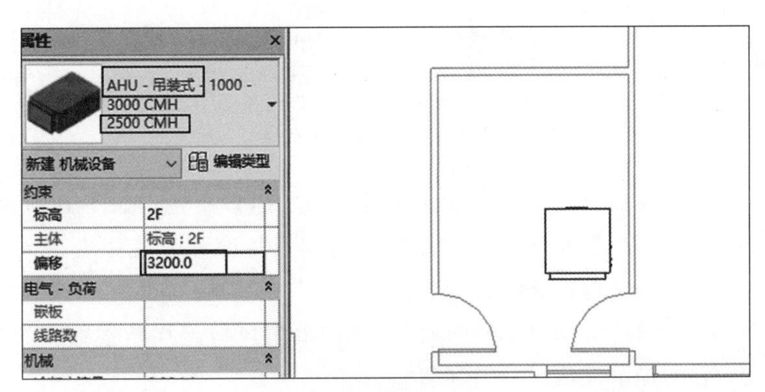

图 1-52　布置新风机组

(2) 布置室内送风口。单击“风/水系统”选项卡中的“布置风口”，设置参数如图 1-53 所示。之后单击“沿线布置”，选择“限定个数”数量为 5，“首个风口与起点的距离和风口间距的比值”为 0.5。确定后单击东面会议室已经绘制好的辅助线，完成会议室的风口布置，如图 1-54 所示。

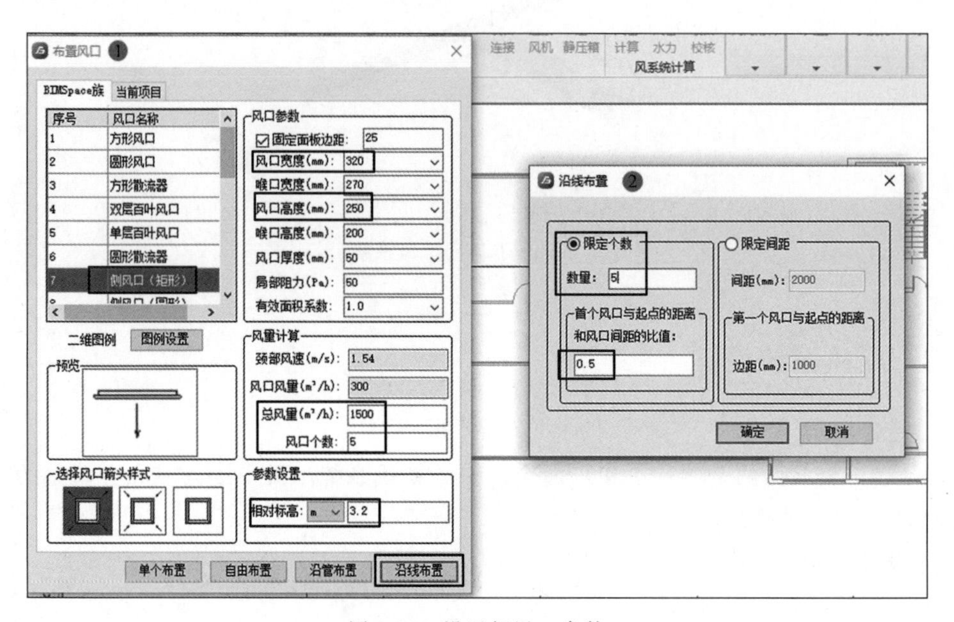

图 1-53 设置新风口参数

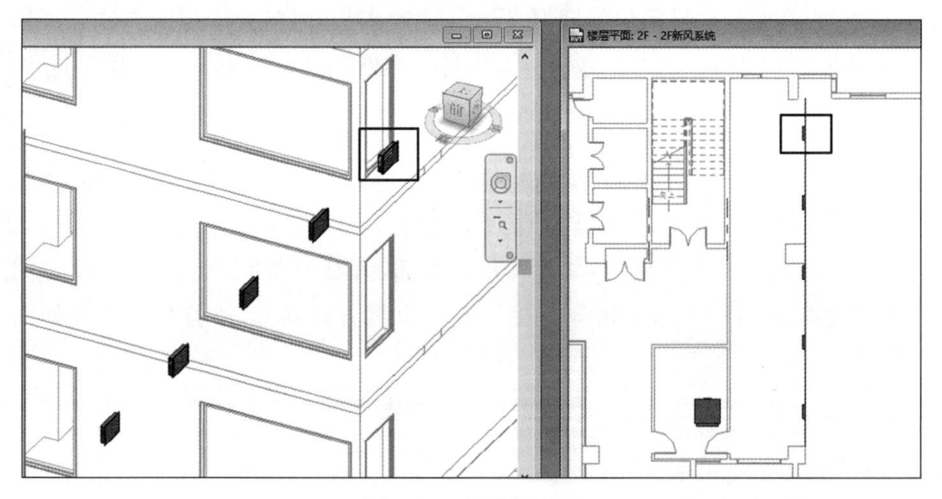

图 1-54 布置新风口

删除辅助线，用同样的方法完成北面两个接待室的风口布置。如图 1-55 所示。

(3) 布置风管。单击“系统”选项卡中的“绘制风管”，设置参数并绘制风管，如图 1-56 所示。

(4) 连接风口。单击“风/水系统”选项卡中的“批量风口连接”，参数设置如图 1-57 所示，按照绘图区下方的提示完成风口与风管的连接。

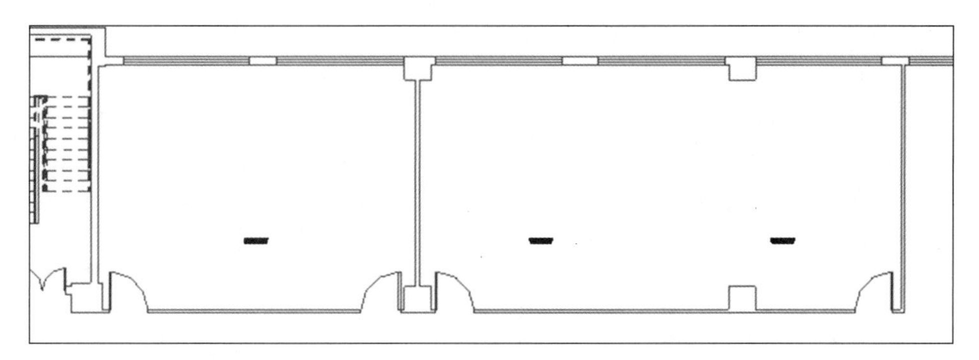

图 1-55　布置所有新风口

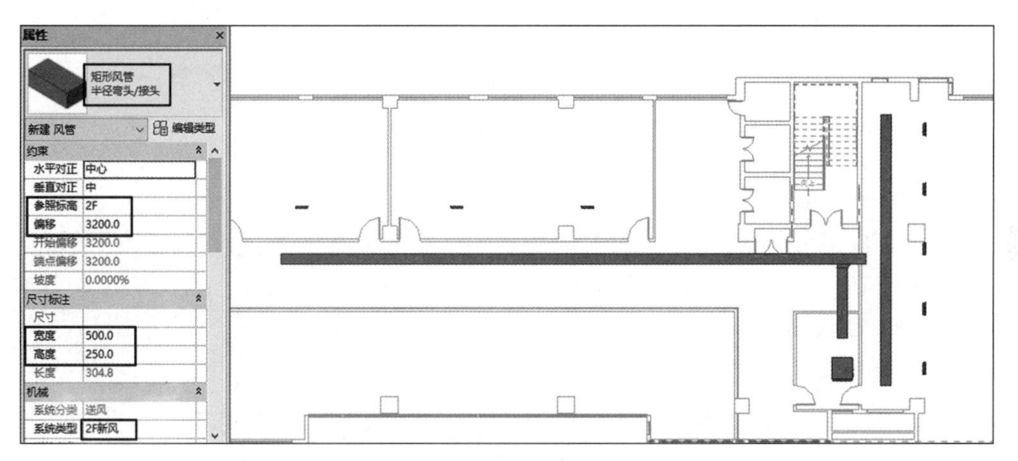

图 1-56　绘制新风管道

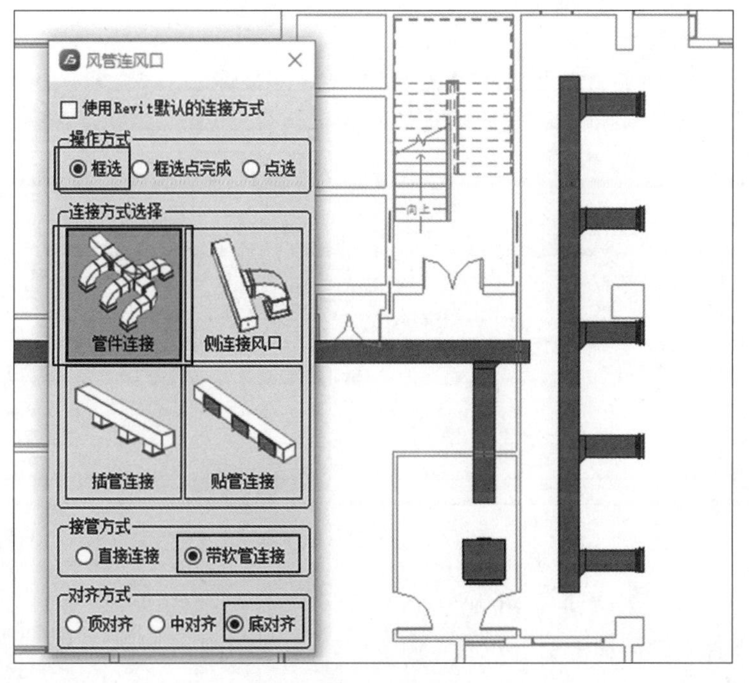

图 1-57　连接风口

(5) 添加风管堵头。适当调整风管位置,并将两根主干风管用三通自动连接。单击“风/水系统”选项卡中的“阀门附件—百叶堵头”,为开口风管添加堵头。如图 1-58 所示。

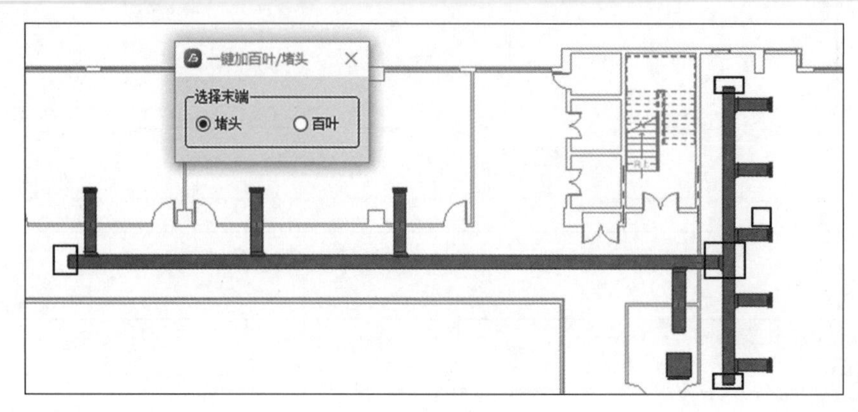

图 1-58　添加堵头

4) 水力计算,将结果赋回

微课:新风系统 2

(1) 单击“风/水系统”选项卡中的“风管水力”,打开风管水力计算面板,输入各段风管风量,适当调整风管尺寸(各送风口分支管和风口尺寸保持一致:宽 320mm、高 250mm,主干风管尺寸调整为:宽 630mm、高 400mm),全选所有管段,单击“校核计算”,确定后再单击“赋回图面”,计算好的风管尺寸自动赋回模型中,如图 1-59 所示。也可以一键导出 Excel 计算书。

风管水力计算

设置(T)　计算(C)　查看(V)　帮助(H)

提取　设计计算　校核计算　Excel计算书　赋回图面　最长分支　最不利分支　最不平衡　显示所有　分支分析表

锁定	编号	截面类型	风量 (m³/h)	宽/直径 (mm)	高 (mm)	风速 (m/s)	长 (m)	比摩阻 (Pa/m)	沿程阻力 (Pa)	局阻系数	局部阻力 (Pa)	总阻力 (Pa)
☑	1	矩形	2400	630	400	2.646	2.576	0.171	0.441	0	0	0.441
☑	2	矩形	900	500	250	2	12.166	0.165	2.004	0.5	1.198	3.202
☑	3	矩形	600	500	250	1.333	6.25	0.079	0.494	0.5	1.198	1.692
☑	4	矩形	300	500	[illegible]	[illegible]	[illegible]	0.023	0.169	0.5	0.532	0.701
☑	5	矩形	0	500	[illegible]	[illegible]	[illegible]	0	0	1	0.133	0.133
☑	6	矩形	300	320	[illegible]	[illegible]	[illegible]	0.063	0.158	0.784	50.517	50.675
☑	7	矩形	300	320	[illegible]	[illegible]	[illegible]	0.063	0.158	0.784	50.517	50.675
☑	8	矩形	300	320	[illegible]	[illegible]	[illegible]	0.063	0.158	0.784	50.517	50.675
☑	9	矩形	1500	500	[illegible]	[illegible]	[illegible]	0.42	0.688	0.5	1.198	1.886
☑	10	矩形	900	500	[illegible]	[illegible]	[illegible]	0.165	0.192	0.5	1.198	1.39
☑	11	矩形	600	500	250	1.333	2.78	0.079	0.22	0.5	1.198	1.418
☑	12	矩形	300	500	250	0.667	2.78	0.023	0.064	0.5	0.532	0.596
☑	13	矩形	0	500	250	0	0.774	0	0	1	0.133	0.133
☑	14	矩形	300	320	250	1.042	1.268	0.063	0.08	0.784	50.517	50.597
☑	15	矩形	300	320	250	1.042	1.268	0.063	0.08	0.784	50.517	50.597
☑	16	矩形	300	320	250	1.042	1.268	0.063	0.08	0.784	50.517	50.597
☑	17	矩形	600	500	250	1.333	1.449	0.079	0.115	0.5	1.198	1.313
☑	18	矩形	300	500	250	0.667	2.78	0.023	0.064	0.5	0.532	0.596

BIMSpace-机电提示

校核计算成功!

确定

☑全不选

校核计算成功!

图 1-59　风管水力计算

微课:新风系统 3

(2) 添加风阀。在三维视图中为主干送风管道添加防火阀,如图 1-60 所示。各支管添加手动对开多叶调节阀,在平面图中调整各个风阀的位置,如图 1-61 所示。

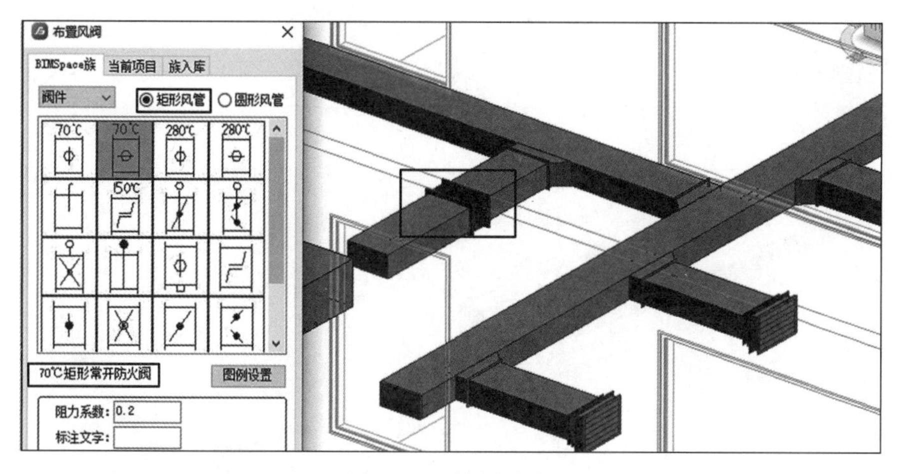

图 1-60　添加防火阀

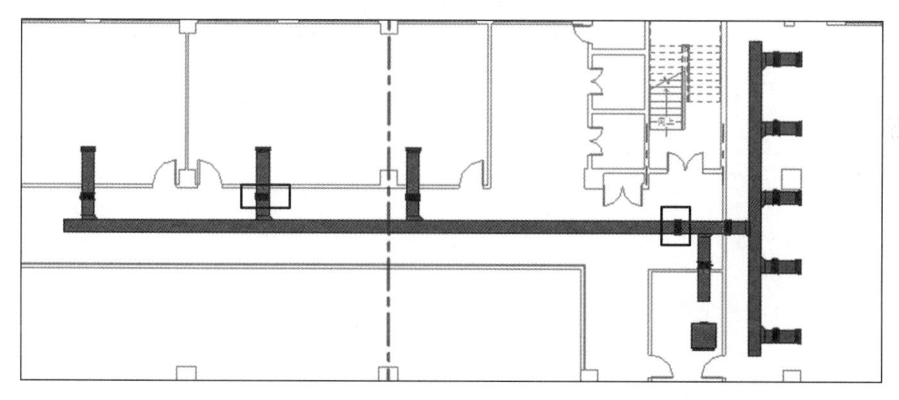

图 1-61　添加对开多叶调节阀

5）完成新风系统 BIM 模型的创建

（1）单击“风/水系统”选项卡中的“设备连接”，适当调整新风机组的高度，框选主干送风管道和新风机组，完成机组与送风干管的连接，如图 1-62 所示。

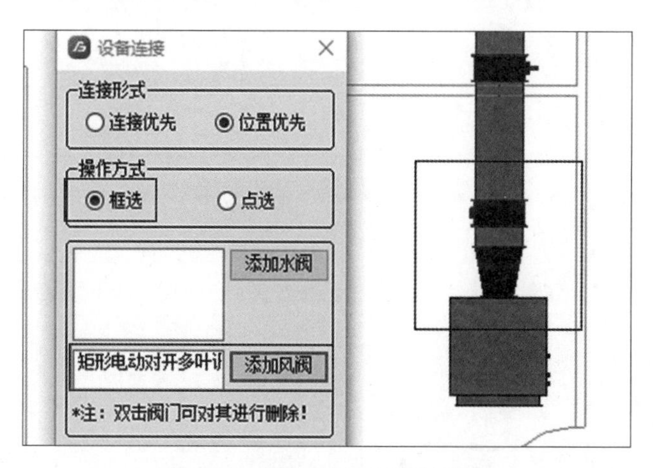

图 1-62　新风机组与风管的连接

(2) 选中新风机组,单击“创建风管”,绘制进风管道至外墙,并添加百叶。在属性面板中,将“视图样板”设置为“无”,详细程度为“精细”,视觉样式设置为“真实”。完成新风系统BIM模型的创建,如图1-63所示。

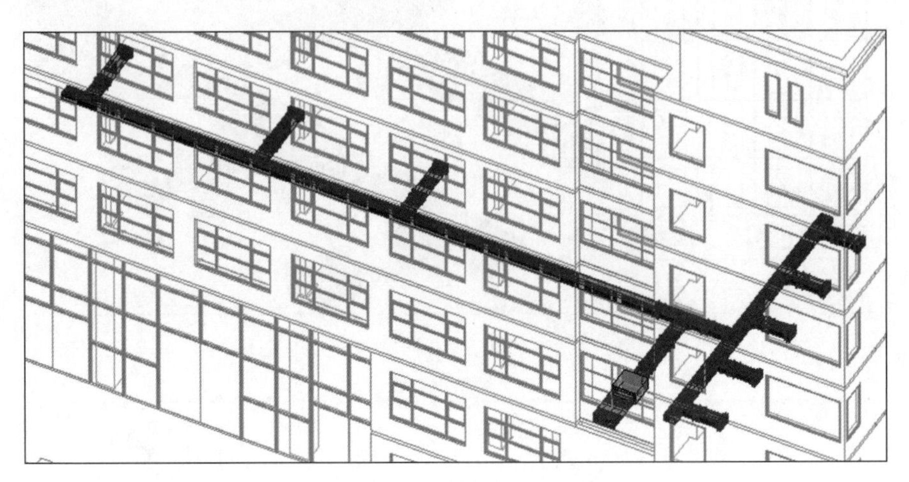

图1-63 新风系统

项目2 负荷计算

任务引导

任务1 办公室负荷计算

任务要求

通过完成民用建筑办公室(行政楼4F)空调系统的负荷计算,掌握负荷计算的方法,熟悉Revit和BIMSpace中负荷计算的步骤。

任务分析

空调系统负荷计算要依据设计规范进行。在Revit中完成建筑模型的绑定,执行部分房间的负荷计算及估算,再利用BIMSpace软件进行同样房间的负荷计算,比较三者的差别。

任务实施

1. 熟悉任务。
2. 完成建筑模型的绑定。
3. 完成部分房间的负荷计算。
4. 完成部分房间的负荷估算。
5. 利用BIMSpace软件进行同样房间的负荷计算。
6. 比较三者的差别。

任务2 会议室负荷计算的校核

任务要求

通过完成民用建筑会议室(行政楼3F)空调系统负荷计算结果的校核,掌握负荷计算的方法,熟悉Revit和BIMSpace中负荷计算过程中各参数的设置原则和方法。

任务分析

空调系统负荷计算要依据设计规范进行。Revit和BIMSpace中负荷计算过程中各参数的设置会影响计算结果,通过校核熟知各参数的设置在负荷计算中的作用和意义,理解各参数的设置原则。

任务实施

1. 熟悉任务。
2. 在 Revit 的负荷计算过程中修改各参数。
3. 在 Revit 的负荷估算过程中修改各参数。
4. 在 BIMSpace 的负荷计算过程中修改各参数。
5. 分析各参数对负荷计算结果的影响。

相关知识

空调负荷可以分为空调房间(区域)负荷和空调系统负荷两种。空调房间(区域)负荷即为直接发生在空调房间或区域内的负荷。另外,还有一些发生在空调房间(区域)以外的负荷,如新风负荷(新风状态与室内空气状态不同而产生的负荷)、管道温升(降)负荷(风管或水管传热造成的负荷)、风机温升负荷(空气通过通风机后的温升)、水泵温升负荷(液体通过水泵后的温升)等,这些负荷不直接作用于室内,但最终也要由空调系统来承担。将以上直接发生在空调房间(区域)内的负荷和不直接作用于空调房间(区域)内的附加负荷合在一起就称为系统负荷。通常,根据空调房间(区域)的热、湿负荷确定空调系统的送风量或送风参数;根据系统负荷选择风机盘管机组、新风机组、组合式空调机组等空气处理设备和制冷机、锅炉等冷、热源设备。

空调房间负荷包括空调房间冷(热)负荷和湿负荷。通过围护结构传入空调房间的以及房间内部散出的各种热量,称为房间得热量。为保持所要求的室内温度必须由空调系统从房间带走的热量称为房间冷负荷。反之,为补偿房间失热而需向房间供应的热量称为热负荷;为维持室内相对湿度所需由房间除去或向房间增加的湿量称为湿负荷。

空调房间负荷是空调工程设计中最基本、最重要的数据之一,它的数值直接影响到空调方案的选择、空调设备和冷热源设备容量的大小,进而影响到工程投资、设备能耗、系统运行费用以及空调的使用效果。

2.1 室内外空气参数

室内冷(热)负荷、湿负荷的计算以室外空气参数和室内设计空气参数为依据。

2.1.1 室内设计空气参数

1. 舒适性空调室内设计参数

舒适性空调室内设计参数应符合以下规定。

(1) 人员长期逗留区域空调室内设计参数应符合表2-1的规定。

表2-1 人员长期逗留区域空调室内设计参数

类别	热舒适度等级	温度/℃	相对湿度/%	风速/(m/s)
供热工况	Ⅰ级	22～24	≥30	≤0.2
	Ⅱ级	18～22		≤0.2
供冷工况	Ⅰ级	24～26	40～60	≤0.25
	Ⅱ级	26～28	≤70	≤0.3

注:Ⅰ级热舒适度较高,Ⅱ级热舒适度一般;热舒适度等级的划分按现行国家标准《热环境的人类工效学 通过计算PMV和PPD指数与局部热舒适准则对热舒适进行分析测定与解释》(GB/T 18049—2017)的有关规定执行。

(2) 人员短期逗留区域空调供冷工况室内设计参数宜比长期逗留区域提高1～2℃,供热工况宜降低1～2℃。短期逗留区域供冷工况风速不宜大于0.5m/s,供热工况风速不宜大于0.3m/s。

(3) 辐射供暖室内设计温度宜降低2℃;辐射供冷室内设计温度宜提高0.5～1.5℃。

(4) 规范中给出的数据是概括性的。对于具体的民用建筑而言,由于各空调房间的使用功能各不相同,而其室内空调设计计算参数也会有较大差异。部分不同用途房间的室内空调设计计算参数,可参照国标《公共建筑节能设计标准》(GB 50189—2015)、《办公建筑设计标准》(JGJ/T 67—2019)等规定的数据确定。

选择空调房间的室内设计参数时,应充分注意:室内空调设计参数是影响空调能耗的主要因素之一。在供热工况下,室内温度每降低1℃,能耗可减少10%～15%;在供冷工况下,室内温度每提高1℃,能耗可减少8%～10%。

2. 设计最小风量

设计最小新风量应符合下列规定。

(1) 公共建筑主要房间每人所需最小新风量应符合表2-2规定。

表2-2 公共建筑主要房间每人所需最小新风量

建筑房间类型	新风量/[m^3/(人·h)]	建筑房间类型	新风量/[m^3/(人·h)]
办公室	30	大堂、四季厅	10
客房	30		

(2) 设置新风系统的居住建筑和医院建筑,所需最小新风量宜按换气次数法确定。居住建筑换气次数宜符合表2-3规定,医院建筑换气次数宜符合表2-4规定。

表2-3 居住建筑设计最小换气次数

人均居住面积 F_P/m^2	每小时换气次数/次	人均居住面积 F_P/m^2	每小时换气次数/次
$F_P \leqslant 10$	0.70	$20 < F_P \leqslant 50$	0.50
$10 < F_P \leqslant 20$	0.60	$F_P > 50$	0.45

表 2-4 医院建筑设计最小换气次数

功能房间	每小时换气次数/次	功能房间	每小时换气次数/次
门诊室	2	放射室	2
急诊室	2	病房	2
配药室	5		

(3) 高密人群建筑每人所需最小新风量应按人员密度确定，且应符合表 2-5 规定。

表 2-5 高密人群建筑每人所需最小新风量 单位：$m^3/(人\cdot h)$

建筑类型	人员密度 $P_F/(人/m^2)$		
	$P_F \leqslant 0.4$	$0.4 < P_F \leqslant 1.0$	$P_F > 1.0$
影剧院、音乐厅、大会厅、多功能厅、会议室	14	12	11
商场、超市	19	16	15
博物馆、展览厅	19	16	15
公共交通等候室	19	16	15
歌厅	23	20	19
酒吧、咖啡厅、宴会厅、餐厅	30	25	23
游艺厅、保龄球厅	30	25	23
体育馆	19	16	15
健身房	40	38	37
教室	28	24	22
图书馆	20	17	16
幼儿园	30	25	23

(4) 空调区的新风量，应按不小于人员所需新风量，补偿排风和保持空调区空气压力所需新风量之和以及新风除湿所需新风量中的最大值确定。

(5) 全空气空调系统的新风量，当系统服务于多个不同新风比的空调区时，系统新风比应小于空调区新风比中的最大值。

(6) 新风系统的新风量，宜按所服务空调区或系统的新风量累计值确定。

(7) 舒适性空调和条件允许的工艺性空调，可用新风作冷源时，为节约能源应最大限度地使用新风。

2.1.2 室外空气参数

1. 夏季空调室外计算参数

(1) 室外空气计算参数的取值，直接影响室内空气状态和设备投资。如果按当地冬、夏最不利情况考虑，那么这种极端最低、最高温、湿度要若干年才出现一次而且持续时间较短，这将使设备容量庞大而造成投资浪费。因此，设计规范中规定的室外计算参数是按全年少数时间不保证室内温度、湿度标准而制定的。当室内温度、湿度必须全年保证时，应另行确定空气调节室外计算参数。全国主要城市的室外空气计算参数应按《民用建筑供暖通风与空气调节设计规范》(GB 50736—2012)附录A采用,现节选部分城市部分参数如表2-6所示。

表2-6 部分城市室外空调设计计算参数

设计用室外气象参数	北京	上海	郑州	杭州	南京	哈尔滨	广州	拉萨
冬季空气调节室外计算温度/℃	−9.6	−2.2	−6	−2.4	−4.1	−27.1	5.2	−7.6
冬季空气调节室外计算相对湿度/%	44	75	61	76	76	73	72	28
夏季空气调节室外计算干球温度/℃	33.5	34.4	34.9	35.6	34.8	30.7	34.2	24.1
夏季空气调节室外计算湿球温度/℃	26.4	27.9	27.4	27.9	28.1	23.9	27.8	13.5
夏季空气调节室外计算日平均温度/℃	29.6	30.8	30.2	31.6	31.2	26.3	30.7	19.2

(2) 对于附录A未列入的城市,应按以下规定进行计算确定。

① 夏季空调室外计算干球温度,应采用历年平均不保证50h的干球温度。夏季空调室外计算湿球温度,应采用历年平均不保证50h的湿球温度。夏季空调室外计算日平均温度,应采用历年平均不保证5d的日平均温度。

② 夏季空调室外计算逐时温度 t_{sh},可按规范用下式确定:

$$t_{sh}=t_{wp}+\beta\Delta t_{\tau} \tag{2-1}$$

$$\Delta t_{\tau}=\frac{t_{wg}-t_{wp}}{0.52} \tag{2-2}$$

式中:t_{sh}——室外计算逐时温度(℃);

t_{wp}——夏季空调室外计算日平均温度(℃);

β——室外温度逐时变化系数,按表2-7选用;

Δt_{τ}——夏季室外计算平均日较差(℃);

t_{wg}——夏季空调室外计算干球温度(℃)。

表2-7 室外温度逐时变化系数

时刻	1	2	3	4	5	6	7	8
β	−0.35	−0.38	−0.42	−0.45	−0.47	−0.41	−0.28	−0.12
时刻	9	10	11	12	13	14	15	16
β	0.03	0.16	0.29	0.40	0.48	0.52	0.51	0.43
时刻	17	18	19	20	21	22	23	24
β	0.39	0.28	0.14	0.00	−0.10	−0.17	−0.23	−0.26

(3) 按照非稳态法计算空调冷负荷时,需要外墙、屋面、外窗的逐时冷负荷计算温度以及玻璃窗、人体、照明、设备的冷负荷系数,应按《民用建筑供暖通风与空气调节设计规范》(GB 50736—2012)中的附录H取值。

(4) 按照稳态法计算空调冷负荷时,需要夏季空调室外计算日平均综合温度 t_{zp} 或邻室计算平均温度 t_{ls},可按规范用下式确定:

$$t_{zp}=t_{wp}+\frac{\rho J_p}{\alpha_w} \tag{2-3}$$

$$t_{ls}=t_{wp}+\Delta t_{ls} \tag{2-4}$$

式中：t_{zp}——夏季空调室外计算日平均综合温度(℃)；

t_{wp}——夏季空调室外计算日平均温度(℃)；

ρ——围护结构外表面对于太阳辐射热的吸收系数，查阅《民用建筑供暖通风与空气调节设计规范》(GB 50736—2012)；

J_p——围护结构所在朝向太阳总辐射照度的日平均值(W/m^2)，查阅《民用建筑供暖通风与空气调节设计规范》(GB 50736—2012)；

α_w——围护结构外表面换热系数[$W/(m^2 \cdot ℃)$]，查阅《民用建筑供暖通风与空气调节设计规范》(GB 50736—2012)；

t_{ls}——邻室计算平均温度(℃)；

Δt_{ls}——邻室计算平均温度与夏季空调室外计算日平均的差值(℃)，见表 2-8。

表 2-8　邻室计算平均温度与夏季空调室外计算日平均的差值

邻室散热量/(W/m^2)	很少(如办公室和走廊等)	<23	23～116
Δt_{ls}/℃	0～2	3	5

2. 冬季空调室外计算参数

空调系统冬季加热、加湿所需费用远小于夏季冷却、减湿的费用，冬季围护结构传热量可按稳定传热计算，不考虑室外气温的波动。因而，冬季空调室外计算温度，采用历年平均不保证 1d 的日平均温度。冬季室外空气含湿量远小于夏季，且变化也很小，因此冬季空调室外计算相对湿度，采用累年最冷月平均相对湿度。

3. 夏季空调室外计算干球温度 t_{wg} 的应用场合

应当指出：非稳态法计算空调冷负荷时，需要围护结构逐时冷负荷计算温度；稳态法计算空调冷负荷时，需要夏季空调室外计算日平均综合温度 t_{zp} 或临室计算平均温度 t_{ls}，都不是直接采用夏季空调室外计算干球温度 t_{wg}。

夏季空调室外计算干球温度 t_{wg} 的应用场合：

(1) 确定制冷机风冷冷凝器的冷凝温度和风量；

(2) 确定表面式空气冷却器的接触系数、析湿系数、冷冻水初温；

(3) 确定夏季室外计算平均日较差 Δt_τ 和室外计算逐时温度 t_{sh}；

(4) 夏季空调室外计算干球温度 t_{wg} 最重要的应用就是确定夏季室外空气状态点 W 及其参数，根据气象学理论，夏季室外空气状态点 W 应该由夏季空调室外计算干球温度 t_{wg} 和夏季空调室外计算湿球温度 t_{ws} 决定。

2.2　负荷计算方法

除在方案设计或初步设计阶段可使用热、冷负荷指标进行必要的估算外，施工图设计阶段应对空调区的冬季热负荷和夏季逐时冷负荷进行计算。

2.2.1 空调区冷负荷计算

1. 得热量

空调区的夏季计算得热量，应根据下列各项确定：

(1) 通过围护结构传入的热量；

(2) 通过透明围护结构进入的太阳辐射热量；

(3) 人体散热量；

(4) 照明散热量；

(5) 设备、器具、管道及其他内部热源的散热量；

(6) 食品或物料的散热量；

(7) 渗透空气带入的热量；

(8) 伴随各种散湿过程产生的潜热量。

空调区的夏季冷负荷，应根据各项得热量的种类、性质以及空调区的蓄热特性，分别进行计算。

2. 非稳态方法计算冷负荷

空调区的下列各项得热量，应按非稳态方法计算其形成的夏季冷负荷，不应将其逐时值直接作为各对应时刻的逐时冷负荷值：

(1) 通过围护结构传入的非稳态传热量；

(2) 通过透明围护结构进入的太阳辐射热量；

(3) 人体散热量；

(4) 非全天使用的设备、照明灯具散热量等。

3. 稳态方法计算冷负荷

空调区的下列各项得热量，可按稳态方法计算其形成的夏季冷负荷：

(1) 室温允许波动范围大于或等于±1℃的空调区，通过非轻型外墙传入的传热量；

(2) 空调区与邻室的夏季温差大于3℃时，通过隔墙、楼板等内围护结构传入的传热量；

(3) 人员密集空调区的人体散热量；

(4) 全天使用的设备、照明灯具散热量等。

4. 其他

(1) 空调区的夏季冷负荷计算，还应符合下列规定：

① 舒适性空调可不计算地面传热形成的冷负荷；工艺性空调有外墙时，宜计算距外墙2m范围内的地面传热形成的冷负荷；

② 计算人体、照明和设备等散热形成的冷负荷时，应考虑人员群集系数、同时使用系数、设备功率系数和通风保温系数等；

③ 屋顶处于空调区之外时，只计算屋顶进入空调区的辐射部分形成的冷负荷；高大空间采用分层空调时，空调区的逐时冷负荷可按全室性空调计算的逐时冷负荷乘以小于1的系数确定。

(2) 空调区的夏季冷负荷宜采用计算软件进行计算；采用简化计算方法时，按非稳态方法计算的各项逐时冷负荷,宜按《民用建筑供暖通风与空气调节设计规范》(GB 50736—2012)中 7.2.7 计算。按稳态方法计算的空调区夏季冷负荷,宜按规范中的 7.2.8 计算。

(3) 空调区的夏季冷负荷,包括通过围护结构的传热、通过玻璃窗的太阳辐射得热、室内人员和照明设备等散热形成的冷负荷,其计算应分项逐时计算,逐时分项累加,按逐时分项累加的最大值确定。

2.2.2 空调系统冷负荷

1. 系统冷负荷

空调系统的夏季冷负荷,应按下列规定确定。

(1) 末端设备设有温度自动控制装置时,系统本身具有适应各空调区冷负荷变化的调节能力,空调系统的夏季冷负荷按所服务各空调区逐时冷负荷的综合最大值确定。

(2) 末端设备无温度自动控制装置时,系统本身不能适应各空调区冷负荷的变化,为了保证最不利情况下达到空调区的温度、湿度要求,空调系统的夏季冷负荷按所服务各空调区冷负荷的累计值确定。

(3) 应计入新风冷负荷、再热负荷以及各项有关的附加冷负荷。

① 新风量确定后,新风冷负荷应按系统新风量和夏季室外空调计算干、湿球温度确定。可由式(2-5)计算:

$$C_{LO}=M_O(h_O-h_R) \tag{2-5}$$

式中:C_{LO}——新风冷负荷(kW);

M_O——新风量(kg/s);

h_O——室外新风比焓值(kJ/kg);

h_R——室内空气比焓值(kJ/kg)。

② 再热负荷是指空气处理过程中产生冷热抵消所消耗的冷量,附加冷负荷是指与空调运行工况、输配系统有关的附加冷负荷。

(4) 应考虑所服务各空调区的同时使用系数,同时使用系数可根据各空调区在使用时间上的不同确定。住宅建筑的空调负荷计算应充分考虑住宅使用的特殊性,按照人们的生活习惯,住宅各房间空调末端同时开启的可能性极小,一般是使用哪个房间才开启哪个房间的空调,因此其同时使用系数较低,可按 0.5～0.7 选取。

2. 附加冷负荷

空调系统的夏季附加冷负荷,宜按下列各项确定:

(1) 空气通过风机、风管温升引起的附加冷负荷;

(2) 冷水通过水泵、管道、水箱温升引起的附加冷负荷。

冷水箱温升引起的冷量损失计算,可根据水箱保温情况、水箱间的环境温度、水箱内冷水的平均温度,按稳态传热方法进行计算。

对于家用中央空调系统,由于其风系统和水系统规模均很小,风系统、水系统的近似温升为 0.1～0.2℃,导致的冷负损失为 2%～4%。

2.2.3 空调系统热负荷

空调区的冬季热负荷和供暖房间热负荷的计算方法是相同的，只是当空调区与室外空气的正压差值较大时，不必计算经由门窗缝隙渗入室内的冷空气耗热量。但是，考虑到空调区内热环境条件要求较高，区内温度的不保证时间应少于一般供暖房间，因此，在选取室外计算温度时，规定采用历年平均不保证 1d 的日平均温度值，即应采用冬季空调室外计算温度。

空调系统的冬季热负荷，应按所服务各空调区热负荷的累计值确定，除空调风管局部布置在室外环境的情况外，可不计入各项附加热负荷。冬季附加热负荷是指空调风管、热水管道等热损失所引起的附加热负荷。一般情况下，空调风管、热水管道均布置在空调区内，其附加热负荷可以忽略不计，但当空调风管局部布置在室外环境下时，应计入其附加热负荷。

具体计算按《民用建筑供暖通风与空气调节设计规范》(GB 50736—2012)中 5.2.1～5.2.11 执行。

2.2.4 空调系统湿负荷

散湿量直接关系到空气处理过程和空调系统的冷负荷大小。空调区的夏季计算散湿量，应考虑散湿源的种类、人员群集系数、同时使用系数以及通风系数等，具体内容有：人体散湿量；渗透空气带入的湿量；化学反应过程的散湿量；非围护结构各种潮湿表面、液面或液流的散湿量；食品或气体物料的散湿量；设备散湿量；围护结构散湿量。

一般情况下，舒适性空调系统只计算人体的散湿量作为空调系统的湿负荷。人体散湿量可按式(2-6)计算：

$$H_L = nC_r H_r \tag{2-6}$$

式中：H_L——人体散湿量(g/h)；

n——空调房间的人数(人)；

C_r——群集系数：影剧院、商场为 0.89，体育馆为 0.92，阅览室为 0.96，银行为 1.0；

H_r——成年男子的散湿量(g/h)，可查阅相关文献。

2.2.5 空调系统冷、热负荷估算指标

中央空调设计过程中，特别是方案和初步设计阶段，建筑设计尚未定局，建筑分隔可能有所变动，建筑物的功能和建筑结构材料尚未确定，设计人员往往采用负荷估算指标进行制冷负荷的估算，来满足项目报审、招标等对设备容量、机房面积以及投资费用等方面的要求。此时，可以使用冷、热负荷指标对空调负荷进行估算。这种方法简单易行，结果可靠，应用广泛。

1. 概算指标法

在负荷估算时，把建筑空调负荷折算为 $1m^2$ 的空调面积所需负荷。建筑物围护结构形成的总冷负荷可按推荐的冷热指标来估算。表 2-9 列举了国内典型城市住宅空调房间的冷、热负荷指标，对于办公、餐饮、商店、娱乐用房等建筑的冷负荷指标，可参考表 2-10。其总负荷为瞬时最大负荷。

建筑空调热负荷指标可查阅相关文献。

表 2-9　典型城市住宅空调房间的冷、热负荷指标

区域	夏季室外计算参数		冬季室外计算参数		夏季冷指标/(W/m²)	冬季冷指标/(W/m²)	典型城市
	干球温度/℃	湿球温度/℃	干球温度/℃	相对湿度/%			
一区	34.1～35.8	18.5～20.2	−23～−28	63～80	65～75 75～80	110～120 140～160	乌鲁木齐、哈密、克拉玛依
二区	29.9～32.4	20.8～25.4	−22～−29	56～74	65～75 70～80	105～125 140～160	哈尔滨、长春、沈阳、呼和浩特
三区	30.5～31.2	20.2～23.4	−12～−18	48～64	75～85 80～90	110～130 135～160	太原、兰州、银川
四区	28.4～30.7	25～26	−9～−14	58～64	85～90 90～95	95～115 120～140	青岛、烟台、大连
五区	33.2～35.6	26～27.4	−7～−12	45～67	95～100 100～110	90～110 110～130	北京、天津、石家庄、郑州、西安、济南
六区	33.9～36.5	23.2～28.5	−7～2	73～82	100～110 115～130	65～100 80～120	武汉、长沙、合肥、南京、南昌、上海、杭州、桂林、重庆
七区	25.8～31.6	19.9～26.7	−3～2	51～80	65～95 75～110	70～85 85～105	贵阳、昆明、成都
八区	32.4～35.2	27.3～28.3	4～10	70～85	100～105 110～115	40～60 50～70	福州、厦门、广州、深圳、南宁、中国台北、中国香港

注：1. 表中一、二区为严寒地区，三～五区为寒冷地区，六区为冬冷夏热地区，七区为温和地区，八区为冬暖夏热地区。

2. 冷、热指标以空调面积为基准，选用空调末端设备时应考虑 1.2 的间歇使用系数和 1.2 的邻室无空调时内围护结构符合附加系数。

3. 冷、热指标上栏为标准层指标，下栏为顶层指标。

表 2-10 国内部分建筑空调冷负荷指标

序号	建筑类型及房间名称	冷负荷指标/(W/m^2)	序号	建筑类型及房间名称	冷负荷指标/(W/m^2)
1	旅游旅馆:客房(标准层)	80～110	17	一般手术室	100～150
2	酒吧、咖啡	100～180	18	洁净手术室	300～500
3	西餐厅	160～200	19	X射线、CT、B超诊断	120～150
4	中餐厅、宴会厅	180～350	20	商场、百货大楼:营业室	150～250
5	商店、小卖部	100～160	21	影剧院:观众席	180～350
6	中庭、接待	90～120	22	休息厅(允许吸烟)	300～400
7	小会议室(允许少量吸烟)	200～300	23	化妆室	90～120
8	大会议室(不许吸烟)	180～280	24	体育馆:比赛馆	120～250
9	理发、美容	120～180	25	观众休息厅(允许吸烟)	300～400
10	健身房、保龄球	100～200	26	贵宾室	100～120
11	弹子房	90～120	27	展览厅、陈列室	130～200
12	室内游泳池	200～350	28	会堂、报告厅	150～200
13	舞厅(交谊舞)	200～250	29	图书阅览	75～100
14	舞厅(迪斯科)	250～350	30	科研、办公	90～140
15	办公	90～120	31	公寓、住宅	80～90
16	医院、高级病房	80～110	32	餐馆	200～350

2. 经验公式法

此外,还可以根据经验公式(2-7)来估算空调系统冷负荷 Q_0:

$$Q_0 = 1.5(Q_Z + 116.3n) \tag{2-7}$$

式中:Q_Z——整个建筑物围护结构形成的总冷负荷(W);

n——空调场所内人员数。

采用估算法时,不应将其估算值绝对化,要结合所在地区的室外气象条件、建筑物的结构特点和使用功能以及室内计算参数的要求等因素,综合分析,合理选择。

2.3 负荷计算举例

2.3.1 空调负荷计算

微课:负荷计算1

1. 计算内容

行政楼 2F 北面两个接待室、3F 南北共 11 个会议室的空调负荷。

2. 计算步骤

1）创建空间

单击“设置”选项卡的“创建空间”命令创建空间，如图 2-1 所示。

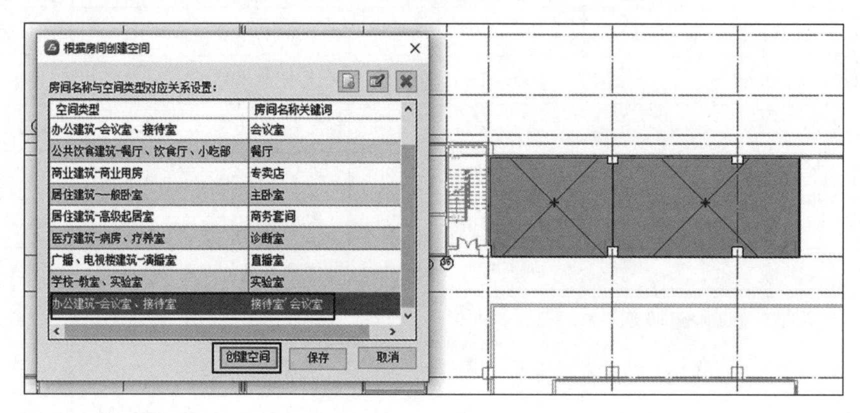

图 2-1　创建空间

2）空间编辑

单击“设置”选项卡的“空间编辑”，选择“接待室一”，单击“从空间类型管理器中导入”打开“空间类型管理”对话框，在“空间用途分类”中找到“会议室、接待室”，两次单击“确定”，如图 2-2 所示，完成“接待室一”的空间编辑。用同样的方法对其他空间进行编辑。

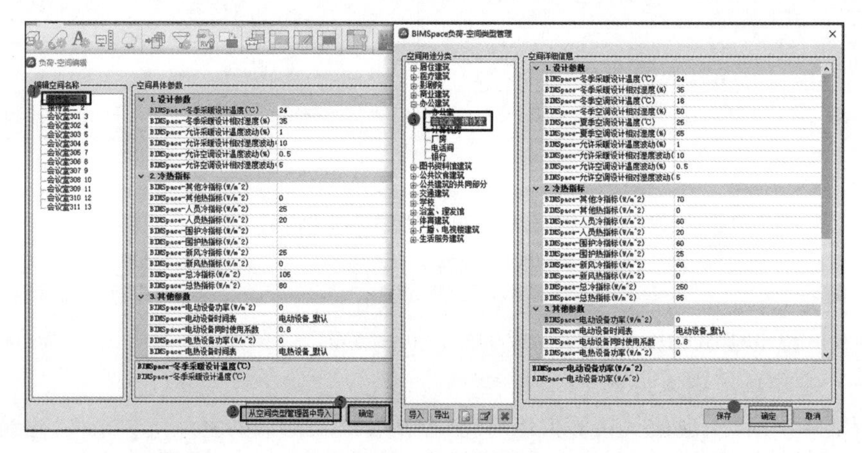

图 2-2　空间编辑

3）系统分区

单击“设置”选项卡的“分区管理”命令，在打开的对话框中新建 2F 接待室、3F 北区和 3F 南区 3 个系统分区，空间分别对应 2F 的两个接待室、3F 的会议室 301～会议室 304 和 3F 的会议室 305～会议室 311，如图 2-3 所示。

4）查看系统浏览器

单击“视图”选项卡的“用户界面”，在下拉菜单中勾选“系统浏览器”。在系统浏览器中单击每一个空间，在对应的属性面板中查看其高度偏移是否为当层层高，以免在负荷计算时出现空间的空隙，如图 2-4 所示。

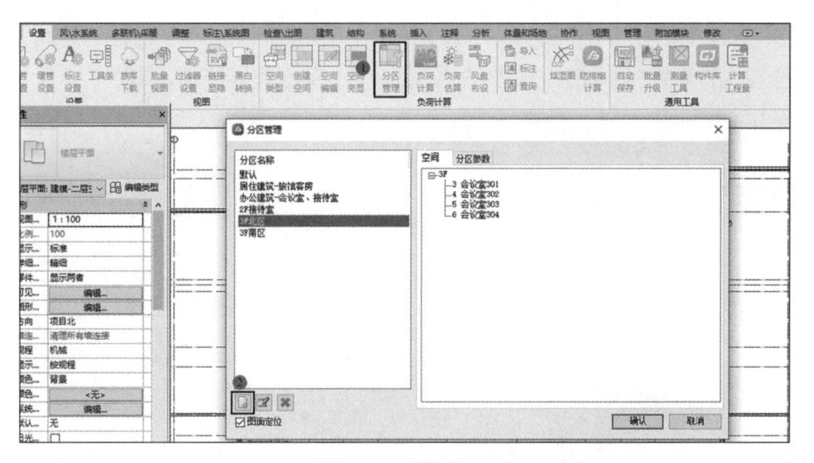

图 2-3　系统分区

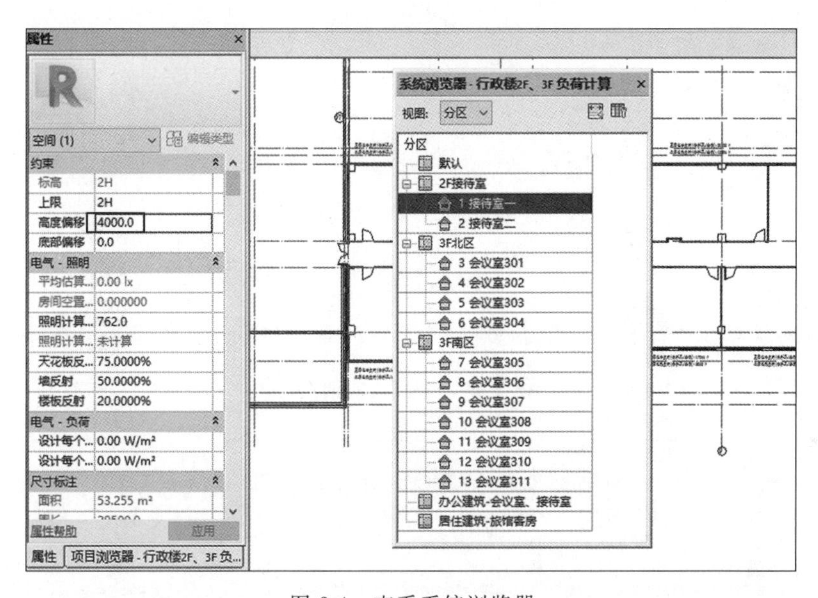

图 2-4　查看系统浏览器

5）导出 gbXML 文件

打开三维视图(建筑)，执行“文件”→“导出”→gbXML 命令，如图 2-5 所示。

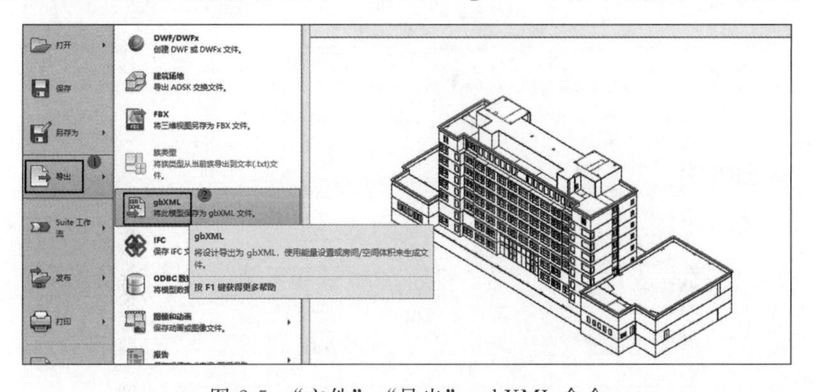

图 2-5　“文件”→“导出”→gbXML 命令

选择“使用房间\空间体积”模式，打开“导出 gbXML-设置”对话框，建筑类型选择“办公室”，位置选择“江苏省常州市”，建筑设备暂选“可变冷媒流量”，如图 2-6 所示。单击“下一步”按钮，导出 gbXML 文件，命名为“行政楼. xml”。

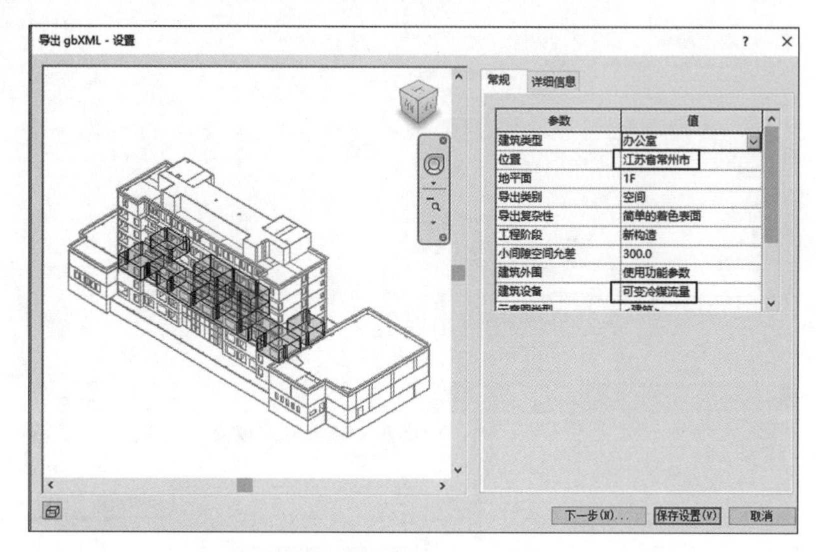

图 2-6 导出 gbXML-设置

6）负荷计算

启动负荷计算软件，打开“行政楼. xml”（或者直接在“设置”选项卡中执行“负荷计算”命令），修改工程基本信息与气象参数，如图 2-7 所示。

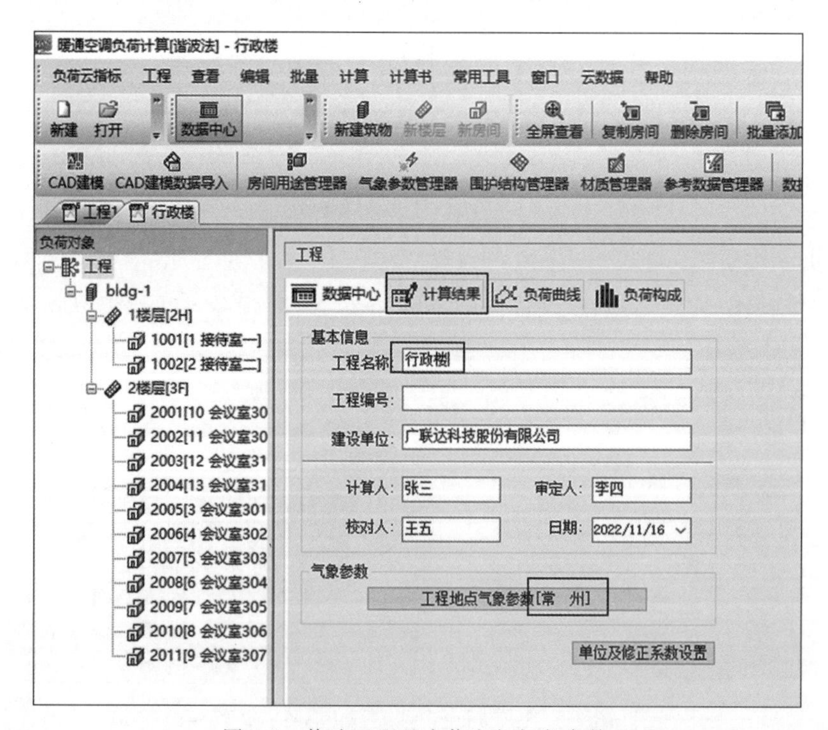

图 2-7 修改工程基本信息与气象参数

单击“计算结果”选项卡，查看计算结果，如图 2-8 所示。

分类	面积	总冷负荷(含新风/全热)	总冷负荷(含新风/显热)	夏季室内冷负荷(全热)	夏季室内冷负荷(显热)	夏季总冷负荷(含新风/潜热)	含新风)	湿负
2楼层[3F]	632.91	185291.34	120552.54	126837.59	104357.79	64738.8	92.11	33.
2001[10 会议室308]	56.97	17044.1	11216.34	11782.56	9758.62	5827.76	8.29	3.
2002[11 会议室309]	56.97	17041.32	11213.56	11779.77	9755.83	5827.76	8.29	3.
2003[12 会议室310]	51.11	15183.63	9950.3	10463.32	8642.53	5233.33	7.45	2
2004[13 会议室311]	62.09	18440.59	12092.98	12705.72	10504.12	6347.61	9.03	3.
2005[3 会议室301]	51.12	15669.53	10435.16	10948.27	9127.13	5234.37	7.45	2
2006[4 会议室302]	53.3	14168.54	8713.55	9246.4	7349.86	5454.99	7.76	2.
2007[5 会议室303]	80.07	21423.48	13252.59	14028.5	11203.79	8170.89	11.63	4
2008[6 会议室304]	51.12	15806.18	10571.81	11084.92	9263.77	5234.37	7.45	2
2009[7 会议室305]	62.09	18820.31	12473.72	13086.37	10885.11	6346.6	9.03	3.
2010[8 会议室306]	51.11	15275.68	10042.33	10555.35	8734.55	5233.36	7.45	2
2011[9 会议室307]	56.97	17041.41	11213.65	11779.86	9755.92	5827.76	8.29	3.

图 2-8　查看负荷计算结果

单击“计算书”命令，打开“计算报表”对话框，选择“简单型”，并选择需要生成报表的所有房间，设置生成报表的时间为 8:00—20:00，如图 2-9 所示。

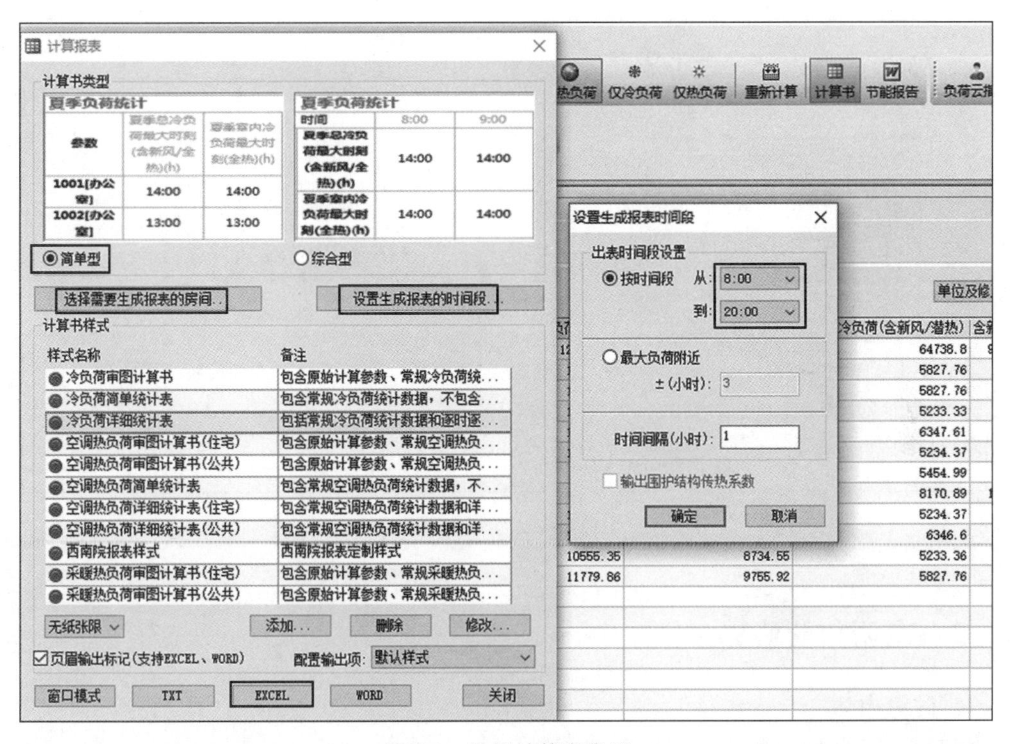

图 2-9　设置计算书类型

此时可以输出 Excel 文件，并命名为“行政楼负荷计算书”，截取部分计算书内容如图 2-10 所示。同时将计算书保存为负荷计算工程数据文件，命名为“行政楼.hclx”。

7）导入负荷计算数据

回到 Revit 软件中的平面视图，单击“设置”选项卡中的“导入”按钮，选择行政楼的负荷计算数据文件，勾选需要导入的数据项目，单击“空间更新”，则选中的数据会标记在相应的空间，如图 2-11 所示。

微课：负荷计算 2

4.房间负荷统计													
4.1 bldg-1 所有房间负荷统计													
4.1.1 夏季负荷统计													
参数	面积(m²)	夏季总冷负荷最大时刻(含新风/全热)(h)	夏季室内冷负荷最大时刻(全热)(h)	夏季总冷负荷(含新风/全热)	夏季室内冷负荷(全热)	夏季总湿负荷(含新风)	夏季室内湿负荷	夏季新风量(m^3)	夏季新风冷负荷	夏季新风机组冷负荷(全热)	夏季新风机组冷负荷(显热)	夏季新风机组冷负荷(潜热)	夏季总冷指标(含
1001[1 接待室一]	53.26	14:00	14:00	13442	9635	6.404	2.796	452.4	3807	3807	1207	2600	25
1002[2 接待室二]	80.25	14:00	14:00	20024	14287	9.625	4.189	681.7	5737	5737	1818	3919	25
2001[10 会议室308]	56.97	14:00	14:00	17044	11783	8.291	3.006	484	5262	5262	1458	3804	29
2002[11 会议室309]	56.97	14:00	14:00	17041	11780	8.291	3.006	484	5262	5262	1458	3804	29
2003[12 会议室310]	51.11	14:00	14:00	15184	10463	7.446	2.704	434.2	4720	4720	1308	3413	29
2004[13 会议室311]	62.09	10:00	10:00	18441	12706	9.031	3.271	527.5	5735	5735	1589	4146	29
2005[3 会议室301]	51.12	15:00	15:00	15670	10948	7.447	2.705	434.3	4721	4721	1308	3413	30
2006[4 会议室302]	53.3	14:00	14:00	14169	9246	7.761	2.817	452.7	4922	4922	1364	3558	26
2007[5 会议室303]	80.07	14:00	14:00	21423	14029	11.626	4.198	680.2	7395	7395	2049	5346	26
2008[6 会议室304]	51.12	10:00	10:00	15806	11085	7.447	2.705	434.3	4721	4721	1308	3413	30
2009[7 会议室305]	62.09	15:00	15:00	18820	13086	9.03	3.27	527.4	5734	5734	1589	4145	30
2010[8 会议室306]	51.11	14:00	14:00	15276	10555	7.446	2.704	434.2	4720	4720	1308	3413	29

图 2-10 负荷计算书内容

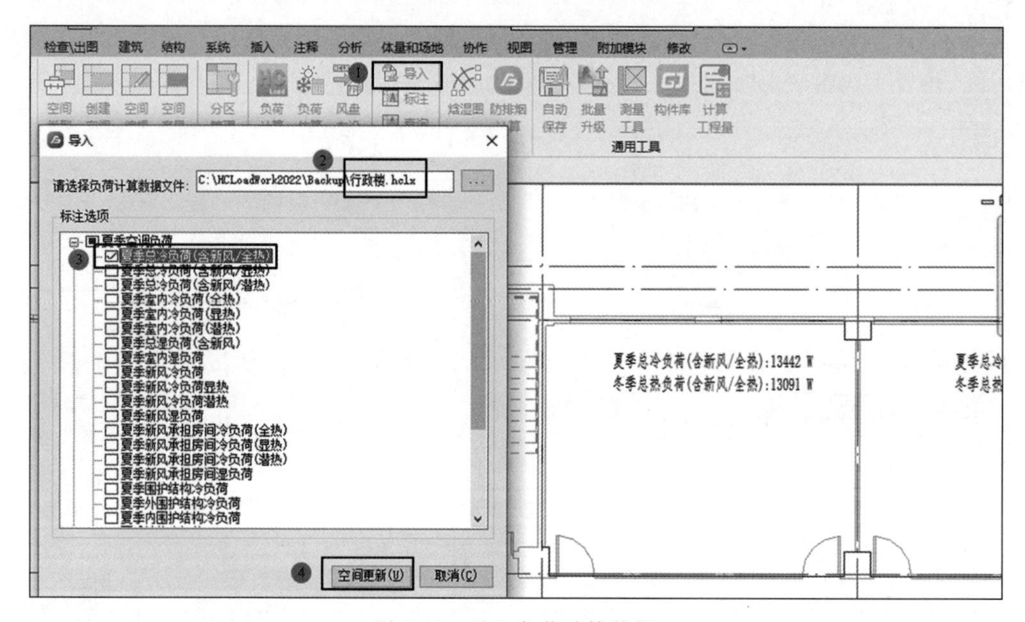

图 2-11 导入负荷计算数据

2.3.2 空调负荷估算

1. 估算内容

行政楼 2F 北面两个接待室的空调负荷。

2. 估算步骤

(1) 创建空间:参见负荷计算部分。

(2) 空间编辑:参见负荷计算部分。

(3) 负荷估算:单击“设置”选项卡的“负荷估算”,在打开的对话框中选择“空间读取”并确定,会弹出冷热负荷估算结果,选择“标注结果”,则负荷估算的结果会标记在相应的空间,如图 2-12 所示。

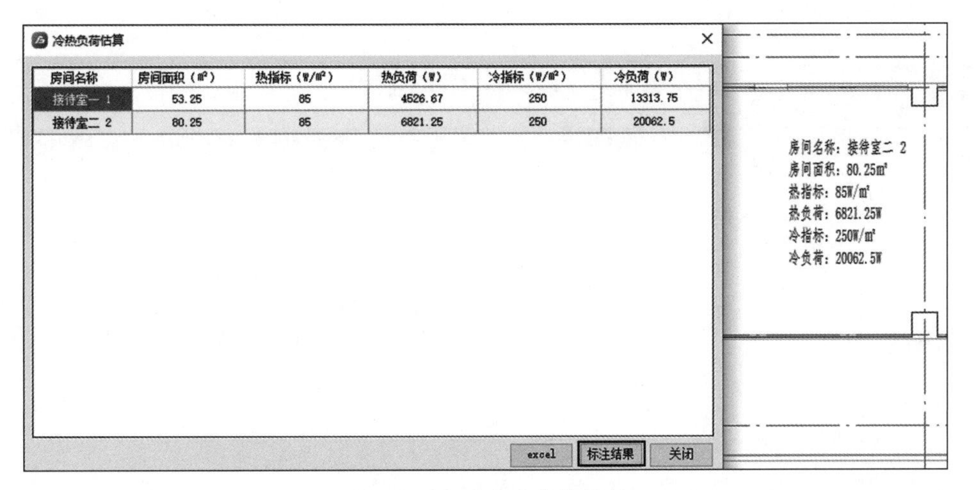

房间名称	房间面积（m²）	热指标（W/m²）	热负荷（W）	冷指标（W/m²）	冷负荷（W）
接待室一 1	53.25	85	4526.67	250	13313.75
接待室二 2	80.25	85	6821.25	250	20062.5

图 2-12 标注负荷估算结果

项目 3 多联机空调系统

任务引导

任务 办公室多联机空调系统设计

任务要求

通过完成民用建筑办公室(行政楼 4F)多联机空调系统的设计,掌握多联机空调系统室内外机选择的方法,掌握冷媒管道系统的选择,熟悉多联机系统 BIM 模型的创建。

任务分析

多联机空调系统室内外机的选择要依据负荷计算的结果,并结合使用场景来确定。创建 BIMSpace 暖通样板,完成室内外机和冷媒管道的布置后,利用 BIMSpace 进行冷媒管道的水力计算,再将水力计算结果赋回冷媒管道系统。

任务实施

1. 熟悉任务。
2. 创建 BIMSpace 暖通样板,导入负荷计算文件。
3. 选择室内机规格型号,并在视图中布置室内机。
4. 选择室外机规格型号,并在视图中布置室外机。
5. 选择冷媒管道规格型号,在视图中布置冷媒管道。
6. 进行管道水力计算。
7. 将水力计算结果赋回系统。
8. 创建系统图、设备和材料表。

相关知识

3.1　多联机空调系统概述

3.1.1　空调系统的分类

空气调节简称空调，是通过一定的空气处理手段和方法，对空气的温度、湿度、压力、气流速度、洁净度和新鲜程度等进行控制和调节，来创造和维护满足生产工艺或人员生活所需要的室内空气环境，分为舒适性空调和工艺性空调。

空调系统的任务是在任何自然环境下，将室内空气维持在一定的温度、湿度、气流速度以及一定的清洁度。为了保持这"四度"就要对空气进行加热、冷却、加湿、干燥过滤等处理，再将处理过的空气输送到各个区域内。

1. 按处理空调负荷的输送介质分类

按照负担室内空调负荷所用介质种类不同，空调系统可以分为全空气系统、全水系统、空气-水系统和制冷剂系统，如图 3-1 所示。

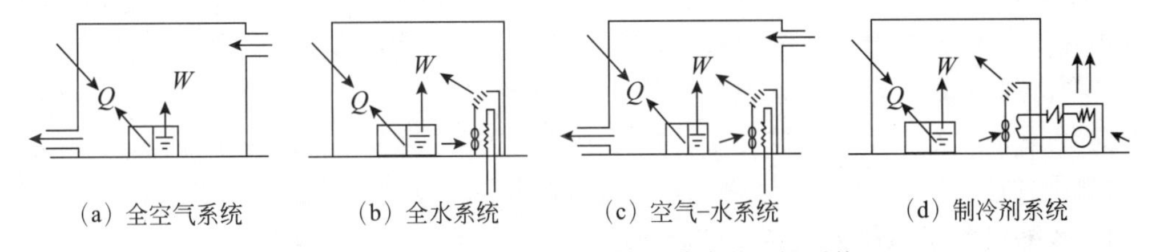

(a) 全空气系统　(b) 全水系统　(c) 空气-水系统　(d) 制冷剂系统

图 3-1　按承担室内负荷的介质分类的空调系统

1）全空气系统

全空气系统是以空气为介质，向室内提供冷量或热量，即由空气来全部承担房间的热负荷或冷负荷，如图 3-1(a)所示。

2）全水系统

全水系统全部由水负担室内空调负荷，例如单一的风机盘管机组系统，如图 3-1(b)所示。

3）空气-水系统

空气-水系统由处理过的空气和水共同负担室内空调负荷，如新风机组与风机盘管机组并用的系统，如图 3-1(c)所示。

4）制冷剂系统

制冷剂系统是以制冷剂为介质，直接对室内空气进行冷却、去湿或加热，如图 3-1(d)所示。

2. 按空气处理设备的设置分类

按照空气处理设备的设置情况不同，空调系统可以分为集中式空调系统、半集中式空调系统和分散式空调系统。

1）集中式空调系统

将空气处理设备及其冷热源集中在专用机房内，在机房内对空气进行集中处理（冷却、去湿、加热、加湿等），处理后的空气用风管分送至各空调区域，这样的空调系统称为集中式系统。

2）半集中式空调系统

集中处理、输配新风，空调房间的末端装置（如风机盘管）对室内空气做局部循环处理，冷热源集中在专用机房内，这样的系统称为半集中式空调系统。

3）分散式空调系统

把冷源、热源、空气处理设备、风机和自动控制等所有设备装成一体，组成空调机组，又称为局部式空调系统。空调机组一般装在需要空调的房间或相邻的房间就地处理空气，可以不用或只用很短的风道把处理后的空气送入空调房间内。

3.1.2 多联机空调系统的组成与特点

近些年开始广泛应用的多联分体空调系统，已逐渐从家用空调范畴向传统的集中空调延伸，与传统中央空调相比，多联机既可单机独立控制，又可群组控制，克服了传统集中空调只能整机运行、调节范围有限、低负荷时运行效率不高的弊端；与水系统中央空调相比，没有水管漏水隐患；同时与传统中央空调相比，操作简单。因此，多联式分体空调系统开始在有多个房间独立空调控制，且冷热负荷不一、运行要求多样的场合使用。经过多年的发展和提高，多联机空调系统已成为一种相对独立的空调系统，广泛应用于办公、公寓住宅、商场、酒店、医院、学校、工厂车间、机房、实验室等各种新建和改扩建民用和工业用建筑中。

1. 多联机空调系统的组成

多联机空调系统，即采用 R22、R410A、R407C 等为制冷剂的多联式空调（热泵）机组，通过变制冷剂流量控制技术，把单台或一组室外机的冷/热量通过制冷剂分配到多台室内机末端，对空调房间进行冷热调节，如图 3-2 所示。

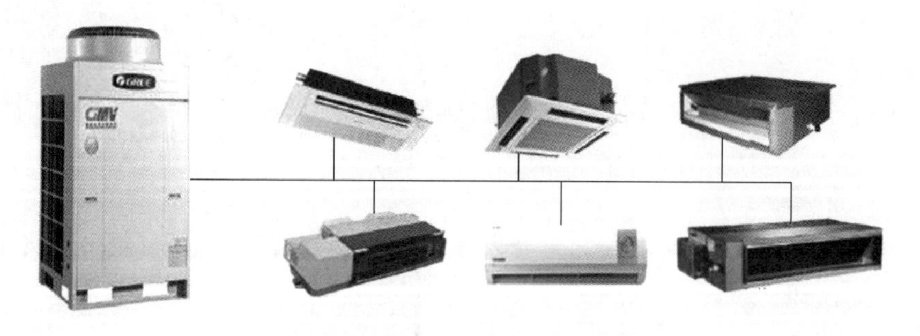

图 3-2 多联机空调系统示意图

多联机空调系统主要由室外机、室内机、冷媒管道等组成。

1）室外机

室外机主要由可变容量的压缩机（组）、冷凝器、风扇和节流机构组成。冷凝器采用风冷式和水冷式，以风冷式居多。室外机的压缩机容量可变，有单台变容量压缩机、两台及两台以上定容量及变容量压缩机的组合等多种形式。室外机按使用功能主要分为单冷型、热泵型、热回收型、蓄能型及新风机组等，如图 3-3 所示。

图 3-3　室外机

2）室内机

室内机是多联机空调系统的末端装置，主要由蒸发器和风机组成。常用的类型有四面出风嵌入式、两面出风嵌入式、风管式、壁挂式、立柜式、落地式等，如图 3-4 所示。

图 3-4　室内机

3）冷媒管道

冷媒管道是指室外主机与多个室内末端之间连接的冷媒管，分为液管和气管。冷媒管道的分流和汇流均用分歧管完成如图 3-5 所示。分歧管也称空调分歧器或分支管件，如图 3-6 所示。

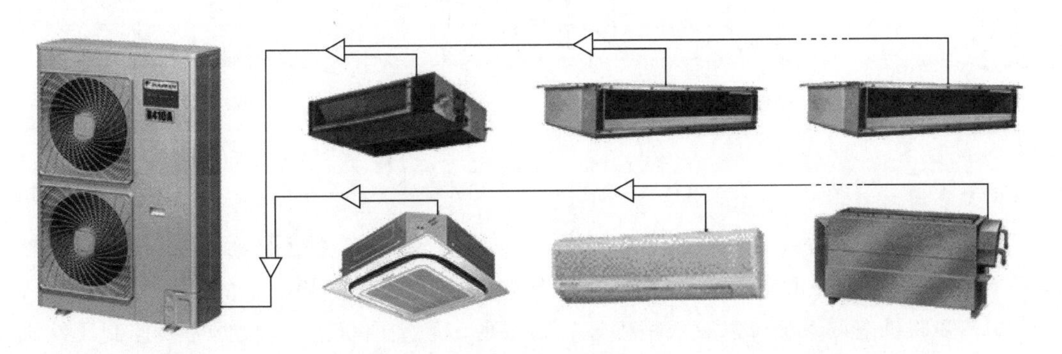

图 3-5　冷媒管道示意图

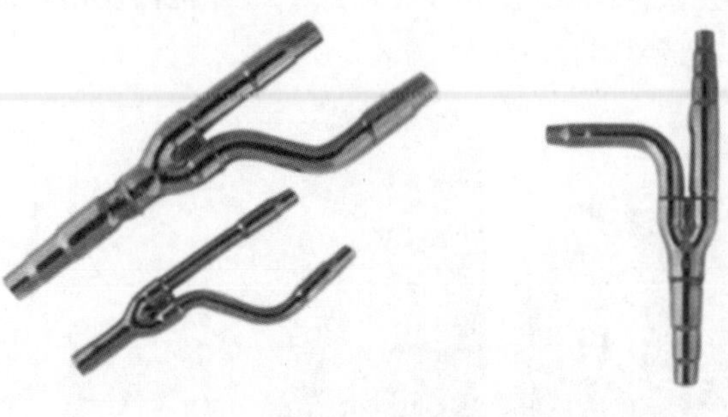

图 3-6　分歧管

2. 多联机空调系统的特点

多联机空调系统运用全新理念，变制冷剂流量技术、智能控制技术、节能技术和网络控制技术等多种高新技术于一身，满足了消费者对舒适性、方便性等方面的要求。

(1) 多联机空调空调系统的室外机可放置于楼顶，其结构紧凑、美观、节省空间。

(2) 多联机空调空调系统安装简单方便，可实现超长配管 125m 安装，室内机和室外机高低落差可达 50m；两个室内机之间的落差可达 30m，第一分歧管到最远室内机最大长度 90m，如图 3-7 所示。目前，已有厂家(大金)开发出适用于超高层商用办公建筑的产品，可实现室内外高低差 110m，单管最长 200m，总管最长 1000m。

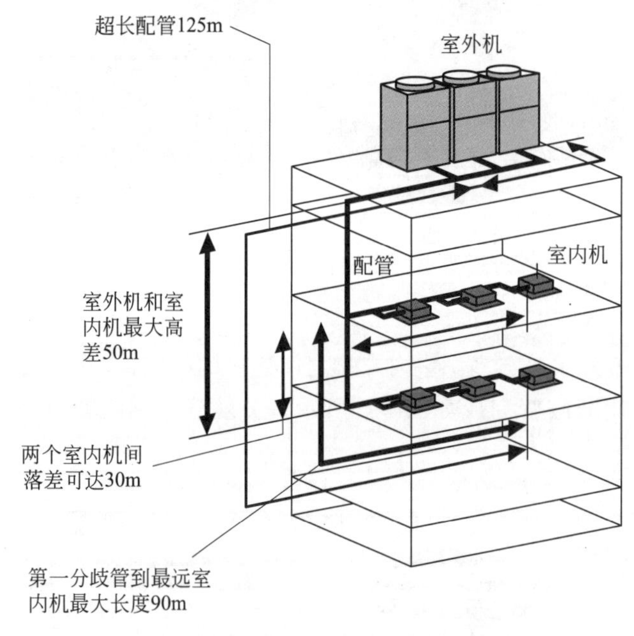

图 3-7　多联机配管安装要求

(3) 多联机空调系统的室内机可以选择各种规格、款式自由搭配，而且能各自独立控制互不影响，避免了一般中央空调一开俱开，导致耗能大的问题，更加节能。

(4) 多联机空调系统可以有效精确地控制每台多联室内机，可以根据需要控制压缩机的输出功率，实现节能运行。此外，多联机空调的自动化控制系统避免了一般中央空调需要专用的机房和专人看守的问题。

(5) 多联机空调系统可以用一台(组)室外机带动多台室内机,并且可以通过它的网络终端接口与计算机的网络相连,由计算机实行对空调运行的远程控制,满足了现代信息社会对网络家电的追求,如图3-8所示。

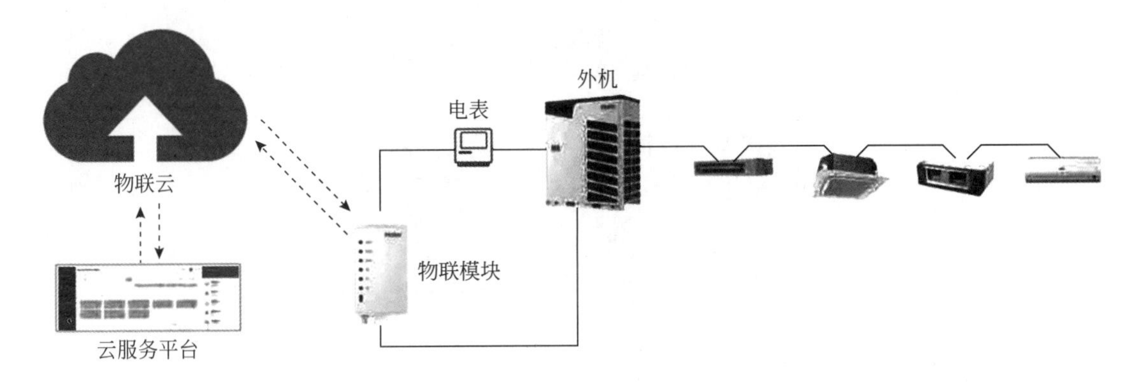

图3-8 物联集控多联机

3. 适应多种需求的多联机空调系统

多联机空调系统作为一种相对独立的空调系统,是目前民用建筑中应用最为广泛的中央空调系统形式之一,它不仅仅使用在家庭住宅中,在学校、办公楼、商业等建筑中也被广泛应用。多联机空调系统工程的设计、施工及验收有统一的标准、规范,能做到技术先进、经济合理、安全适用和保证工程质量。

多联分体空调系统发展迅速,形式多样,针对不同的需求、不同的场合可以有不同的种类对应。如针对寒冷地区高效制热用途的二级压缩多联分体空调系统,针对有周边区和内区之分及冬季同时有供热和供冷要求的场合,通过装置切换制冷和制热,可实现同一空调系统同时制冷和制热的热回收多联分体空调系统,有采用水作为热源,水经由冷却塔、锅炉输送至室外机,可实现水侧热回收功、制热能力不受室外气温影响的水源多联分体空调系统,适应峰谷电价政策的冰蓄冷机组多联分体空调系统等。

3.1.3 多联机空调系统的新风

多联机空调系统目前常用的新风供应方式有3种。

(1) 选用专用新风室内机,直接处理室外新风,分送至各空调区域,如图3-9所示。

(2) 用全热交换器处理新风,将室外新风经过全热交换器与室外排风进行热湿交换后送入室内,可以大大降低新风负荷,非常节能,如图3-10所示。这种方式特别适合有排风要求的场合,如餐饮娱乐、会议室等。

(3) 用风机箱将新风送至各个室内机,新风负荷由各个室内机负担,如图3-11所示。该方式系统简单,风机箱在过渡季节还可以作为通风换气机使用。但是未经过处理的新风直接接入室内机时,与新风单独处理的系统相比,室内机型号加大,噪声也增大。

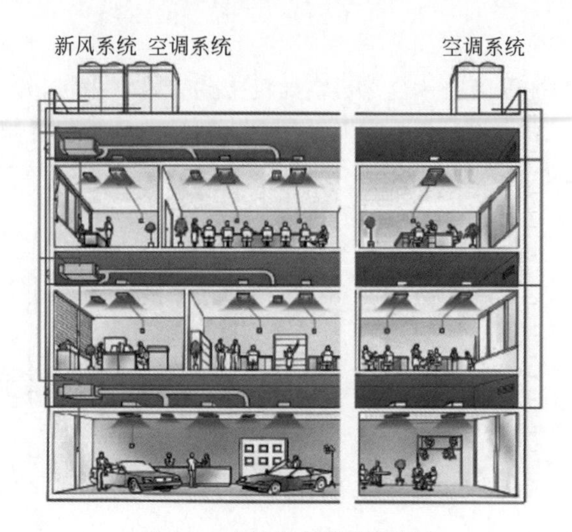

图 3-9　专用室内机处理新风

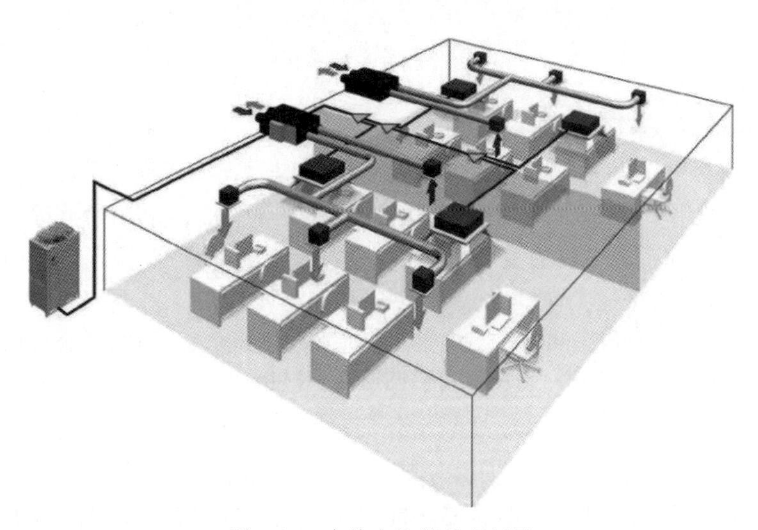

图 3-10　全热交换器处理新风

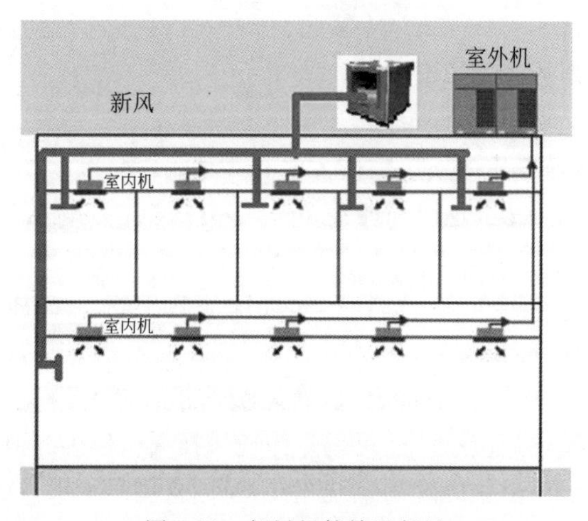

图 3-11　新风机箱输送新风

3.1.4 多联机的能效

《多联式空调(热泵)机组能效限定值及能效等级》(GB 21454—2021)规定,多联机能效等级分为 3 级,其中 1 级能效最高,能效限定值为 3 级指标值。具体内容如下。

(1) 风冷式热泵型多联机根据产品的实测 APF 进行能效分级,各能效等级实测 APF 不应小于表 3-1 的规定(APF 为全年性能系数,EER_{min} 为制冷能效比的最小允许值)。

表 3-1 风冷式热泵型多联机能效等级指标值

名义制冷量(CC)/W	能效等级					
	1级		2级		3级	
	EER_{min}/(W/W)	APF/(W·h)/(W·h)	EER_{min}/(W/W)	APF/(W·h)/(W·h)	EER_{min}/(W/W)	APF/(W·h)/(W·h)
CC≤14000	3.50	5.20	2.8	4.40	2.00	3.60
14000<CC≤28000	—	4.80	—	4.30	—	3.50
28000<CC≤50000	—	4.50	—	4.20	—	3.40
50000<CC≤68000	—	4.20	—	4.00	—	3.30
CC>68000	—	4.00	—	3.80	—	3.20

不同静压机组的能源效率应进行修正,按照《多联式空调(热泵)机组》(GB/T 18837—2015)、《风管送风式空调(热泵)机组》(GB/T 18836—2017)规定的方法进行。
对于名义制冷量 14000W 及以下的风冷式热泵型多联式空调(热泵)机组,APF、EER_{min} 均应满足要求。
"—"为不作指标要求。

(2)水冷式多联机根据产品的实测 IPLV(C),EER 进行能效分级,各能效等级实测 IPLV(C),实测 EER 不应小于表 3-2 的规定(IPLV(C)为制冷综合性能系数)。

表 3-2 水冷式多联机能效等级指标值

指标	类型	名义制冷量(CC)/W	能效等级		
			1级	2级	3级
IPLV(C)/(W/W)	水环式	CC≤28000	7.00	5.90	5.20
		CC>28000	6.80	5.80	5.00
EER/(W/W)	地埋管式	—	4.60	4.20	3.80
	地下水式	—	5.00	4.50	4.30

3.2 多联机空调系统设计

采用多联机空调系统时,要根据建筑的规模、类型、负荷特点、参数要求及其所在的气候区等,经过技术、经济、安全比较,确认是否合理。

当采用空气源多联机空调系统供热时，冬季运行性能系数低于 1.8；振动较大、油污蒸汽较多等场所，产生电磁波或高频波等地区或场所不宜采用多联机空调系统。

3.2.1 应用型式与机组能效要求

(1) 应按建筑物使用房间的用途、使用要求、冷(热)负荷特点、气候条件及能源状况，结合国家有关安全、环保、节能、卫生等规定，确定多联式机组的型式如下。

① 机组仅在夏季运行时，宜采用单冷型机组。

② 需冬夏两季运行时，宜采用热泵型机组。

③ 在同一系统中需要同时供冷和供热时，宜采用热回收型机组。

④ 在具有峰谷电价政策的场所，通过技术经济分析合理时，宜采用蓄能(蓄冷、蓄热)型机组。

值得注意的是，采用多联机空调系统的建筑宜设有机械通风系统；当设有机械排风系统时，宜设置热回收装置。采用多联机空调系统的居住建筑应设置分户计量装置，公共建筑宜分楼层或分用户设置计量装置。

(2) 多联机空调系统的各设备性能指标应符合国家现行有关标准的规定。多联式空调(热泵)机组在名义制冷工况和规定条件下的能效不应低于表 3-3 和表 3-4 的数值。

表 3-3 水冷多联式空调(热泵)机组制冷综合部分负荷性能系数(IPLV)

名义制冷量 CC/kW	制冷综合部分负荷性能系数					
	严寒 A、B 区	严寒 C 区	温和地区	寒冷地区	夏热冬冷地区	夏热冬暖地区
CC≤28	5.20	5.20	5.50	5.50	5.90	5.90
28<CC≤84	5.10	5.10	5.40	5.40	5.80	5.80
CC>84	5.00	5.00	5.30	5.30	5.70	5.70

表 3-4 风冷多联式空调(热泵)机组全年性能系数(APF)

名义制冷量 CC/kW	全年性能系数(APF)					
	严寒 A、B 区	严寒 C 区	温和地区	寒冷地区	夏热冬冷地区	夏热冬暖地区
CC≤14	3.60	4.00	4.00	4.20	4.40	4.40
14<CC≤28	3.50	3.90	3.90	4.10	4.30	4.30
28<CC≤50	3.40	3.90	3.90	4.00	4.20	4.20
50<CC≤68	3.30	3.50	3.50	3.80	4.00	4.00
CC>68	3.20	3.50	3.50	3.50	3.80	3.80

3.2.2 多联机空调系统的设计

多联机空调系统的设计内容包括：划分系统分区、选择室内外机组型式和容量、布置室内外机组、设计室内外机组的连接管、计算连接管的等效长度并修正机组容量、凝结水管路系统、风管系统以及电气控制系统。

1. 室内外设计参数

(1) 多联机空调系统设计时，室外空气参数应符合现行国家标准《民用建筑供暖通风与空气调节设计规范》(GB 50736—2012)和《工业建筑供暖通风与空气调节设计规范》(GB 50019—2015)的有关要求。

(2) 舒适性空调室内计算参数应符合表3-5的规定。

表3-5 舒适性空调室内计算参数

室内设计参数	冬季	夏季
温度/℃	18～24	22～28
人员活动范围内风速/(m/s)	≤0.2	≤0.3
相对湿度/%	≥30	40～65

注：1. 人员活动范围内风速指通过设计可加以控制的空气流动速度。
2. 表中冬季相对湿度的限定仅适用于有加湿要求的房间。

(3) 室内空气应符合国家现行标准中对室内空气质量、污染物浓度控制等有关规定。设有机械通风系统的公共建筑的主要房间，其设计新风量应符合表3-6的规定。

表3-6 公共建筑主要房间的设计新风量

建筑类型与房间名称			设计新风量/[m^3/(h·p)]
旅游旅馆	客房	5星级	50
		4星级	40
		3星级	30
	餐厅、宴会厅、多功能厅	5星级	30
		4星级	25
		3星级	20
		2星级	15
	大堂、四季厅	4～5星级	10
	商业、服务	4～5星级	20
		2～3星级	10
	美容、理发、康乐设施		30
旅店	客房	一～三级	30
		四级	20
文化娱乐	影剧院、音乐厅、录像厅		20
	游艺厅、舞厅、卡拉OK歌厅		30
	酒吧、茶座、咖啡厅		10
体育馆			20

续表

建筑类型与房间名称			设计新风量/[m^3/(h·p)]
商场(店)、书店			20
饭店(餐厅)			20
办公			30
学校	教室	小学	11
		初中	14
		高中	17

2. 负荷计算

(1) 空调负荷计算应符合现行国家标准《民用建筑供暖通风与空气调节设计规范》(GB 50736—2012)和《工业建筑供暖通风与空气调节设计规范》(GB 50019—2015)的有关规定。

(2) 间歇空调的房间,负荷计算时应考虑建筑物蓄热特性所形成的负荷;不同时使用的房间,负荷计算时应考虑邻室空调不运行时所形成的围护结构传热负荷。

3. 系统分区

多联机空调系统的系统划分,应符合下列规定:

(1) 应按使用房间的朝向、使用时间和频率、室内设计条件等,合理划分系统分区;

(2) 室外机组允许连接的室内机数量不应超过产品技术要求;

(3) 室内外机组之间以及室内机组之间的最大管长与最大高差,均不应超过产品技术要求;

(4) 通过产品技术资料核算,系统冷媒管等效长度应满足对应制冷工况下满负荷的性能系数不低于2.80,当产品技术资料无法满足核算要求时,系统冷媒管等效长度不宜超过70m。

4. 室内外机组的型式和容量确定

(1) 按计算得到的建筑物区域或房间的逐时负荷,确定相应室内机组的容量;并按气流组织要求,选择合理的室内机组型式。

(2) 按计算得到的同一多联机系统所承担的各房间或区域的冷(热)负荷确定室外机组的容量。

(3) 在较大的建筑物或建筑区域中,宜采用多套多联机系统。

(4) 当多联机系统的设计工况与多联式机组的名义工况不同时,多联机系统的实际制冷(热)量需根据设计条件的温度、配置率、管长、室内外机组的安装高差以及融霜等因素进行修正,由此确定需选用的室外机组的名义制冷量和名义制热量。

多联机系统室外机组的制冷量和制热量应按下式进行修正。

$$Q = Q_R \alpha \beta \delta \tag{3-1}$$

式中:Q——室外机组的实际制冷(热)量(kW);

Q_R——室外机组的名义制冷(热)量(kW);

α——室内外设计温度和室内外机组配置率修正系数，采用产品制造商的推荐值；

β——室内外机组之间的连接管等效长度和安装高差综合修正系数，采用产品制造商的推荐值；

δ——制热时的融霜修正系数，采用产品制造商的推荐值。

(5) 利用室外机的修正结果，对室内机实际制冷(热)能力进行校核计算；根据校核结果确认室外机容量。

5. 室内外机组的布置

(1) 多联机空调系统室内机的布置、室内气流组织，应符合下列规定。

① 应根据室内温湿度参数、允许风速、噪声标准和空气质量等要求，结合房间特点、内部装修及设备散热等因素确定室内空气分布方式，并应防止送回风(排风)短路。

② 当室内机形式采用风管式时，空调房间的送风方式宜采用侧送下回或上送上回，送风气流宜贴附；当有吊顶可利用时，可采用散流器上送；确定送风方式和送风口时，应注意冬夏季温度梯度的影响。

③ 空调房间的换气次数不宜少于5次/h。

④ 送风口的出口风速应根据送风方式、送风口类型、安装高度、送风风量、送风射程、室内允许风速和噪声标准等因素确定。

⑤ 回风口不应设在射流区或人员长时间停留的地点；当采用侧送风时，回风口宜设在送风口的同侧下方。

⑥ 回风口的吸风速度应符合现行国家标准《民用建筑供暖通风与空气调节设计规范》(GB 50736—2012)和《工业建筑供暖通风与空气调节设计规范》(GB 50019—2015)的有关要求。

⑦ 应避免将室内机组安装在室外、易受油烟污染、酸碱或具有强电磁干扰的环境中。无法避免时，应采取专用措施。

(2) 室外机组的布置应遵循以下原则。

① 应设置在通风良好的场所，并考虑季风和楼群风对室外机组排风的影响。

② 宜设置于阴凉处，且不应设置在多尘或污染严重的地方。

③ 应远离电磁波辐射源设置，与辐射源间距至少为1m。

④ 机组的排风不应影响邻居住户的开窗通风。

⑤ 机组的设置宜减短连接管总长度。

⑥ 机组之间、机组与周围障碍物之间应有安装、维护空间或通道，并符合产品的技术要求。

⑦ 侧排风的室外机排风不应与当地空调使用季节的主导风向相对，必要时可增加挡风板。

(3) 当室外机组集中布置时，应在机组周围留有充足的通风空间，以防止进、排风的气流短路或吸入其他机组的排风。当布置条件无法满足产品制造商的要求时，可采用抬高机组安装高度、加装机组排风管或改变机组周围的围护结构等措施改善散热条件。必要时，宜采用气流组织模拟分析方法，辅助确定机组的进、排风口安装位置。

(4) 当室外机组布置在建筑物各层的空调机房中时，应考虑既不应影响建筑立面的景观，又有利于与室外空气的热交换，同时便于清洗和维护室外散热器。室外机组的设置位置应符合下列规定。

① 空调机房的尺寸及围护结构必须满足室外机组的安装、维护及空气流通空间要求。

② 应采用排风管将室外机组的排风直接排至室外空间，并避免排风管漏风，同时应满足室外机组风机的机外静压大于进、排风管的阻力之和。

③ 应避免室外机组进、排风的气流短路，宜将室外机组机房布置在建筑的边角处，分别从不同方向进风和排风。在不同进、排风口位置时的风速宜按表 3-7 进行选取。

表 3-7 不同进、排风口位置时的风速

进、排风口位置	排风风速/(m/s)	进风风速/(m/s)
同侧	6～9	≤1.6
不在同侧	≥4	≤2.5

④ 设置在多层或高层建筑中的室外机组，不应从下到上逐层、依次布置在建筑物的竖向凹槽内；必要时，宜采用气流组织模拟分析方法，辅助确定室外机组以及进、排风口的设置位置。

6. 冷媒管道设计

1) 管径

(1) 多联机系统的配管应采用铜管，其材质、规格应符合《铜及铜合金拉制管》(GB/T 1527—2017)和《空调与制冷设备用铜及铜合金无缝管》(GB/T 17791—2017)的要求。配管的最小壁厚名义值应符合表 3-8 的规定。

表 3-8 多联机系统配管的最小壁厚名义值 单位：mm

铜管外径	6～16	>16，<29	>29，<33	>33，<37	>37，<40	>40，<45
最小壁厚	0.8	1.0	1.1	1.3	1.4	1.5

(2) 在确定多联机系统室内外机组之间的连接管径时，应遵循以下原则。

① 室外机组与分歧管(或集支管)之间：与室外机组制冷剂管道接口尺寸相同。

② 分歧管(或集支管)与室内机组之间：与室内机组管道接口尺寸相同。

③ 分歧管与分歧管之间：取决于其后所连接的所有室内机组的总容量。

④ 当需要增大连接管管径时，应按产品制造商的技术文件执行。

2) 管长

(1) 在确定多联机系统室内外机组之间的连接管长度时，应遵循以下原则。

① 室内机组与室外机组之间的最大允许连接管等效长度，应通过产品技术文件核算，满足安装后的多联机系统在名义制冷工况下满负荷运行时的制冷量衰减率 k_c 不应超过 20%，且此时的室外机组制冷能效比 COP_{co} 不应低于 2.60 或多联机系统的制冷能效比 COP_{cs} 不应低于 2.40。

② 室内机组与室外机组之间、室内机组与室内机组之间的最大允许高差不应超过产品的技术要求。

(2) 实际多联机系统中，室外机组和室内机组之间的最大允许连接管长度应从最大允许连接管等效长度中扣除连接管上局部阻力部件的等效长度之和。其中，连接管局部阻力部件所对应的等效长度由产品制造商给定的数据进行计算。

(3) 集支管不应用于垂直方向的分流;在集支管分流之后,不应再用分歧管或集支管进行分流。当集支管有多余分支时,应将管口夹扁焊接密封。

(4) 应尽量减少管道的折弯数,对于有多个支路的多联机系统,主干管的分流点与各支路最远端室内机组的距离应尽量相等。

(5) 制冷剂配管过梁时,应避免存在直角弯液囊和气囊。

(6) 分歧管、集支管与直管道之间的管段长度应满足如下要求。

① 铜管转弯处与相邻分歧管间的直管段长度应大于0.5m。

② 相邻两分歧管间的直管段长度应大于0.5m。

③ 分歧管或集支管后连接室内机组的直管段长度应大于0.5m。

(7) 制冷剂配管穿越墙体或楼板处应预埋套管,并应符合消防安全标准的规定。

7. 凝结水管

室内机组的空调凝结水管应合理布置。

(1) 布置凝结水管时,遵循"就近排放原则",将凝结水排至卫生间、厨房等有地漏的地方,或直接排至室外。应减少同一凝结水管连接的室内机组的数量,汇流时保证凝结水自上而下汇流进入集中排水管。

(2) 凝结水管的管材宜采用硬质塑料管(如U-PVC管)或热镀锌钢管。

(3) 凝结水管应独立配置,与其他建筑水管分开布置,并缩短其长度。凝结水管的横管应沿水流方向设置坡度,坡度不宜小于8‰,汇流水管的管径选择可参见表3-9。

表3-9 空调凝结水管管径

公称直径DN/mm	15	20	25	32	40	50
空调冷负荷Q/kW		<10	11~42	43~230	231~400	401~1100

(4) 在凝结水排水立管的最高点应设置开口朝下的排气口,且不应设置在带提升泵的室内机组的凝结水提升管附近位置。

8. 管道保温

(1) 下列设备、管道及其附件等均应采取绝热措施:

① 可能导致冷热量损失的部位;

② 有防止外壁、外表面产生冷凝水要求的部位。

(2) 设备和管道的绝热,应符合下列规定:

① 保冷层的外表面不得产生凝结水;

② 管道和支架之间,管道穿墙、穿楼板处均应采取防止"冷桥""热桥"的措施;

③ 当采用非闭孔材料保冷时,外表面应设隔气层和保护层;保温时,外表面应设保护层;

④ 室外管道的保温层外应设硬质保护层;

⑤ 在热、湿环境下,绝热层厚度应经过计算后增加;在气候干燥地区,绝热层厚度应通过计算后减小。

9. 新风系统

多联机空调系统的新风系统,应符合下列规定:

(1) 系统的划分宜与多联机系统相对应,并应符合国家现行标准中对消防的有关规定;

(2) 当设置能量回收装置时，其新、回风入口处应设过滤器，且严寒或寒冷地区的新风入口、排风出口处应设密闭性好的风阀。

3.3 多联机系统设计举例

3.3.1 设计内容

行政楼 3F 的 11 个会议室多联机空调系统设计。

3.3.2 设计步骤

1. 负荷计算

1) 创建空间

在 3F 平面视图中依次创建空间 1～11，如图 3-12 所示。

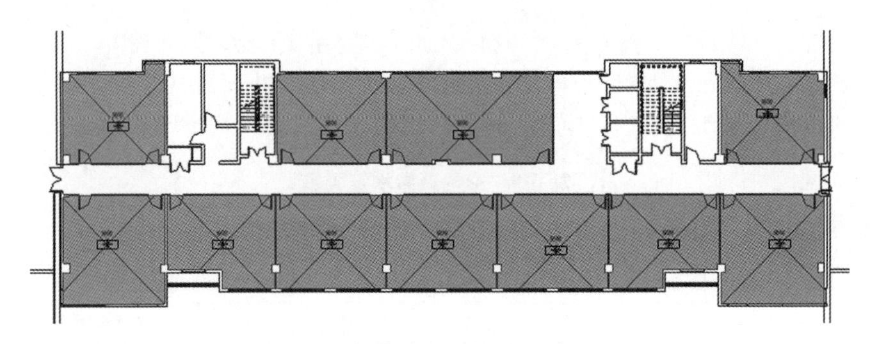

图 3-12 创建空间

2) 负荷计算

对创建的 11 个空间进行负荷计算，将计算结果标注在房间附近，如图 3-13 所示。

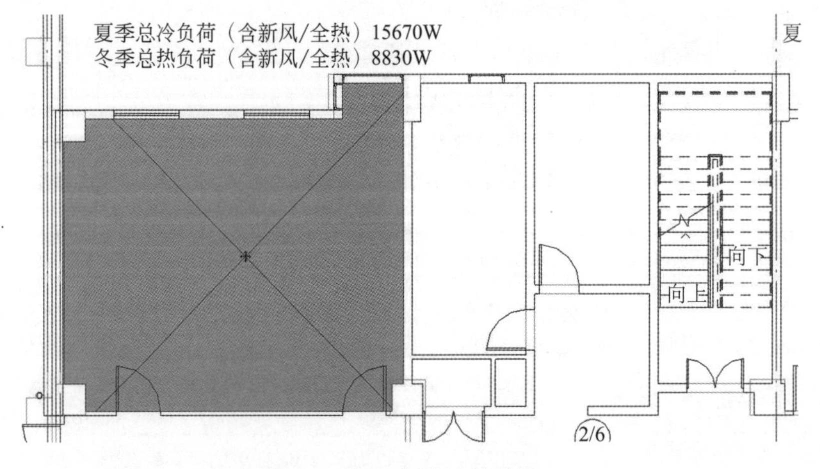

图 3-13 标记负荷计算结果

2．室内机的选择与布置

微课:多联机系统 1

单击“多联机\采暖”选项卡的“布置室内机”，打开布置室内机对话框，单击“提取空间冷负荷值”，选取空间后按 Esc 键回到对话框，选出室内机型号和对应台数，相对标高为3.4m，勾选“标注型号”，单击“布置”按钮，在对应空间的合适位置布置两台室内机，如图 3-14 所示。

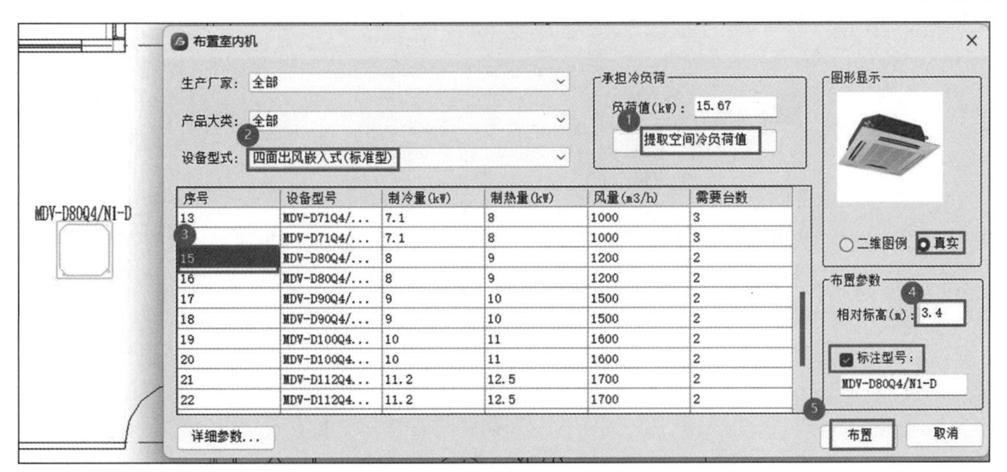

图 3-14　提取空间冷负荷值选择并布置室内机

依次布置其他空间的室内机，并调整其位置，结果如图 3-15 所示。

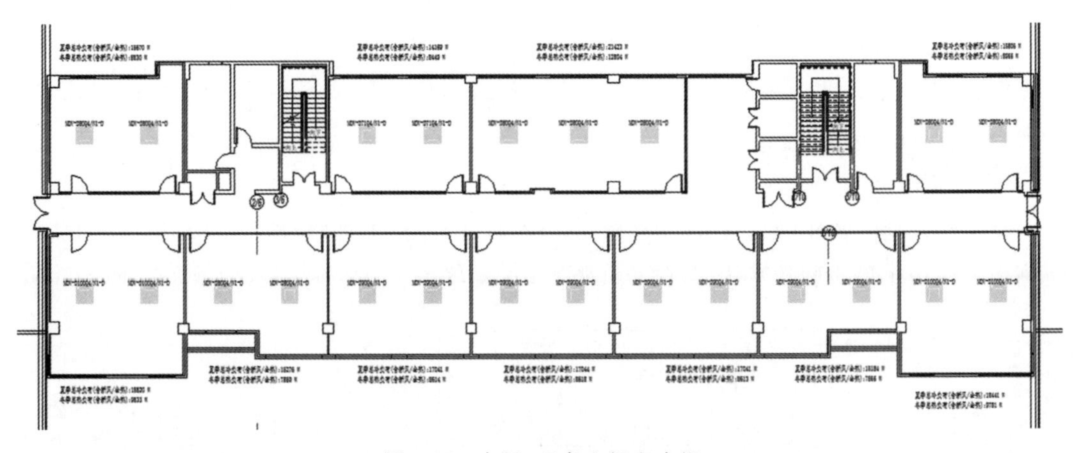

图 3-15　布置 3F 各空间室内机

3．室外机的选择与布置

单击“多联机\采暖”选项卡的“布置室外机”，打开“布置室外机”对话框，单击“提取室内机制冷量”，框选 3F 北区的所有室内后单击设置栏的“完成”按钮回到对话框，设备形式选择“整体式”，选择适当配比率对应的设备型号，相对标高为 0m，单击“布置”按钮，在合适的位置布置 3F 北区的室外机，如图 3-16 所示。

用同样的方式选择并布置 3F 南区的室外机，并调整其位置，如图 3-17 所示。

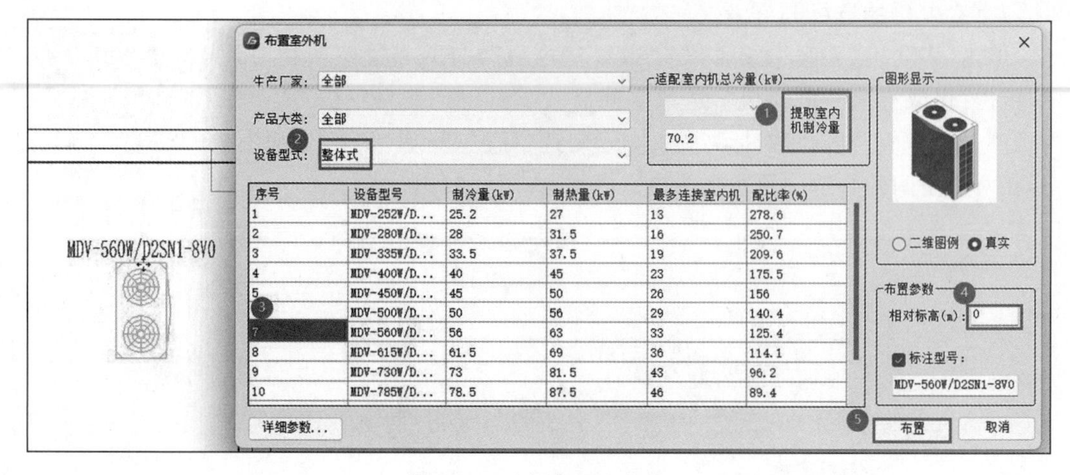

图 3-16　选择布置室外机

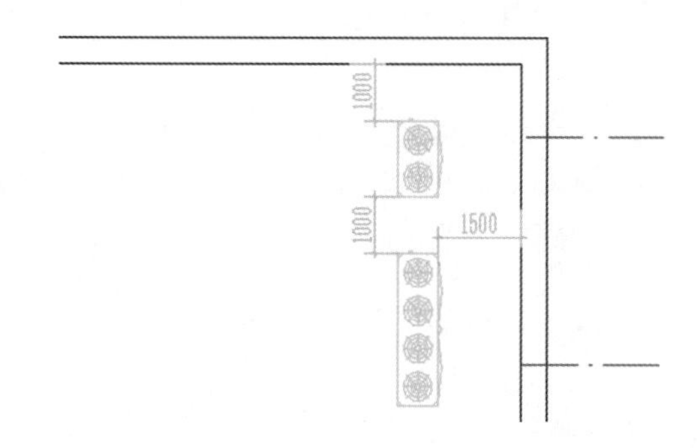

图 3-17　室外机布置位置

4. 冷媒管道的绘制与计算

1）冷媒横管

单击“多联机\采暖”选项卡的“绘制冷媒管”，打开“冷媒横管”对话框，选择“气液一体”，标高为 3200mm，管径暂选默认值，在平面视图中合适位置绘制冷媒横管，如图 3-18 所示。

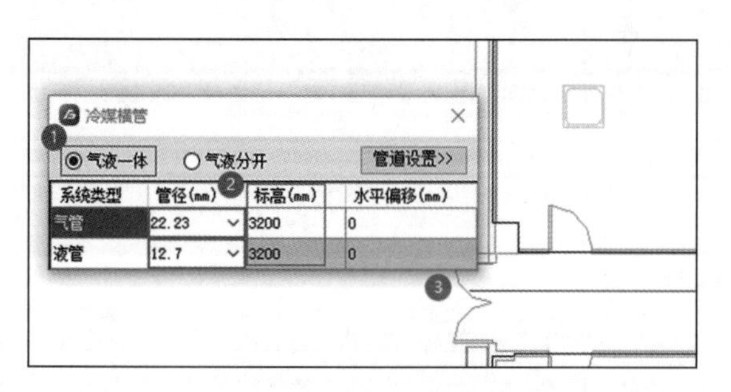

微课：多联机系统 2

图 3-18　绘制冷媒横管

2）冷媒立管

单击“多联机\采暖”选项卡的“冷媒立管”，打开“冷媒立管”对话框，选择“气液一体”，起点参照 3F 偏移量为 300mm，终点参照 3F 偏移量为 3200mm，管径暂选默认值，在平面视图中合适位置绘制冷媒立管，如图 3-19 所示。

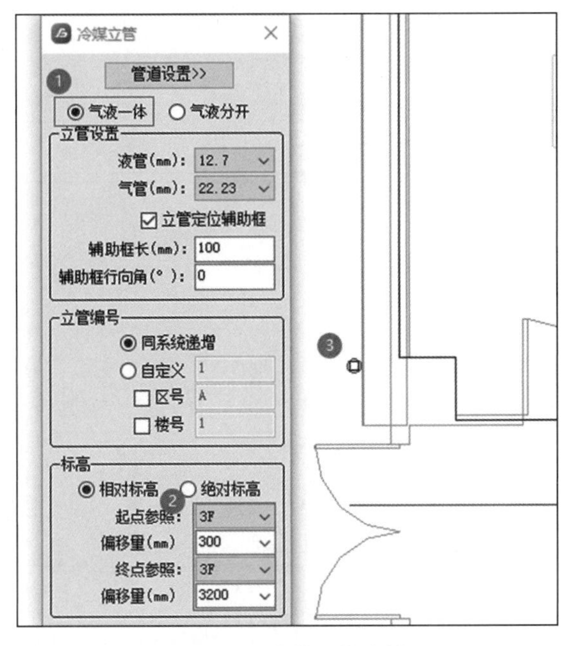

图 3-19　冷媒立管绘制

3）冷凝水管

单击“多联机\采暖”选项卡的“绘制暖管”，在打开的对话框中选择“冷凝水”，标高为 3.2m，管径暂选默认值，在平面视图中合适位置绘制冷凝水管，如图 3-20 所示。

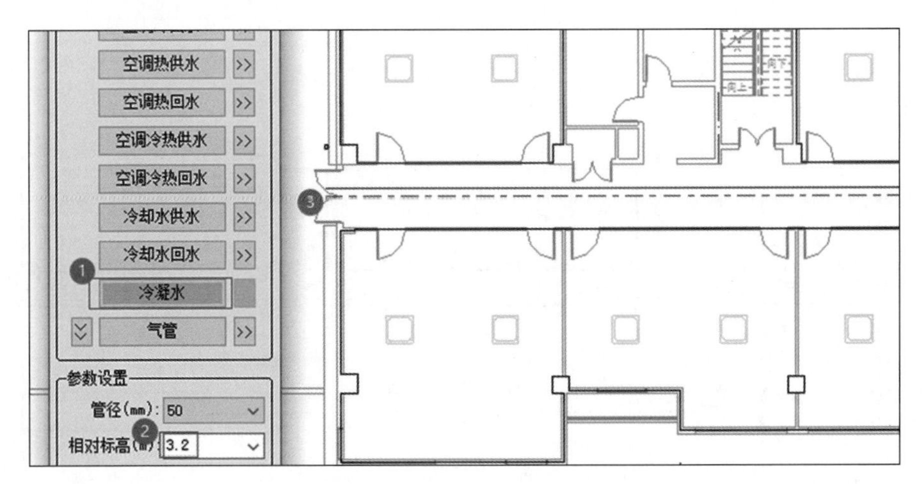

图 3-20　冷凝水管绘制

4）冷媒管连接

单击“多联机\采暖”选项卡的“连接设备”，选择 3F 北区的所有室内机与冷媒横管，单击设置栏的“完成”按钮，按照系统提示单击主管端，完成连接，如图 3-21 所示。

用同样的方法完成室外部分冷媒管道的绘制，并使之与室外机连接，如图 3-22 所示。

图 3-21　室内机与冷媒管的连接

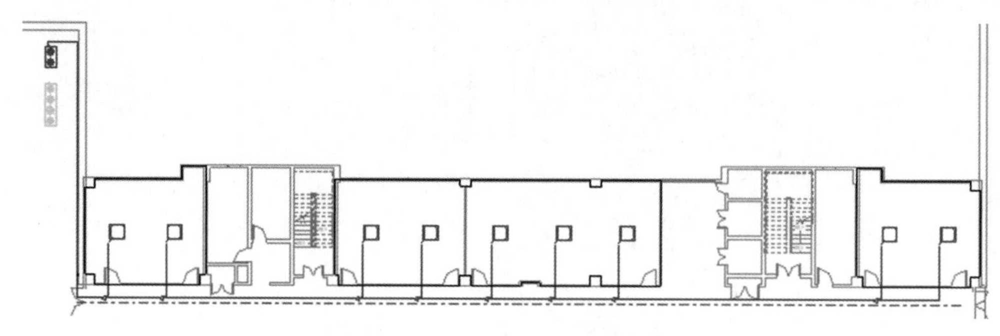

图 3-22　室外机与冷媒管的连接

5）冷凝水管连接

单击“多联机\采暖”选项卡的“连接设备”，选择 3F 北区的所有室内机与冷凝水管，单击设置栏的“完成”按钮，按照系统提示单击主管端，完成连接。

用同样的方法完成 3F 南区的管道绘制与连接，如图 3-23 所示。

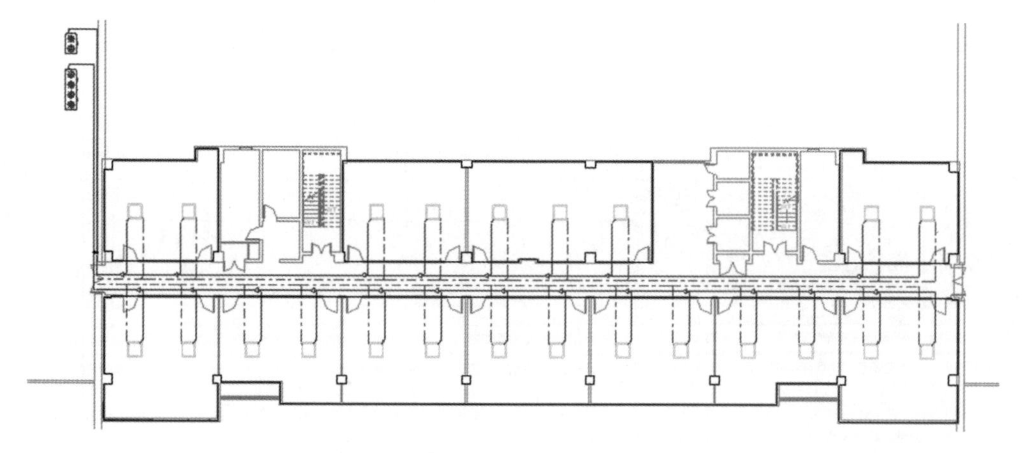

图 3-23　多联机系统管道绘制与连接

6）冷媒管计算

微课：多联机系统 3

单击“多联机\采暖”选项卡的“系统计算”，选择 3F 北区的一处管道，系统会自动提取 3F 北区的所有设备和管道，单击“自动计算”，计算完毕后，可将结果赋回图面。此处需要注意的是，在系统计算对话框的下方提示区，会有计算成功、实际制冷制热能力校核和警告信息，可以手动调整，或者重新进行系统划分与室内外机布置。也可以单击“计算规则”,在打开的对话框中进行参数设置与调整,如图 3-24 所示。

再次单击“提取系统”,完成 3F 南区的计算。

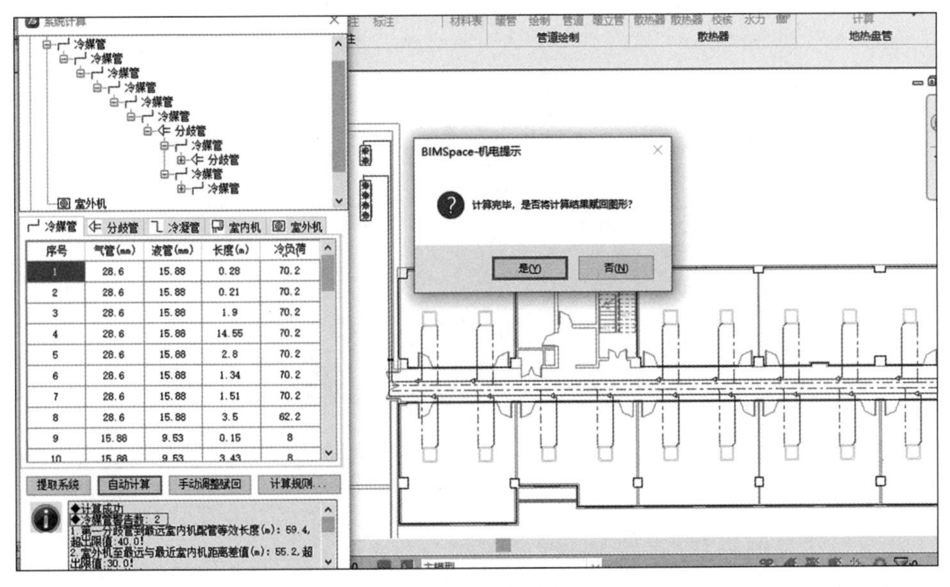

图 3-24　系统计算

7）标注

单击“多联机\采暖”选项卡的“一键标注”,在打开的对话框中选择“线上标注”和标准样式“有引线”,勾选设备标注的“型号”等内容,选择“标注范围”中的“当前视图”,单击“确定”按钮完成多联机系统的室内外机、管道等所有标注,如图 3-25 所示。

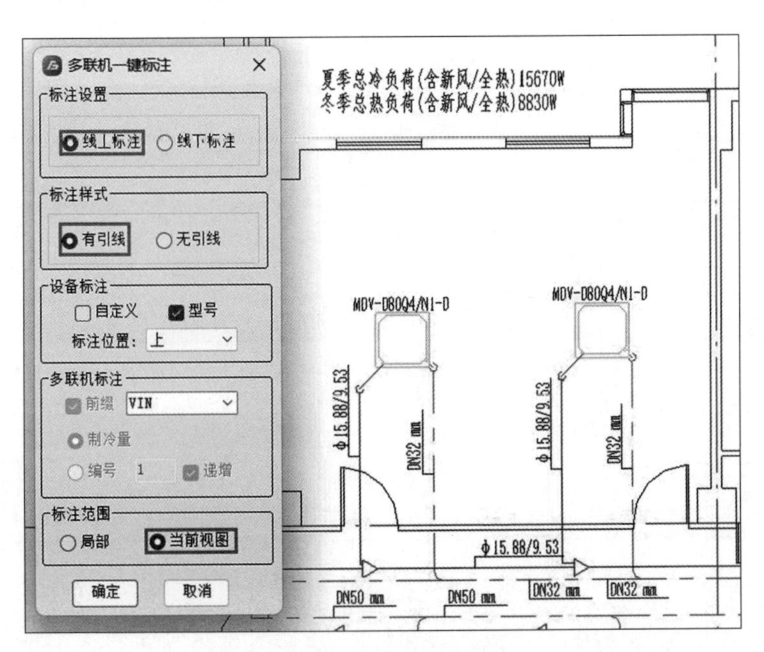

图 3-25　多联机系统标注

5. 系统原理图的绘制

单击“多联机\采暖”选项卡的“原理图”，在打开的对话框中单击“提取并绘制”按钮，按照系统提示，选择3F北区多联机系统的任一组成部分(设备或管道)，系统会自动生成原理图，在绘图区合适的空白处单击放置原理图即可。用同样的方法继续绘制3F南区的系统原理图，如图3-26所示。

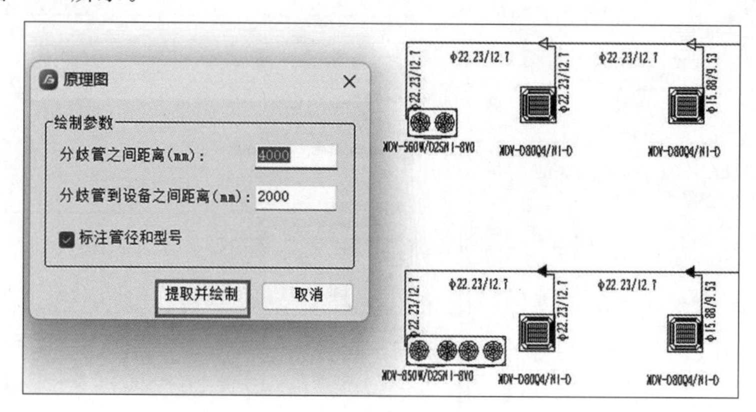

图3-26　多联机系统原理图

6. 设备材料表的编制

单击“多联机\采暖”选项卡的“多联机材料表”，在打开的对话框中单击“设备表”选项卡，选择“室内机”，选择设备表内容，统计方式为“按项目”，单击“确定”按钮后，按系统提示将表格绘制在当前视图，也可以输出Excel表格，如图3-27所示。

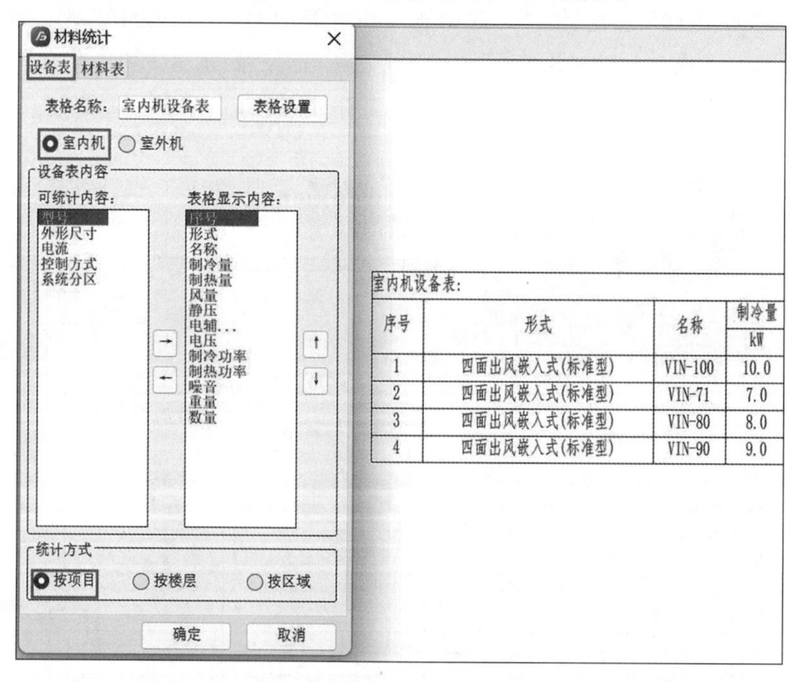

序号	形式	名称	制冷量 kW
1	四面出风嵌入式(标准型)	VIN-100	10.0
2	四面出风嵌入式(标准型)	VIN-71	7.0
3	四面出风嵌入式(标准型)	VIN-80	8.0
4	四面出风嵌入式(标准型)	VIN-90	9.0

图3-27　绘制室内机设备表

用同样的方法，绘制室内、外机设备表和材料表，如图3-28所示。

室内机设备表：

序号	形式	名称	制冷量/kW	制热量/kW	风量/(m^3/h)	静压/Pa	电辅制热量/kW	电压/V	制冷功率/W	制热功率/W	噪声/dB(A)	重量/kg	数量/台
1	四面出风嵌入式(标准型)	VIN-100	10.0	11.0	1600	0.00	0.00	220	190	190	40/36/33	34.6	4
2	四面出风嵌入式(标准型)	VIN-71	7.0	8.0	1000	0.00	0.00	220	100	100	35/31/28	29.6	2
3	四面出风嵌入式(标准型)	VIN-80	8.0	9.0	1200	0.00	0.00	220	100	100	38/34/29	29.6	9
4	四面出风嵌入式(标准型)	VIN-90	9.0	10.0	1500	0.00	0.00	220	190	190	39/35/30	34.6	8

室外机设备表：

序号	名称	冷媒种类	制冷量/kW	制热量/kW	冷媒注入量/kg	系统分区	型号	APF值	IPLV值	制热功率/W	电压/V	噪声/[dB(A)]	数量/台
1	VIN-850	R410A	85.0	95.0	29	3F南区	MDV-850W/D2SN1-9V0	4.25	7.1	25000	380	46-65	1
2	VIN-560	R410A	56.0	63.0	16	3F北区	MDV-560W/D2SN1-8V0	4.35	7.8	16000	380	45-64	1

材料表：

序号	系统分区	名称	型号	单位	保温材料体积/m^3	数量	冷媒注入量/(kg/m)	注入量小计/kg	保温材料厚度/mm
1	分区一	分歧管	E-242SN	个	—	5	—	—	—
2	分区一	分歧管	E-162SN	个	—	4	—	—	—
3	分区一	分歧管	E-102SN	个	—	5	—	—	—
4	分区一	分歧管	E-302SN	个	—	7	—	—	—
5	分区一	铜管(气管)	22.23	m	0.01057	3.1	—	—	25
6	分区一	铜管(气管)	15.88	m	0.17132	129.5	—	—	15
7	分区一	铜管(气管)	28.6	m	0.26231	68.5	—	—	25
8	分区一	铜管(气管)	22.2	m	0.02743	8.1	—	—	25
9	分区一	铜管(气管)	19.05	m	0.01926	8.7	—	—	20
10	分区一	铜管(气管)	34.92	m	0.21598	50.5	—	—	25
11	分区一	铜管(液管)	12.7	m	0.02402	20.2	0.12	2.21	15
12	分区一	铜管(液管)	9.53	m	0.15372	146.3	—	—	15
13	分区一	铜管(液管)	15.88	m	0.06804	51.5	0.19	8.88	15
14	分区一	铜管(液管)	19.05	m	0.11260	50.5	0.28	12.85	20
15	分区一	PVC-U	32	m	0.53501	131.5	—	—	25
16	分区一	PVC-U	40	m	0.37406	80.6	—	—	25
17	分区一	PVC-U	50	m	0.08135	15.2	—	—	25

图 3-28 绘制多联机材料表

至此,完成行政楼 3F 共 11 个会议室的多联机空调系统设计,如图 3-29 所示。

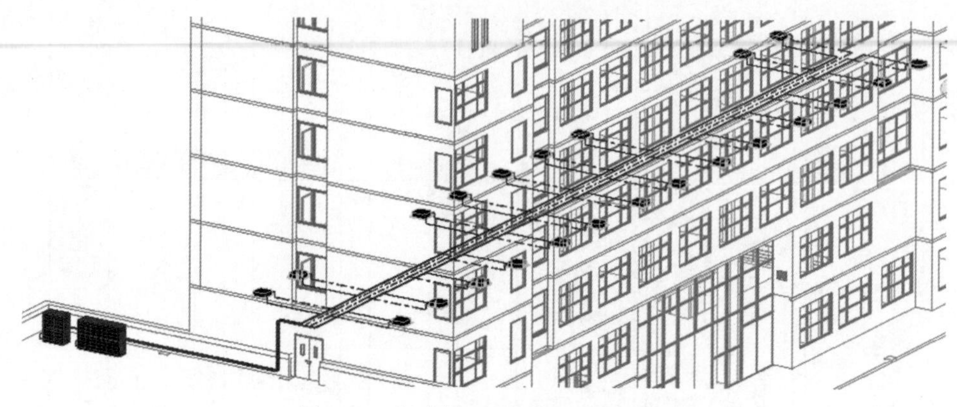

图 3-29　行政楼 3F 多联机空调系统

项目 4 全空气空调系统

任务引导

任务　集中式空调系统的 BIM 模型建立

任务要求

通过完成民用建筑空调系统 BIM 模型的建立，掌握集中式空调系统 BIM 模型建立的方法，熟悉 BIMSpace 暖通样板中的常用模型绘制方法与技巧。核算该系统的空调机组制冷量与送风量，并对该系统进行水力计算的校核计算。

任务分析

空调机组的制冷量要依据负荷计算结果与应用场景来确定，送风量要先确定送风温差再利用焓湿图进行计算。创建 BIMSpace 暖通样板，完成新风机组、风管、水管的布置后，利用 BIMSpace 分别进行风系统与水系统的水力计算，再将水力计算结果赋回系统。

任务实施

1. 熟悉任务。
2. 创建 BIMSpace 暖通样板。
3. 在视图中完成集中式空调系统模型建立。
4. 核算空调机组的制冷量与送风量。
5. 进行风系统与水系统水力计算。

相关知识

4.1　全空气空调系统概述

全空气空调系统是指空调房间的室内热湿负荷全部由经过加热或冷却处理的空气来负担的空调系统，是工程中最常用、最基本的系统，广泛应用于舒适性或工艺性的各类空调工程中。

4.1.1 全空气空调系统的特点

1. 全空气空调系统的应用形式

按照被处理空气的来源不同,全空气空调系统在实际应用中可以分为:封闭式空调系统、直流式空调系统和回风式空调系统 3 种形式。

(1) 封闭式空调系统——全回风式系统,如图 4-1 所示。

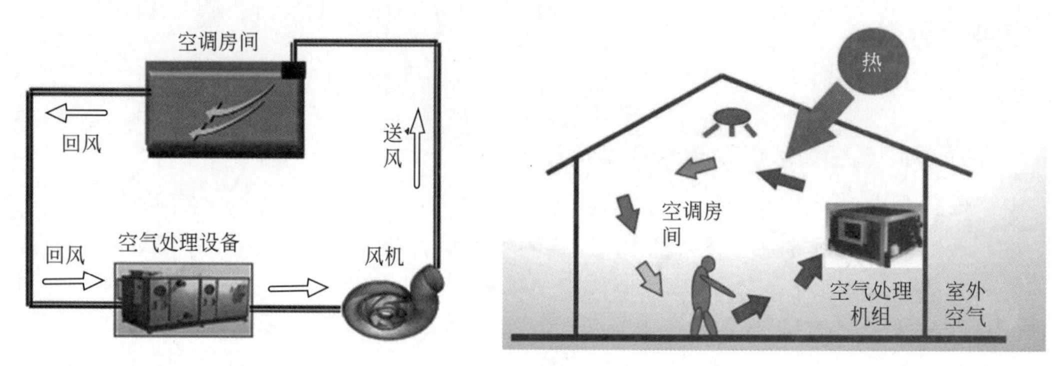

图 4-1 封闭式全回风空调系统

它所处理的空气来自空调房间,没有室外空气补充,全部为再循环空气,因此,房间和空气处理设备之间形成一个封闭环路。这种系统冷、热消耗量最低,但卫生条件差。

(2) 直流式空调系统——全新风式系统,如图 4-2 所示。

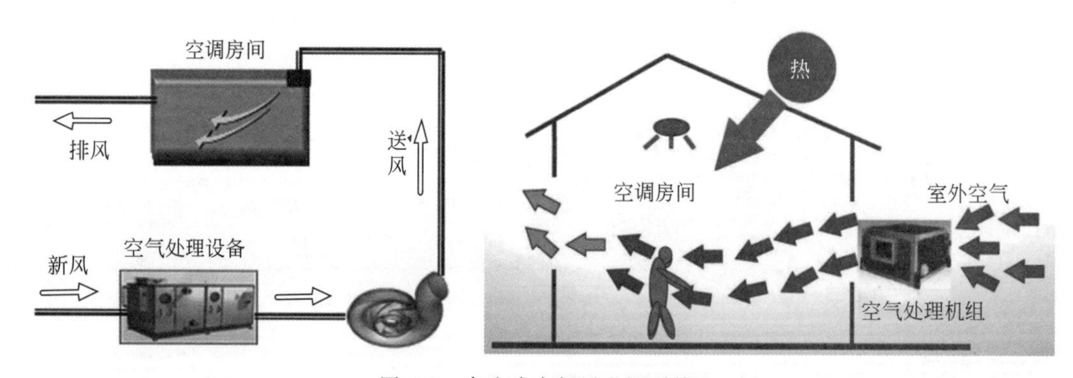

图 4-2 直流式全新风空调系统

它所处理的空气全部来自室外,室外空气经处理后进入室内,与室内空气进行热湿交换后全部排出室外,因此,与封闭式系统相比,具有系统冷、热消耗量最大,但卫生条件很好的特点。

(3) 回风式空调系统——新、回风混合式系统,如图 4-3 所示。

综合前两种空调系统的利弊,第三种空调系统混合了部分室内回风,称为回风式空调系统。这种系统既能满足卫生要求,又经济合理,故应用最为广泛。工程上常见的混合式有一次回风式系统和二次回风式系统两种类型，一次回风是应用最多的空调系统，二次回风系统是一种为了减少送风温差而又不用再热器的空调方式。

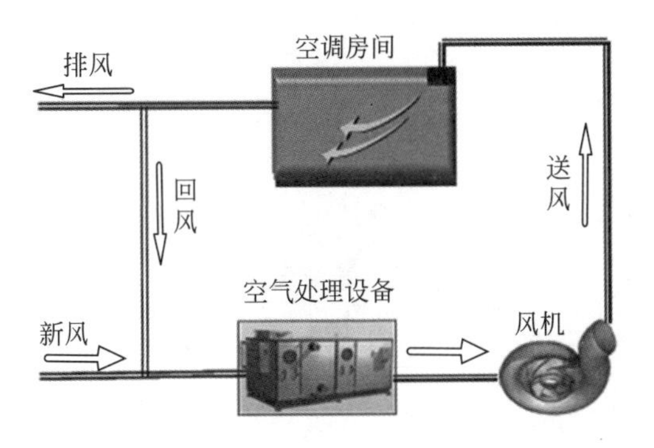

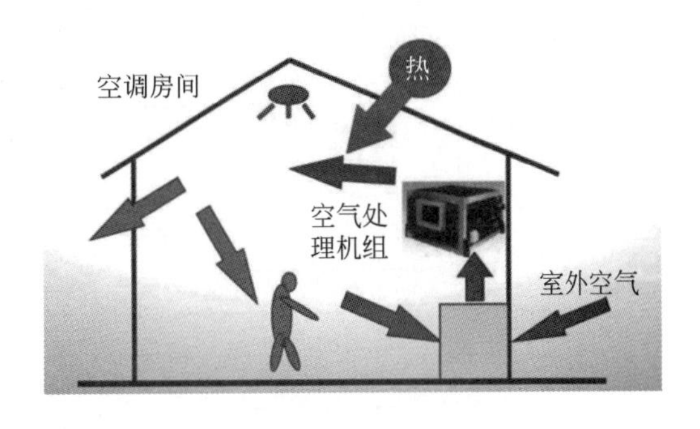

图 4-3 新、回风混合式空调系统

2. 全空气空调系统的优缺点

1）全空气空调系统的优点

（1）空调设备集中设置在专门的空调机房里，管理维修方便，消声防震也比较容易。

（2）空调机房可以使用较差的建筑面积，如地下室，屋顶间等。

2）全空气空调系统的缺点

（1）用比热容较小的空气作为输送冷热量的介质，需要的风量大，风管体积大，占用建筑空间较多。

（2）一个系统只能处理出一种送风状态的空气，当各房间的热、湿负荷的变化规律差别较大时，不便于运行调节。

（3）只有部分房间需要空调时，仍然要开启整个空调系统，造成能量上的浪费。

4.1.2 全空气空调系统的适用场合

全空气空调系统服务面积大，处理空气量多，便于集中管理，在经常满负荷运行的大型公共建筑中使用较多，如商场、超市、体育馆、大型餐厅等。

4.2 全空气空调系统组成

集中式空调系统的空气处理设备和冷、热源设置在专用的机房内；空气经空气处理设备处理后达到送风状态，由风机加压经风管送至空调房间再经送风口分配给空调区域；处理空气所需要的冷、热量由冷、热源集中制备，并由媒介物质（一般是冷、热水）输送至空气处理设备，如图 4-4 所示。

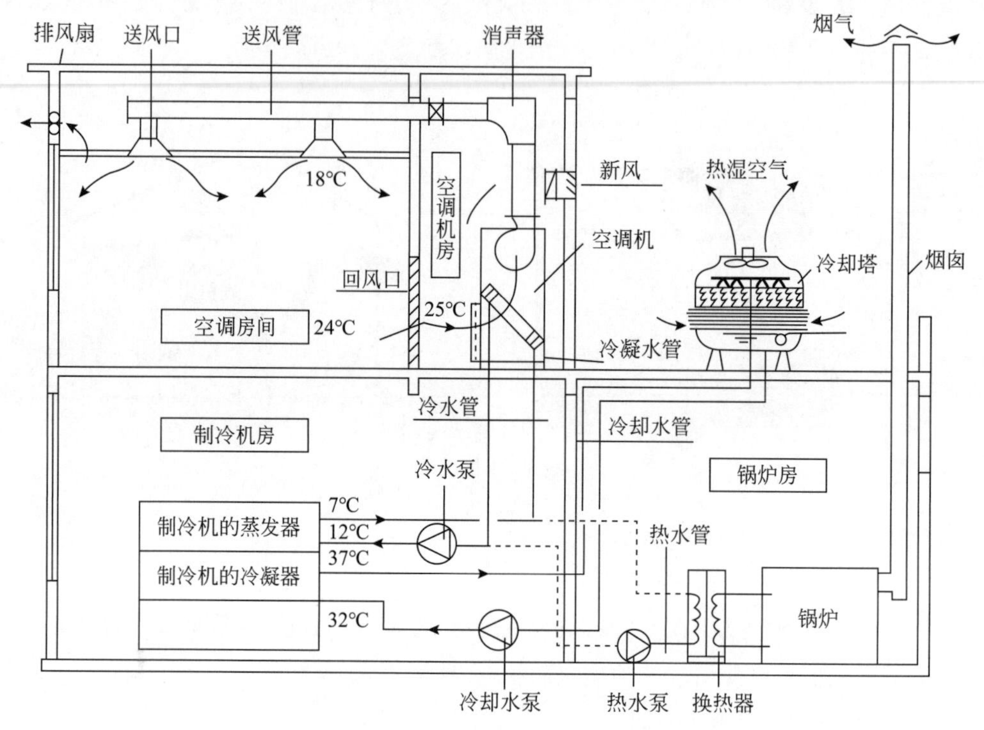

图 4-4　全空气空调系统的组成示意图

4.2.1　冷、热源

空调工程的任务，就是要在任何环境下，将室内空气控制在一定的温度、湿度、气流速度和一定的洁净度范围内。为实现上述要求，夏季必须要有充足的冷源，而冬季又必须要有充足的热源。能为空调系统的空气处理装置提供处理过程中需要的冷热量的物质和装置，都可以作为空调系统的冷、热源。空调房间或空调区域所需要的冷量和热量是由冷、热源提供的。空调系统的正常运行，是要靠冷、热源的正常工作来保障的。

因此，冷、热源是空调系统的核心部分，空调系统冷、热源选择的合理与否将会直接影响空调系统是否能正常运行与经济运行。而中央机房是整个中央空调系统的冷（热）源中心，同时又是整个中央空调系统的控制调节中心。中央机房一般由冷水机组、冷水泵、冷却水泵、集水缸、分水缸和控制屏组成（如果考虑冬季运行送热风，还有中央空调热水机组等生产热水的装置）。

1. 冷源

能够为空调系统提供冷量的统称为冷源。冷源一般分为天然冷源和人工冷源两类。

1）天然冷源

（1）地下深井水、山涧水

地下水冬暖夏凉，山涧水在炎热的夏季也是冰凉的，因此，地下深井水和山涧水是良好的天然冷源。

（2）天然的冰雪

在人工制冷开始发展以前，人类已经知道利用天然冰雪在简易的设备中保持低温条件，即利用天然冷源。在中国，约在 3000 年前已使用天然冰保藏食品，《诗经》中就有关于采集、贮存和用天然冰冷藏食品的诗句。直到现代，人们仍然在应用冰雪等天然冷源。

（3）地道风

地道风也是一种天然冷源，由于夏季地道壁面的温度比外界空气的温度低很多，所以在有条件的地方，使空气穿过一定长度的地道，也能实现对空气冷却或减湿冷却的处理过程，但应用不多。

2）人工冷源

天然冷源节能，对环境影响小，但受到自然条件和地理条件的限制。因此，更多时候还是要依靠人工冷源，即制冷机来制造冷量。制冷的理论方法有很多，目前应用在空调工程中的主要有两种：蒸汽压缩式和吸收式制冷机。蒸汽压缩式制冷机和吸收式制冷机虽然在设备上相差很大，但实质是相同的，都是相变制冷。相变制冷是利用液体在低温下的蒸发过程或固体在低温下的熔化或升华过程从被冷却物体吸取热量。

空调工程中常用水作为运载、传递冷量的物质，因此，冷水机组是中央空调工程中采用最多的冷源设备。一般而言，将制冷系统中的全部组成部件组装成一个整体设备，并向中央空调提供处理空气所需要的低温水（通常称为冷冻水或冷水）的制冷装置，简称为冷水机组。

空调工程中常用的冷水机组，根据所用动力种类不同分为电力驱动冷水机组和热力驱动冷水机组。电力驱动冷水机组多是采用蒸汽压缩制冷原理的冷水机组，又称为蒸汽压缩式冷水机组；热力驱动冷水机组多是采用吸收式制冷原理的冷水机组，又称为吸收式冷水机组。

（1）蒸汽压缩式制冷机

蒸汽压缩式制冷机是电力驱动制冷机，即通过消耗电能而获得冷量。蒸汽压缩式制冷机的四大基本部件为压缩机、冷凝器、节流装置和蒸发器，如图 4-5 所示。

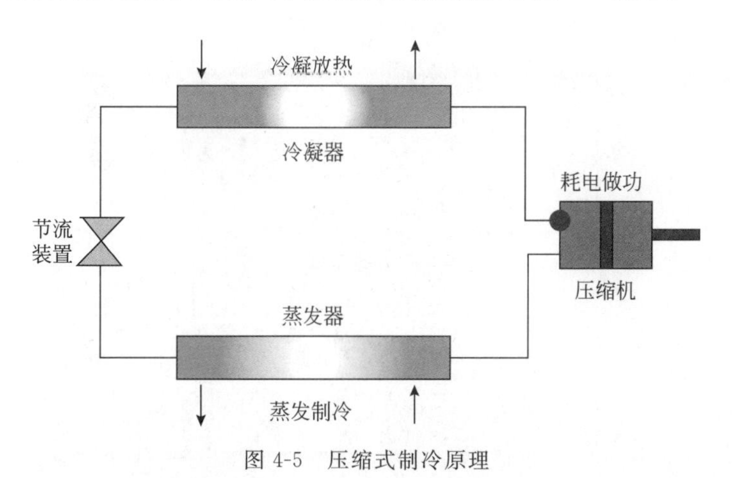

图 4-5 压缩式制冷原理

蒸汽压缩式冷水机组根据其压缩机种类不同，分为活塞式冷水机组、螺杆式冷水机组和离心式冷水机组 3 种；按照冷凝器侧冷却方式不同可分为风冷、水冷和蒸发冷却式冷水机组。根据使用的制冷剂种类不同，可分为氟利昂冷水机组和氨冷水机组。

比较常用的是风冷冷水机组和水冷冷水机组。风冷冷水机组是以冷凝器的冷却风机代替水冷冷水机组中的冷却水系统设备（包括冷却塔、冷却水泵、冷却水处理装置及冷却水管路等），使庞大的冷水机组变得简单而紧凑。一般风冷式冷水机组制冷量较小，通常设置在建筑屋顶或室外空地；水冷式冷水机组制冷量较大，通常设置在地下室或单独建筑中。压缩式冷水机组外观如图 4-6 所示。

图 4-6　压缩式制冷机

除了常用的冷水机组外，蒸汽压缩式制冷机组还可以与空调机组结合在一起，蒸发器直接输出冷风，此时称为冷风机组。冷风机组的蒸发器与空调系统需要处理的空气直接换热，换热面积很大，单机容量不能做得太大；同时，由于空气的密度较低，输送冷风的管道尺寸比较大。

（2）吸收式制冷机

吸收式制冷机是热力驱动制冷，即通过消耗热能而获得冷量，热量可以来自热水、蒸汽、燃料的燃烧以及太阳能。其工作原理如图 4-7 所示。吸收式制冷机用吸收器和发生器的组合代替了蒸汽压缩式制冷机的压缩机，吸收式制冷机组的外观如图 4-8 所示。

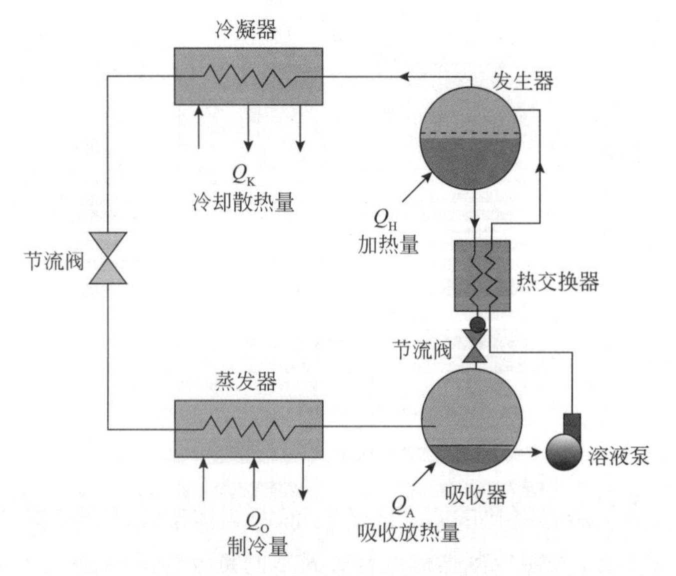

图 4-7　吸收式制冷机工作原理

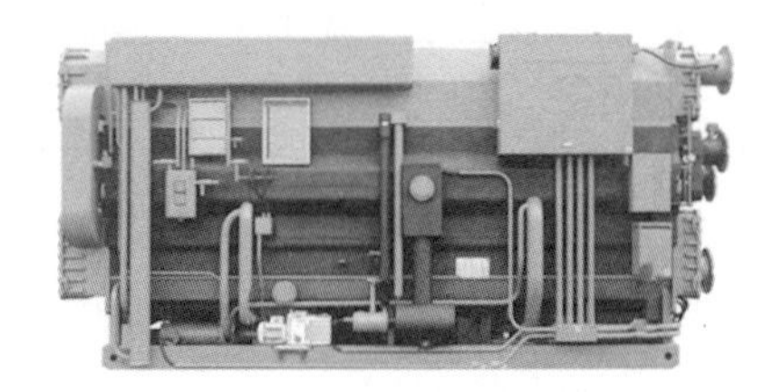

图 4-8 吸收式制冷机

按照热源方式的不同，吸收式制冷机可以分为热水型、蒸汽型、直燃型、太阳能型等，其中蒸汽型、直燃型应用最为广泛。根据所用工质不同，可分为氨吸收式和溴化锂吸收式冷水机组；根据热能利用程度不同，可分为单效和双效吸收式冷水机组；根据各换热器的布置情况又分为单筒型、双筒型和三筒型吸收式冷水机组；根据应用范围又分为单冷型和冷热水型吸收式冷水机组。

在民用建筑空调系统中，吸收式制冷机采用的工质通常是溴化锂水溶液，其中水为制冷剂，溴化锂为吸收剂。溴化锂制冷机组的主要优点是节省电能，运行工况稳定，受室外气候影响较小。缺点是冷却水消耗量大，对冷却水的水质要求比较高，且存在冷量衰减。

应当指出，热水型和蒸汽吸收式冷水机组只能作为冷源使用，而直燃型吸收式制冷机除了能制备冷冻水作为冷源，还能制备热水作为空调系统的热源，此时称为吸收式冷(热)水机组。

常用的冷水机组种类和工作原理汇总如表 4-1 所示，主要经济指标比较如表 4-2 所示。

表 4-1 冷水机组分类及其工作原理

分类		工作原理
压缩式	活塞式	通过活塞的往复运动吸入气体并压缩气体
	螺杆式	通过转动的两个螺旋形转子相互啮合而吸入气体并压缩气体，利用滑调节气缸的工作容积来调节负荷
	离心式	通过叶轮离心力作用吸入气体并对气体进行压缩
吸收式	蒸汽或热水式	利用蒸汽或热水作为热源，以沸点不同而相互溶解的两种物质的溶液作为工质，其中高沸点组分为吸收剂，低沸点组分为制冷剂。制冷剂在低压时沸腾产生蒸汽，使自身得到冷却；吸收剂遇冷吸收大量制冷剂所产生的蒸汽，受热时将蒸汽放出，热量由冷却水带走，形成制冷循环
	直燃式	利用燃烧重油、煤气或天然气等作为热源。分为冷水和冷热水机组两种。工作原理同蒸汽热水式

表 4-2 冷水机组的经济性比较

比较项目	活塞式	螺杆式	离心式	吸收式
设备费(小规模)	B	A	D	C
设备费(大规模)	B	A	D	C
运行费	D	C	B	A

续表

比较项目	活塞式	螺杆式	离心式	吸收式
容量调节性能	D	B	B	A
维护管理的难易	B	A	B	D
安装面积	B	B	C	D
必要层高	B	B	B	C
运转时的重量	B	B	C	D
振动和噪声	C	B	B	A

注：表中A、B、C、D表示从有利到不利的顺序。

2. 热源

能够为空调系统提供热量的统称为热源。空调系统的热源一般有区域(城市)集中供热、锅炉和中央热水机组。

1) 集中供热

区域或城市集中供热系统中，热电站或区域锅炉房所生产的热能，借助热水或蒸汽等热媒通过热网(即室外热力输配管网)送到各个热用户。当以热水为热媒时，热网的供水温度一般为95～105℃；当以蒸汽为热媒时，蒸汽的参数由热用户的需要和室外管网的长度决定。

热用户的空调水系统与热网的连接方式可分为直接连接和间接连接两种。直接连接方式是将空调水系统管路直接连接于热力管网上，热网内的热媒(一般为热水)可直接进入空调水系统中。直接连接方式简单，造价低，在小型中央空调系统中应用广泛。当热网热媒为蒸汽时或者当热网压力过高且热网提供的热水温度高于空调水系统要求的水温时，可采用间接连接方式。在空调水系统与热网连接处设置间壁式换热器，将空调水系统与热网隔离成两个独立的系统，热网中的热媒将热能通过间壁式换热器传递给空调水系统的循环热水。

2) 锅炉

锅炉是最传统同时又是目前在空调工程中应用最广泛的一种人工热源，它是利用燃烧释放的热能或其他热能，将水加热到一定温度或使其产生蒸汽的设备。

锅炉按向空调系统提供的热媒不同，分为热水锅炉与蒸汽锅炉两大类，每一类又可分为低压锅炉与高压锅炉两种。在热水锅炉中，温度不高于115℃的称为低压锅炉，温度高于115℃的称为高压锅炉。空调系统常用的热水供水温度为55～60℃，因此大多采用低压锅炉。按使用的燃料和能源不同，锅炉又可分为燃煤锅炉、燃油锅炉、燃气锅炉和电锅炉。燃煤锅炉是目前使用最多的一种锅炉，但由于其占地面积大、污染环境严重、工人劳动强度大、自动化程度较低等，在国内许多城市的使用已受到限制，燃煤锅炉外观如图4-9所示。与燃煤锅炉相比，燃油和燃气锅炉尺寸小、占地面积少、燃料运输和储存容易、燃料转化效率高、自动化程度高(可在无人值班的情况下全自动运行)，对大气环境的污染也小，给设计及运行管理都带来了较大的方便。燃气锅炉外观如图4-10所示。

图 4-9 燃煤锅炉

图 4-10 燃气锅炉

3）中央热水机组

中央热水机组是中央空调系统的专用热水供给设备，它相当于一台无压热水锅炉，主要由燃烧器、内部循环水系统、水-水热交换器和温控系统组成。机组内燃烧器所产生的热量加热内部循环水，再通过水-水热交换器加热空调系统循环水，从而源源不断地向空调系统供应热水。在标准状况下，机组输出热水温度为 60℃，也可以根据需要，通过温控系统改变热水的出水温度，如图 4-11 所示。

图 4-11 中央热水机组(负压锅炉)

中央热水机组在实际使用中表现出了多方面优越性，因而受到用户的欢迎，在近几年得到迅猛发展，产品质量也得到飞速提高。中央热水机组具有以下特点。

(1) 机组为无压容器，运行安全，可以放置在建筑物内，不用专设锅炉房。且结构集成程度高，占地面积小，与传统锅炉相比有很大优势。

(2) 机组自身备有燃烧器，多采用技术先进的燃烧器，燃料燃烧彻底，属于环保产品，热量供应稳定可靠。

(3) 燃料适用种类多，可以是轻质柴油、煤气、石油气等，也可以燃用廉价的重油、费油来降低运行费用，取得较好的经济效益。

(4) 机组还可以制备生活用热水，能实现一机多用，提高利用率。

3. 热泵机组

和家用空调的冬季制热原理相同，蒸汽压缩式制冷机上增加四通换向阀，就可以使冷凝器转换成蒸发器，蒸发器转换成冷凝器，实现制冷、制热模式的切换，此时冷水机组称为冷(热)水热泵机组。

热泵机组是一种冷、热源两用的设备，既能供冷，又能提供比驱动能源多的热能，在节约能源、保护环境方面具有独特的优势，因此在空调领域获得了较为广泛的应用。

1）空气源热泵

空气源热泵是一种利用环境空气在夏季作为冷却冷凝器、冬季作为蒸发器供热的空调供热、供冷两用设备。在常规风冷制冷机上增加电磁四通换向阀，实现制冷剂流程转换以及冷凝器与蒸发器的互换。风冷冷热水机组就是最常见的空气源热泵，其外观如图 4-12 所示。

图 4-12　风冷冷热水机组

(1) 空气源热泵的性能特点如下。

① 空气的比热容小，室外侧换热器的传热温差小，故所需风量较大，机组体积较大。蒸发器从空气中每吸取 1kW 热量所需的风量约为 $360m^3/h$。

② 热泵机组供热时，随着室外空气温度的降低，蒸发器表面会产生凝露甚至结霜。随着霜层增厚，热阻和对空气的阻力均增大，因而需要除霜。

③ 随着室外空气温度的降低，热泵的效率降低。热泵虽然在室外空气温度低到－10℃(乃至－15℃)以下仍可运行，但此时制热系数将有很大降低。随着室外空气温度的降低，机组的供热量也减少，但建筑物的热负荷却增大，供热量与需热量出现矛盾。机组容量的选择一般是要求在绝大部分时间内满足热量的供需要求，当室外空气温度低到机组的供热量少于需求量时，可采用辅助加热器补充不足的热量。

(2) 空气源热泵的主要优点如下。

① 安装在室外，不占用机房面积，省去冷却塔、冷却水泵和冷却水系统，也不需另建锅炉房，节省了建筑空间。

② 冬季供暖，获得的热能是消耗的电能当量的 2～3 倍，较为节能(相对于电加热)。

③ 结构紧凑，整体性好，安装方便，施工周期短。

④ 自控设备完善，管理简单。

(3) 空气源热泵的主要缺点如下。

① 对冬季室外湿度较高且室外气温较低的地区，结霜较为频繁，影响供暖效果。

② 机组多安装在屋顶，噪声较大，需合理控制，避免影响周围居民。

③ 室外空气的状态参数随地区和季节的不同而变化，对热泵制热 COP 影响很大。

2）水源热泵机组

水源热泵机组也是一种冷、热同源的空调主机。水源热泵技术是利用地表浅层水源如地下水、河流和湖泊中吸收的太阳能及地热能而形成的低温低位热能资源，并采用热泵原理，通过少量的高位电能输入，实现低位热能向高位热能转移的技术，如图 4-13 所示。

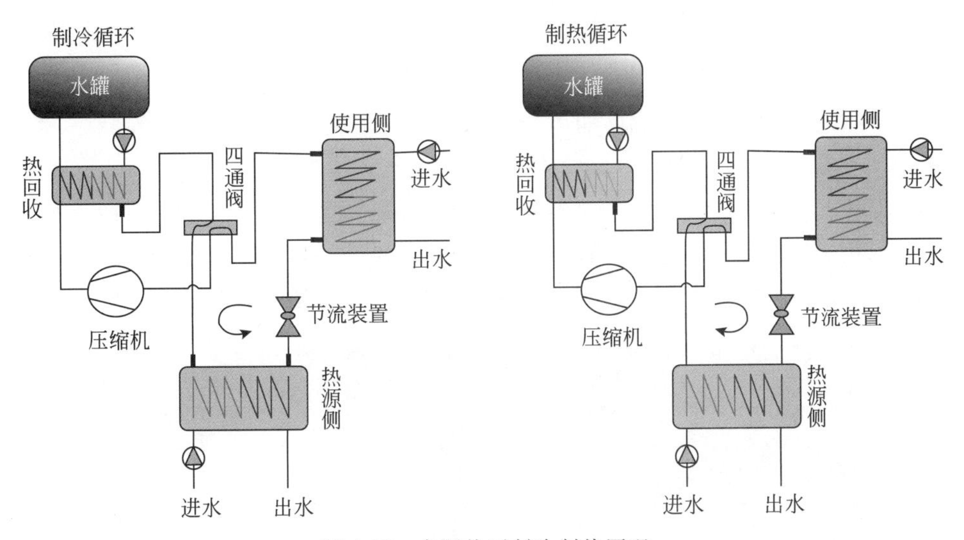

图 4-13 水源热泵制冷制热原理

(1) 水源热泵的类型

根据对水源的利用方式的不同,水源热泵可分为闭式系统和开式系统两种。闭式系统是在水侧为一组闭式循环的换热套管,该组套管一般水平或垂直埋于地下水或湖水、海水中,如图 4-14 所示。通过与土壤或海水换热来实现能量转移(其中埋于土壤中的系统称土壤源热泵,埋于海水中的系统称海水源热泵)。开式系统是指从地下或地表抽水后经过换热器直接排放的系统。在制冷模式时,高压高温的制冷剂气体从压缩机进入水/制冷剂的冷凝器,向水中排放热量而冷却成高压液体,并使水温升高。膨胀节流后的低压液体进入蒸发器蒸发成低压蒸汽,同时吸收空气(水)的热量。低压制冷剂蒸汽又进入压缩机压缩成高压气体,如此不断循环。此时,制冷环境需要的冷冻水在蒸发器中获得。在供热模式时,高压、高温制冷剂气体从压缩机进入冷凝器,同时排放热量而冷却成高压液体,膨胀节流后的低压液体进入蒸发器蒸发成低压蒸汽,蒸发过程中吸收水中的热量将水冷却。低压制冷剂蒸汽又进入压缩机压缩成高压气体,如此不断循环。此时,供热环境需要的热水在冷凝器中获得。

图 4-14 闭式系统的水源热泵

(2) 水源热泵的优缺点

水源热泵的主要优点是:高效节能、运行稳定可靠、调节灵活、一机多用、应用范围广。当然,水源热泵在使用时也有限制,如可利用的水源条件、水层的地理结构等。

3) 地源热泵机组

地源热泵是以土壤为冷热源,水为载体,在封闭环路(地下埋管换热器系统)进行热交换的热泵。与其他热泵的不同之处在于其冷凝器是通过防冻剂与地能进行换热的。利用“热泵”的功能,冬天将地热“取”进建筑物,夏天将建筑物产生的废热“送”回地下,如图4-15所示。

(a) 水平埋管

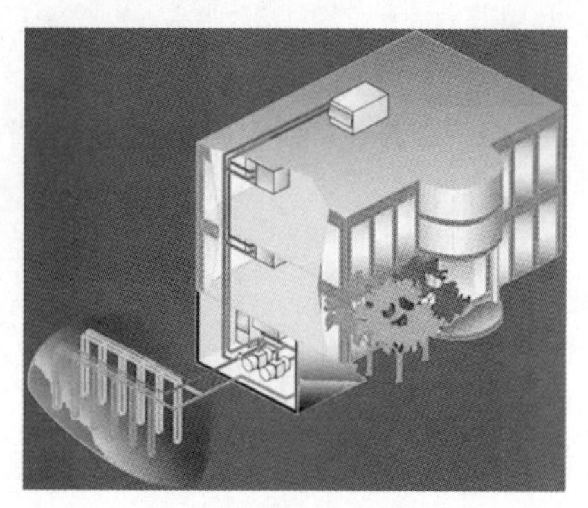

(b) 垂直埋管

图4-15 地源热泵的水平埋管与垂直埋管

(1) 地源热泵的埋管方式。

地源热泵系统中的换热器埋管方式可分为水平式地埋管换热器、垂直U形式地埋管换热器、垂直套管式地埋管换热器、热井式地埋管换热器等。

① 水平地埋管普遍用在单相运行状态的空调系统中,一般的设计埋管深度在2～4m。水平埋管因占地面积大、受气候影响大等缺点,目前应用较少。

② 垂直U形式地埋管换热器是钻孔将U形管深埋在地下,因此,与水平土壤换热器相比具有使用地面面积小、运行稳定、效率高等优点,已成为工程应用中的主导形式。

③ 垂直套管式地埋管换热器有内套管和外套管的闭路循环系统。循环时,水沿内套管从上至下流入,从外套管的底部经内套管上流到顶部流出套管。

④ 热井式地埋管换热器是套管式换热器的改进,在地下为硬质岩石的地质时采用。

(2) 与空气源热泵相比,土壤作为热泵机组的热源有着很多优点。

① 土壤的温度波动小。一般认为5m以下的土壤温度是不随大气温度变化而变化的,全年保持恒定温度,其温度在夏季低于大气温度,冬季高于大气温度,理论上可以大大提高机组的效率。

② 土壤有一定的蓄热性。夏季释放的热量可以冬季取出用,并可反复进行。研究表明越是长期运行,此效果越是明显。

③ 空气源热泵有冬季结霜的问题,地源热泵不存在这个问题。

④ 地下换热管路采用高密度聚乙烯塑料管,寿命＞50年,且一机多用,应用范围广,无须室外管网,特别适合低密度的别墅区使用。

(3) 从应用的实际情况来看,土壤源也存在一些缺点。

① 地下换热器换热量随土壤物性参数的不同有很大变化，不易准确把握。另外，土壤的换热量也较小，为20～80W/m（垂直埋管）和15～30W/m（水平埋管），因而所需换热管的面积比较大。

② 长时间运行时，机组运行工况会随土壤温度变化而波动。

③ 土壤对金属（埋地盘管）会有一定的腐蚀。

④ 地埋管系统维修困难，施工难度大。

尽管土壤源热泵存在上述不足，但总体来说是一项节能的技术。随着工程开发应用的不断完善，针对我国的具体情况，在合适的地区应用地源热泵，还是有很好的前景和市场的。

总的来说，热泵式冷热水机组不但能改善室内供热的效果，而且使空调末端一机两用，简化了系统，节省了投资，提高了系统的利用率，还使室内采暖具有传统方式所不具备的调节自控能力。一般情况下，中央空调系统是以夏季为设计工况的，系统和末端设备的容量也以满足夏季室内空气要求而确定。当系统在冬季运行时，只是工质由冷水更换成热水，其他部分并没有变化，使得系统的供热能力受到一定的限制，而供热能力的不足必然使其在应用地域上受到局限。很显然，在高纬度的北方寒冷地区，单靠中央空调系统供热是不够的。因此，中央空调系统冬季供热主要应用于我国华南地区北部及长江流域地区。

4.2.2　空气处理设备

在空调工程中常用的空气处理过程有加热、冷却、加湿、除湿、净化过滤、消声等。

1. 加热与冷却

1）空气加热器

对空气进行加热处理的设备称为空气加热器。目前，在舒适性空调系统广泛使用的加热设备有表面式空气加热器和电加热器两种类型，前者用于集中式空调系统的空气处理室和半集中式空调系统的末端装置中，后者主要用于各空调房间的送风支管上作为精密调节设备以及用于空调机组中。

（1）表面式空气加热器

表面式空气加热器又称为表面式换热器，是以热水或蒸汽作为热媒，通过金属表面加热空气的一种换热设备。其外观如图4-16所示。

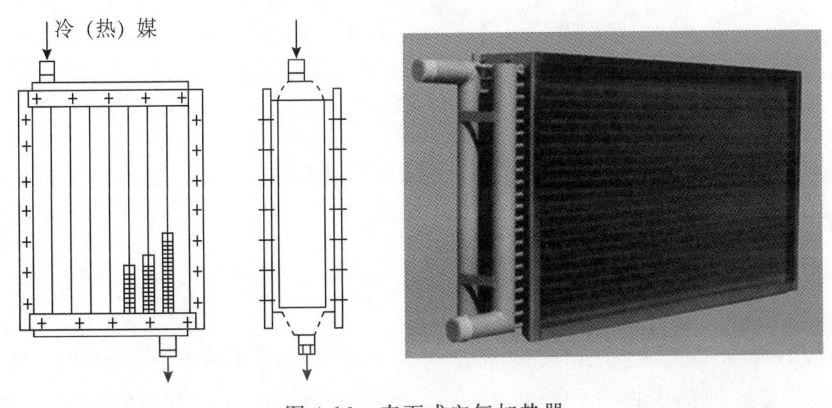

图4-16　表面式空气加热器

(2) 电加热器

电加热器是利用电流通过电阻丝产生的热量来加热空气的设备,有裸线式、管式和PTC陶瓷电加热器3种形式。裸线式加热器的电阻丝直接暴露在风道中,流过电阻丝的空气被灼热的电阻丝加热,在定型产品中,常把这种电加热器做成抽屉式,如图4-17所示。管式电加热器是由若干根管状电热元件组成的,如图4-18所示。PTC陶瓷电加热器的外观如图4-19所示。

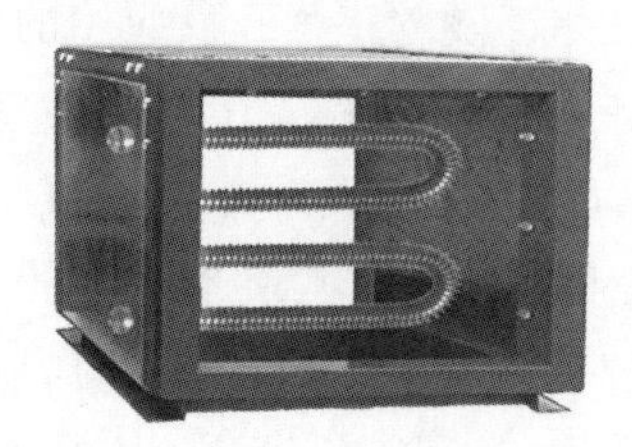

图4-17 抽屉式电加热器

图4-18 管式电加热器

图4-19 PTC陶瓷电加热器

2) 空气冷却器

将被处理的空气冷却到所需要的温度的设备,称为空气冷却器。空调工程中常用的空气冷却器是表面式空气冷却器和喷水室。喷水室一般用于工艺性空调工程中。

(1) 表面式空气冷却器

表面式空气冷却器简称表冷器,其结构与表面式空气加热器一样,只是在管中流通的不是热水或蒸汽,而是由制冷设备提供的冷媒水。空气在肋管外流过时,与肋管内的冷媒水进行热量交换,又称表冷器。当表冷器表面温度低于空气的露点温度时,空气中的水蒸气将被凝结出来,则同时实现对空气的降温减湿处理过程,此时在表冷器的下部应设有集水盘,用于收集并排出凝结水。

(2) 喷水室

喷水室又称淋水室,用于工艺性空调系统中夏季对空气冷却除湿、冬季对空气加湿的设备,如图4-20所示。

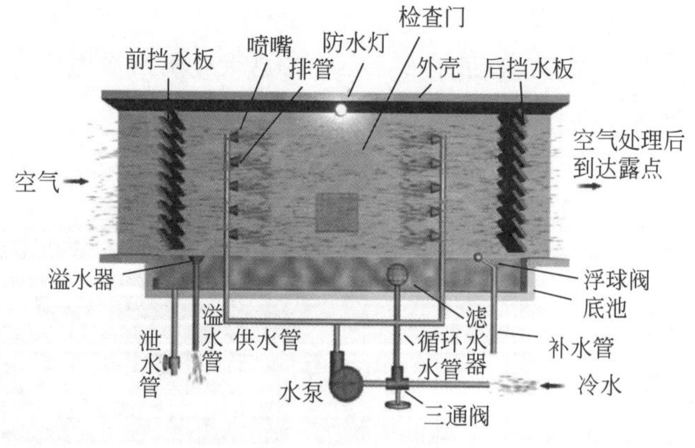

图4-20 喷水室

喷水室由喷嘴、喷嘴排管、挡水板、底池与管路系统及喷水室外壳等组成。被处理的空气以一定的速度经前挡水板进入喷水空间后,与喷嘴喷射出来的雾状水滴直接接触,由于水滴与空气的温度不同，它们之间进行着复杂的热湿交换过程。再经过后挡水板除去气流中携带的水滴，进行进一步处理后，由通风机送入空调房间。舒适性空调工程中一般不使用喷水室。

2. 加湿与除湿

1）空气加湿器

常用的空气加湿设备有干蒸汽加湿器、电加湿器和湿膜加湿器。

（1）干蒸汽加湿器

干蒸汽加湿器是最简单的蒸汽加湿装置，由干蒸汽喷管、分离室、干燥室和电动或气动调节阀等组成。尽管干蒸汽加湿器具有加湿迅速，加湿精度高，加湿量大，节省电能，布置方便，运行费用低等优点，但其需要有蒸汽源和输汽管网才能发挥作用，这一缺点限制了它的使用。干蒸汽加湿器外观如图 4-21 所示。

（2）电加湿器

电加湿器是直接用电能加热水产生蒸汽，就地混入空气中的加湿设备。根据工作原理不同，电加热器又分为电热式和电极式两种。电极式加湿器结构紧凑，加湿量易于控制，但耗电量较大，电极上易产生水垢和腐蚀，因此适用于小型空调系统。电极式加湿器外观如图 4-22 所示。

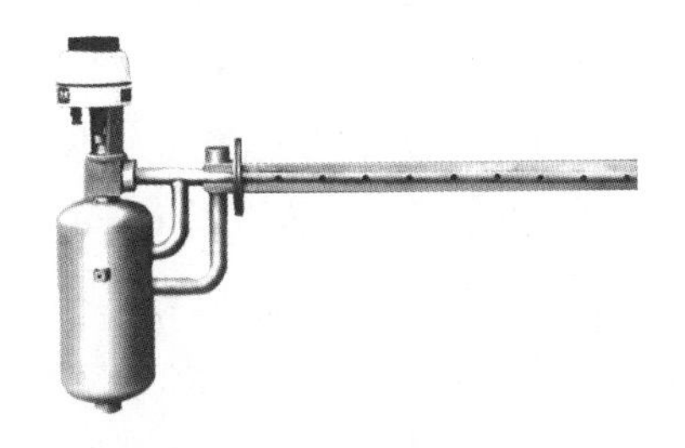

图 4-21 干蒸汽加湿器

图 4-22 电极式加湿器

（3）湿膜加湿器

经过过滤的水通过管路送到加湿器顶部的布水器，水在重力作用下沿湿膜材料向下渗透，被湿膜材料吸收形成均匀的水膜；当干燥的空气通过湿膜材料时，水分子充分吸收空气中的热量而汽化、蒸发，使空气的湿度增加，形成湿润的空气，如图 4-23 所示。

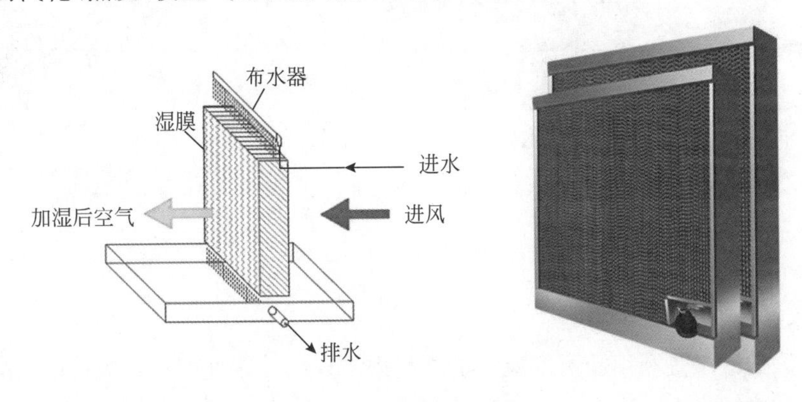

图 4-23 湿膜加湿器

2）空气除湿器

空气的除湿方法主要有表面式冷却器除湿和吸湿剂除湿。

(1) 表面式冷却器除湿

用表面式冷却器对空气进行冷却处理，其表面温度低于被处理空气的露点温度时，空气首先被等湿降温到饱和线上，然后沿饱和线进一步降温减湿到接近表冷器的表面温度。此时，空气中将有水分凝析出来。在实际工程中的空气处理结果是空气降温减湿，称为减湿冷却过程或湿冷过程，此时表冷器的工作状况称为湿工况。为了接纳凝结水并及时将凝结水排走，表冷器的下部应当设置滴水盘和排水管。排水管应设满足压力变化要求的水封，以防吸入空气。

表面式换热器既可以单个使用，也可以多个组合使用。当需要处理的空气量较大时，一般采用并联；要求空气的温升或温降大时采用串联；当需要处理的空气量较大，且温升或温降也较大时，则采用并、串联组合形式。

(2) 吸湿剂除湿

① 固体吸湿剂

空调工程中，常用的固体吸湿剂是硅胶和氯化锂。固体吸湿剂的除湿方法分为静态吸湿和动态吸湿两种。静态吸湿是让潮湿的空气呈自然状态与吸湿剂接触吸湿；动态吸湿则是让潮湿空气在风机的强制作用下，通过固体材料层，达到除湿目的。

氯化锂转轮除湿机是以氯化锂为吸湿剂的一种干式动态吸湿设备。图 4-24 所示是氯化锂转轮除湿机的基本工作原理。它由除湿转轮、传动机构、外壳、风机、再生加热器(以电加热器或热媒为蒸汽的空气加热器)等组成。转轮是由交替放置的平吸湿纸和压成波纹的吸湿纸卷绕而成。在转轮上形成了许多蜂窝状通道，因而也形成了相当大的吸湿面积。转轮的转速非常缓慢，潮湿空气由转轮的 3/4 部分进入干燥区，再生空气从转轮的另一端 1/4 部分进入再生区。氯化锂转轮除湿机吸湿能力较强，维护管理方便，是一种较为理想的除湿机，在空调系统中应用广泛。转轮除湿机外观如图 4-25 所示。

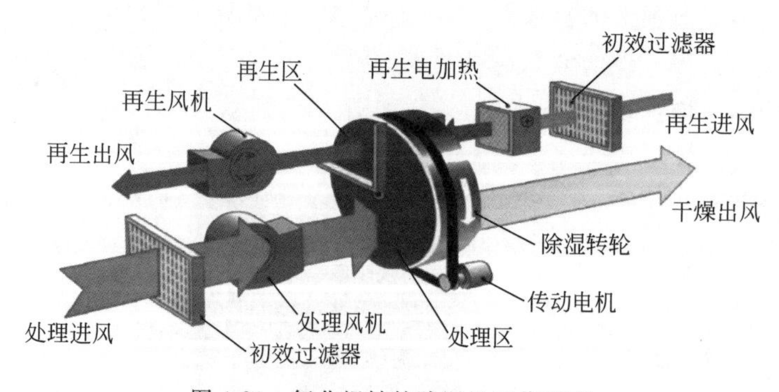

图 4-24　氯化锂转轮除湿机工作原理

图 4-25　转轮除湿机

② 液体吸湿剂

液体吸湿剂减湿是利用盐水溶液喷淋空气来实现的。在温度一定时，盐水溶液浓度越高，其表面水蒸气分压力就越低，吸湿能力越强。盐水溶液吸收了空气中的水分后，浓度下降，吸湿能力也逐渐降低。因此，为了重复使用稀释了的盐水溶液，需要将其再生处理，除去其中的部分水分，提高溶液的浓度。

常用的液体吸湿剂有氯化钙、氯化锂、三甘醇等。其中，氯化钙溶液对金属有较强的腐蚀作用，但因其价格便宜有时也采用；氯化锂溶液对金属也有一定的腐蚀作用，但因其吸湿性能较好，所以国外用得较多；三甘醇的主要优点是没有腐蚀性，而且吸湿能力较强，因而有一定发展前途。

3. 净化过滤

空气净化处理就是通过空气过滤及净化设备，去除空气中的悬浮微粒，对空气除臭、杀菌、增加负离子含量，进一步改善空气的品质。对空气中固态污染物的净化处理是空气净化处理最基本也是最广泛的要求，为此而采用的技术措施主要是过滤。即利用过滤设备，使拟送入洁净空间的空气达到要求的洁净度，并防止热交换器表面积尘后影响其热湿交换性能。对于大多数以温度、湿度要求为主的空调系统，设置一道粗效过滤器，将大颗粒的灰尘滤掉即可。有些场所有一定的洁净度要求，但无确定的洁净度指标，这时可以设置两道过滤器，即加设一道中效过滤器便可满足要求。

根据国家标准，空气过滤器按其过滤效率分为初效过滤器、中效过滤器、高中效过滤器、亚高效过滤器和高效过滤器 5 种类型。其中高效过滤器又细分为 A、B、C、D 4 类。空调工程中常见的有初效、中效和高效过滤器，如图 4-26 所示。

图 4-26 过滤器

4. 组合式空调机组

全空气空调系统的空气处理设备通常集中在空调机房内，空气处理设备常采用组合式空调机组。组合式空调机组是由各种空气处理功能段组装而成的不带冷、热源的一种空气处理设备，其中机组功能段是指具有对空气进行一种或几种处理功能的单元体，按需要加以选择拼装而成。功能段大致有回风机段、混合段、预热段、过滤段、表冷段、喷水段、蒸汽加湿段、再热段、送风机段、能量回收段、消声段和中间段等。选用时应根据工程的需要和用户的要求，选用其中若干功能段。图 4-27 所示为若干功能段组合成的空调机组示意图，图 4-28 所示为组合式空调机组的外观图。

对于小型的空调系统，可不设空调机房，直接采用吊顶式空调机组，如图 4-29 所示。

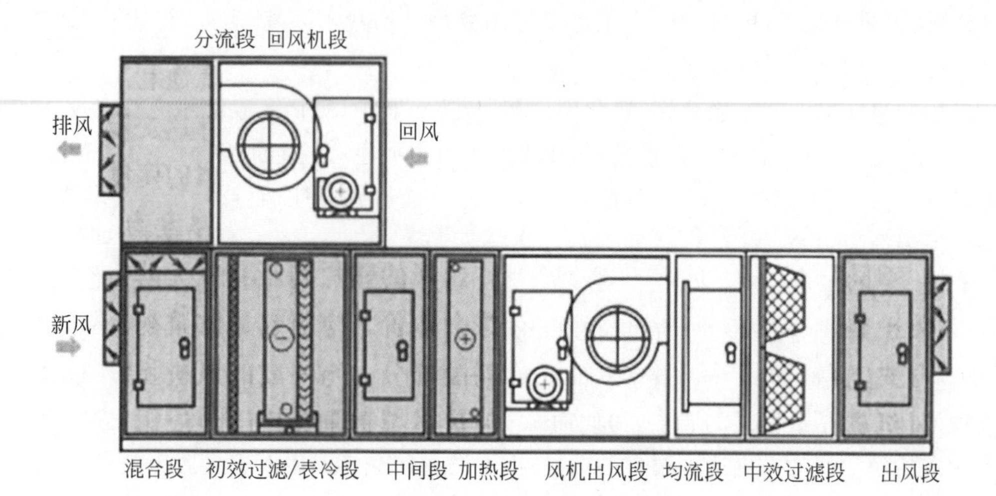

图 4-27　若干功能段组合成的空调机组示意图

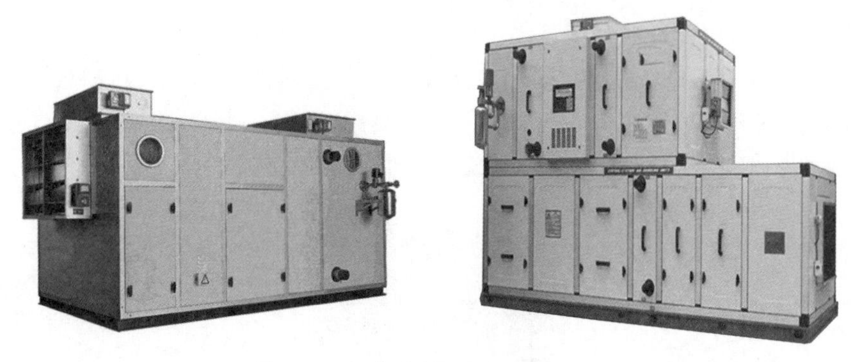

图 4-28　组合式空调机组的外观图

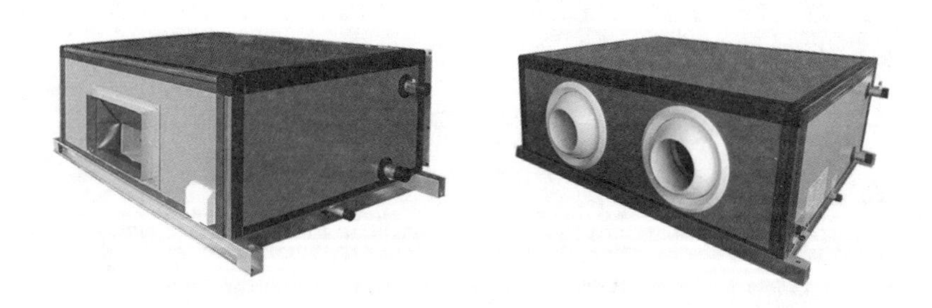

图 4-29　吊顶式空调机组

4.2.3　风系统

空调风系统由送回风风机、送回风风管、送回风风口、空调机组、风量调节阀、防火阀、消声器以及风机减振器等组成，如图 4-30 所示。

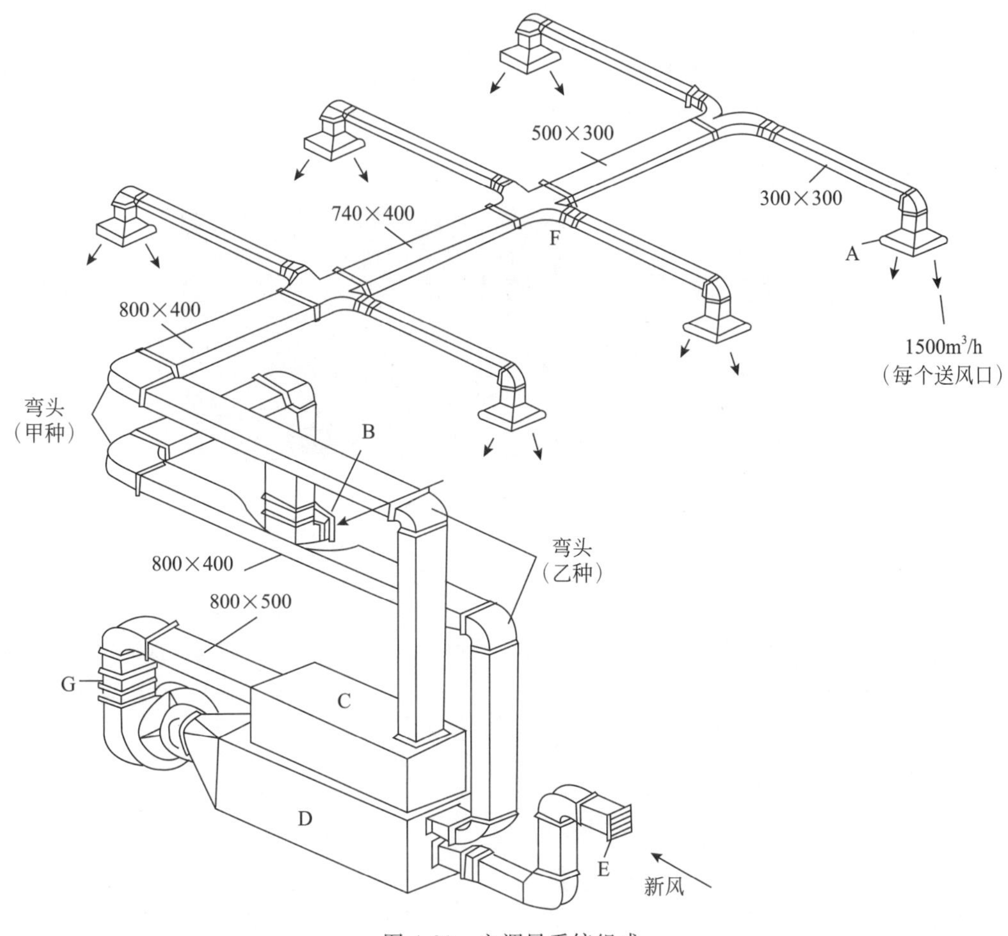

图 4-30 空调风系统组成

1. 风口

风口作为通风空调系统的末端设备,作用是合理地组织室内气流,使室内空气分布均匀。送回风风口在整个系统起着重要的作用,一个房间风口选取的形式及数量不同将直接影响整个房间的通风效果。常用的送风口有侧送风口、条缝形送风口、散流器、孔板送风口、喷射式送风口、旋流式送风口等形式,回风口有设于侧墙的金属网格回风口和设在地板上的散点式和格栅式回风口等形式。

1) 侧送风口

侧送风口向房间横向送出气流,最为常见的是百叶风口。百叶式送风口有单层百叶、双层百叶以及三层百叶等形式,如图 4-31 所示。

(a) 单层百叶送风口

(b) 双层百叶送风口图

图 4-31 百叶送风口

2）条缝形送风口

当矩形送风口的宽长比大于 1∶20 时，可由单条缝、双条缝或多条缝组成，如图 4-32 所示，风口可与采光带相互配合布置，使室内更显整洁美观。在民用建筑舒适性空调系统中应用广泛。

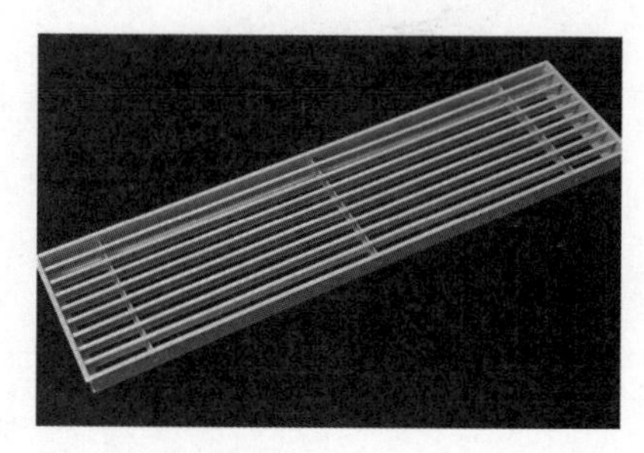

图 4-32　条缝形送风口

3）散流器

散流器是装在顶棚上的一种送风口，它具有诱导室内空气与送风射流迅速混合的特性。散流器送风气流有两种方式。一种称为散流器平送，这种送风方式使气流沿顶棚横向流动，形成贴附射流，射流扩散好，工作区总是处于回流区。另一种送风气流方式称为散流器下送风，如图 4-33 所示。散流器送风口的实物如图 4-34 所示。

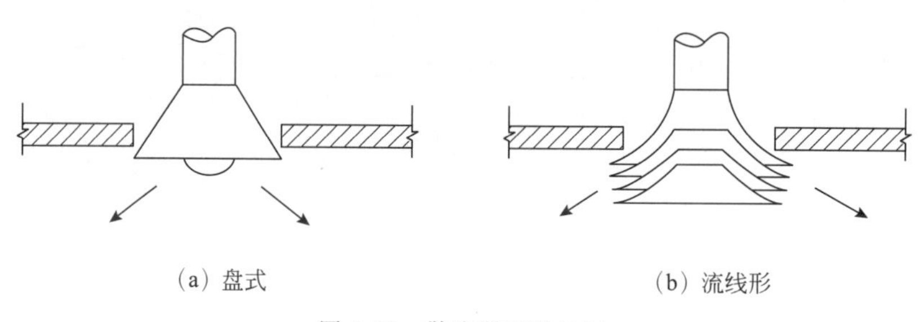

图 4-33　散流器下送风口

图 4-34　圆形与方形散流器

4）孔板送风口

孔板送风是将空气送入顶棚上面的稳压层中，在稳压层静压力的作用下，通过顶棚上的大量圆形或条缝形小孔均匀地进入房间。孔板在房间内既作送风口，又作顶棚。可以利用顶棚上面的整个空间作为稳压层，也可以另外设置稳压箱，如图 4-35 所示。

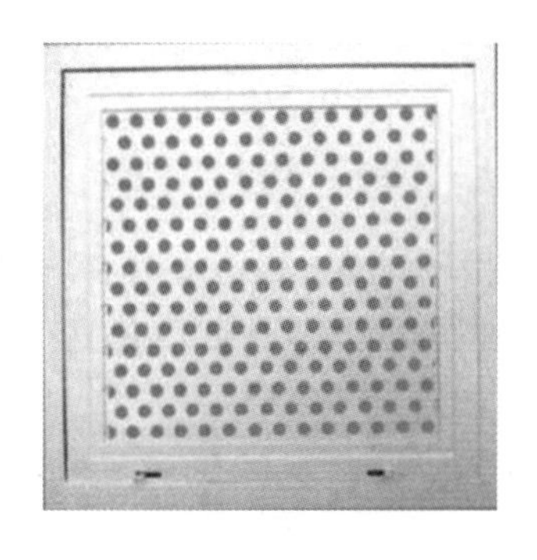

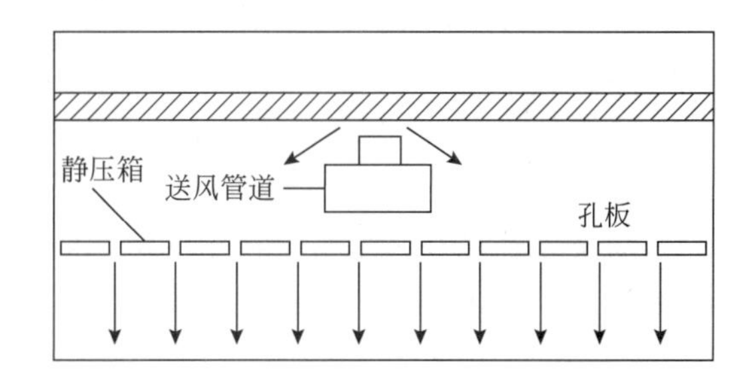

图 4-35　孔板送风口

5）喷射式送风口

喷射式送风口出风速度一般为 4～10m/s，送风量大且射程远（一般可达 10～20m），一般简称喷口。常用于大空间（如体育馆、候机大厅等）的公共建筑中，如图 4-36 所示。

6）旋流式送风口

旋流式送风口能送出旋转射流，可用作大风量、大温差、高大空间送风，以减少风口数量，如图 4-37 所示。

图 4-36　喷射式送风口

图 4-37　旋流式送风口

7）回风口

回风口的气流速度衰减很快，对室内气流的影响比较小。回风口通常设置在顶棚或房间下部侧墙上。若设在侧墙上靠近房间下部时，为避免灰尘和杂物吸入，风口下缘离地面 0.15m 以上。常用的回风口为单层百叶回风口、格栅式回风和网格式回风口，如图 4-38 所示。

图 4-38　百叶式与网格式回风口

2. 气流组织

在空调房间内，经处理的空气由送风口进入房间，与室内空气进行热湿交换后，再由回风口排出。空气的进入和排出必然会引起室内空气的流动，而不同的空气流动状况会产生不同的空调效果。合理地组织室内空气的流动，使室内空气的温度、湿度、流速等能更好地满足工艺要求和符合人们舒适的感觉，是气流组织的任务。

1）上送风下回风

上送风下回风是最基本的气流组织形式。送风在进入工作区之前，就已经与室内空气充分混合，易于形成均匀的温度场和速度场，能够采用较大的送风温差从而降低送风量。如图 4-39 所示。适用于温度、湿度和洁净度要求较高的空调房间。

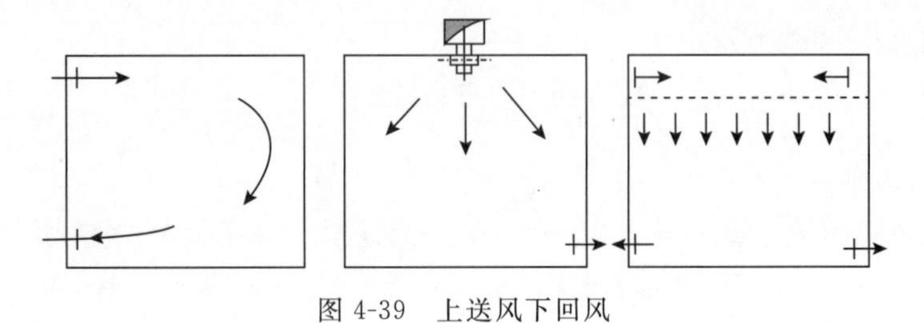

图 4-39　上送风下回风

2）上送风上回风

适用于跨度有限、高度不太低的空间，如客房、办公室、小跨度中庭等有一定美观要求的民用建筑空调系统。送、回风管道叠置在一起，明装在室内，施工方便，但影响房间净空的使用，如果房间净高许可的话，还可设置吊顶，将管道暗装，如图 4-40 所示。

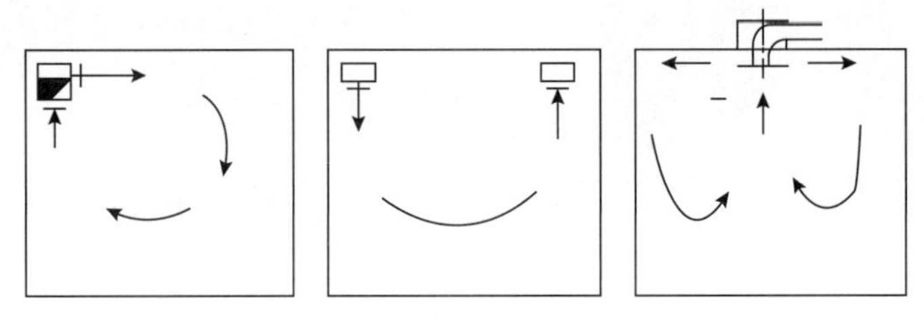

图 4-40　上送风上回风

3）中送风

某些高大空间的空调房间，如果采用上述方式需要大量送风，空调耗冷量、耗热量大，因而采用在房间高度上的中部位置上，用侧送风口或喷口送风的方式。将房间下部作为空调区，上部作为非空调区，在满足工作区要求的前提下，有显著的节能效果，如图 4-41 所示。

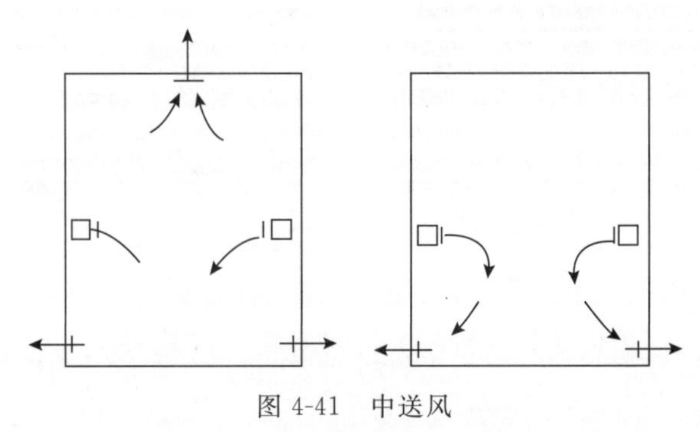

图 4-41　中送风

4）下送风

地面均匀送风，上部集中排风，送风直接进入工作区，节能且有利于改善工作区空气质量。如图 4-42 所示。常用于空调精度不高，人员暂时停留的场所。当送风以较低的风速和较小的温差经由置换通风器送入人员活动区，可在地板上形成一层较薄的空气湖。在送风气流和室内热源形成的对流气流共同作用下，携带污染物和热量的室内空气从房间的顶部回风口排出，形成自地板至吊顶的全面空气流动，因此又称为置换通风。适用于有夹层地板可供利用的空调空间和以节能为目的的高大空间。

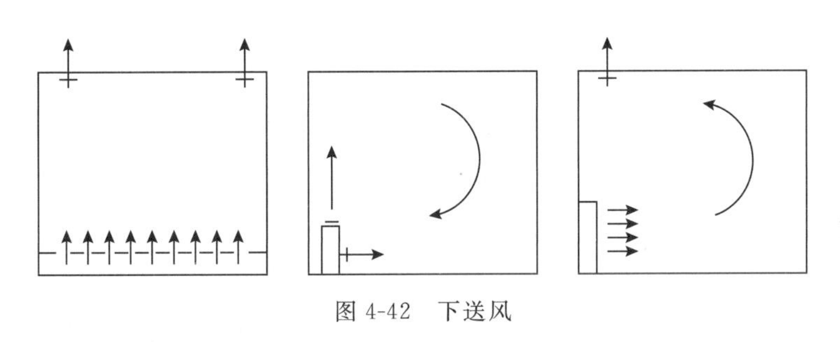

图 4-42 下送风

此外，下部送风还有地板送风（地板散流器）和岗位送风（图 4-43）等形式。

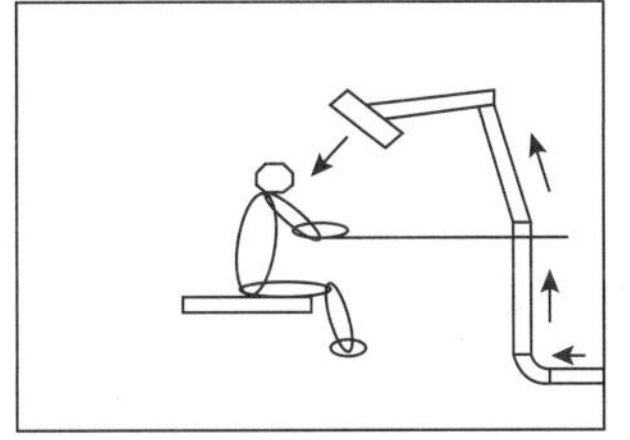

图 4-43 办公室岗位送风

3. 消声、减振

通风空调系统中的主要噪声源是通风机、制冷机、机械通风冷却塔等，还有风管内气流压力变化引起的振动而产生噪声，尤其当气流遇到障碍物（如阀门）时，产生的噪声较人。这些噪声源产生的噪声会沿风管系统传入室内，此外，由于出风口风速过高也会产生噪声，所以在气流组织中要适当限制出风口的风速。

1）消声

当噪声源产生的噪声经过各种自然衰减后仍然不能满足室内噪声标准时，就必须在管路上设置专门的消声装置——消声器。消声器是一种安装在风管上防止噪声通过风管传播的设备。它由吸声材料和按不同消声原理设计的外壳所构成，如图 4-44 所示。根据不同的消声原理可分为阻性型、共振型、抗性型和复合型消声器。

（1）阻性型消声器

阻性型消声器的消声原理主要是吸声材料的吸声作用，常用的吸声材料为玻璃棉。把吸声材料固定在风管内壁，或按照一定方式排列在管道和壳体内，就构成了阻性型消声器，如图 4-44(a)所示。

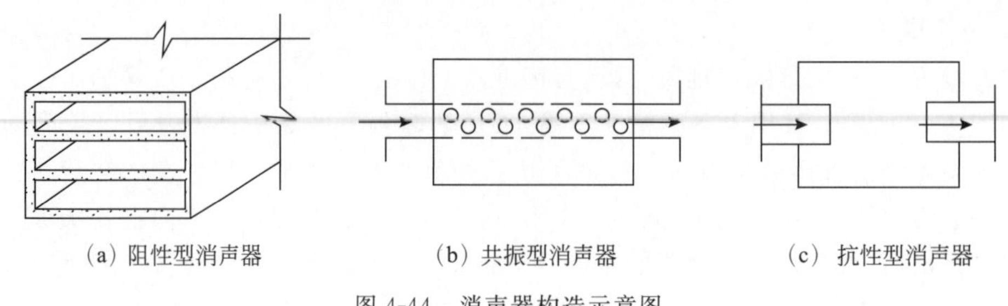

(a) 阻性型消声器　(b) 共振型消声器　(c) 抗性型消声器

图 4-44　消声器构造示意图

(2) 共振型消声器

共振型消声器是利用穿孔板共振吸声的原理制成的消声器。在消声器气流通道的内侧壁上开有小孔,与消声器外壳组成一个密闭的空间,通过适当的开孔率及孔径,使噪声源的频率与消声器的固有频率相等或接近,从而产生共振,消耗声能,起到消声的作用,如图 4-44(b)所示。

(3) 抗性型消声器

抗性型消声器是由管道和小室相连而成,如图 4-44(c)所示。由于通道截面的突变,使沿通道传播的声波反射回声源位置,从而起到消声的作用。

(4) 复合型消声器

将阻性型、共振型、抗性型消声器按照各自的特点进行组合,形成的消声器称为复合型消声器。

(5) 其他形式消声器

在实际工程中,可以利用风管构件作为消声器,这样可以节约空间。常用的有消声弯头和消声静压箱。

① 消声弯头

当机房位置窄小或对原有建筑改进消声措施时,可以直接在弯头上进行消声处理。一般有两种做法:一种是在弯头内贴吸声材料,要求弯头内缘做成圆弧,外缘粘贴吸声材料的长度不应小于弯头宽度的 4 倍;另一种是将弯头改良成消声弯头,外缘采用穿孔板、吸声材料和空腔。消声弯头外观如图 4-45 所示。

② 消声静压箱

在空调机组出口处或在空气分布器前设置静压箱,内贴吸声材料,既可起到稳定气流的作用,又可起到消声的作用。消声静压箱还可兼作分风静压箱,如图 4-46 所示。

图 4-45　消声弯头

图 4-46　消声静压箱

2) 减振

空调系统的噪声除了通过空气传播到室内外,还能通过建筑物的结构和基础进行传播。同时，空调系统中的风机、水泵、制冷机等设备运转时，也会产生振动，该振动传给支撑结构(基础或楼板)，并以弹性波的形式沿房屋结构传到其他房间产生噪声。削弱由设备传给基础的振动，是用消除它们之间的刚性连接来实现的，即在振源和它的基础之间安设避振构件如弹簧减振器、橡皮或软木等，可使从振源传到基础的振动得到一定程度的减弱。

在设备和基础之间采用减振器，设备与管道之间采用帆布短管或橡胶软接头，是通风空调系统中经常采取的减振措施。

弹簧减振器如图 4-47 所示，橡胶减振器如图 4-48 所示，帆布短管如图 4-49 所示，橡胶软接头如图 4-50 所示。

图 4-47　弹簧减振器

图 4-48　橡胶减振器

图 4-49　帆布短管

图 4-50　橡胶软接头

4. 风管与风机

1) 风管

空调系统的风管一般采用金属、非金属材料制作，断面形式有圆形和矩形两种。金属风管的优点是易于工业化加工，安装方便，有一定的机械强度和良好的防火性能，且气流阻力较小，广泛应用于通风空调系统。实际工程中，全空气空调系统中以镀锌薄钢板(白铁皮)及不锈钢制作的矩形风管居多。

2) 风机

空调系统的风机一般有离心式、轴流式和贯流式风机 3 种形式，全空气空调的送回风系统一般采用离心式风机，且大多装设在组合式空调机组内的风机功能段。

4.2.4　水系统

空调水系统一般包含冷(习称冷冻水)、热水系统，冷却水系统以及冷凝水系统 3 部分。

1. 冷、热水

携带冷量的水称为冷冻水，携带热量的水称为热水。冷、热水在水泵作用下，经管道送至各空调机组、末端空气处理设备(如风机盘管、新风机组等)或喷水室等空气处理设备处实现对空气的冷却和加热处理。因此冷、热水又称为冷、热媒，在系统中的作用是把冷、热量携带并运送至各空气处理设备处。

1) 供、回水水温

目前，空调冷、热水系统的温度范围为：空调冷冻水供水温度 5～9℃，供回水温差 $\Delta t=5\sim10$℃，一般供水 7℃、回水 12℃，即冷水机组的额定工况是制备 7℃的冷水，回收 12℃的冷水。空调用热水系统供水温度为 40～65℃，供回水温差为 $\Delta t=4.2\sim15$℃，一般供水 60℃回水 50℃。吸收式冷热水机组的热水供回水温差常为 4.2℃。

除个别利用天然冷源的空调系统会采用直流式系统外，一般空调系统设计的冷、热水均循环使用，且冷(热)水循环常采用闭式系统，如图 4-51 所示。这种系统的优点是管路系统与大气隔绝，管道与设备内腐蚀机会少；水泵能耗小；系统最高处设置膨胀水箱可及时补水；系统设施简单。

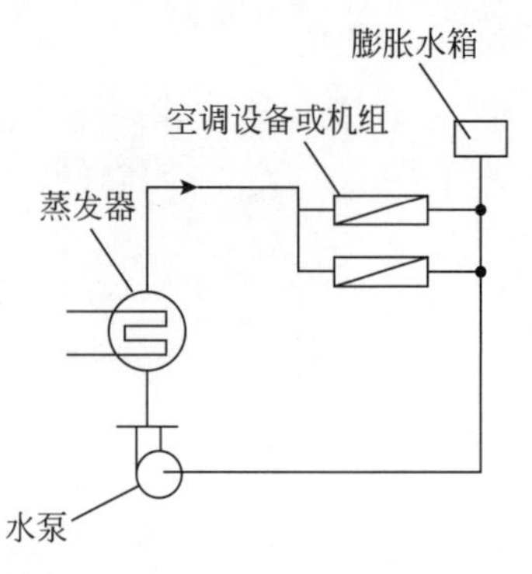

图 4-51　冷(热)水循环闭式系统

2) 系统类型

在闭式循环系统中，按冷热水是否合用管路划分，冷热水系统可分为两管制、三管制和四管制系统；按水泵配置划分，冷热水系统可分为单式泵系统、复式泵系统；按各环路长度是否相同划分，冷热水系统可分为同程式和异程式系统；按流量的调节方式划分，冷热水系统可分为定流量和变流量系统。其类型特征及使用特点见表 4-3。

表 4-3　常用的水管系统的类型特征和使用特点

系统类型		图　　例	系统特征	使 用 特 点
按冷热水是否合用管路划分	两管制		冷热水合用同一管路系统	(1) 管路系统简单，初投资省； (2) 无法同时满足供冷和供热的要求
	三管制		(1) 分别设置供冷管路、供热管路； (2) 冷水与热水回水管共用	(1) 能满足同时供冷与供热要求； (2) 管路系统较四管制简单； (3) 存在冷、热回水混合损失； (4) 投资高于两管制； (5) 管路布置较复杂

续表

系统类型		图　例	系统特征	使用特点
按冷热水是否合用管路划分	四管制	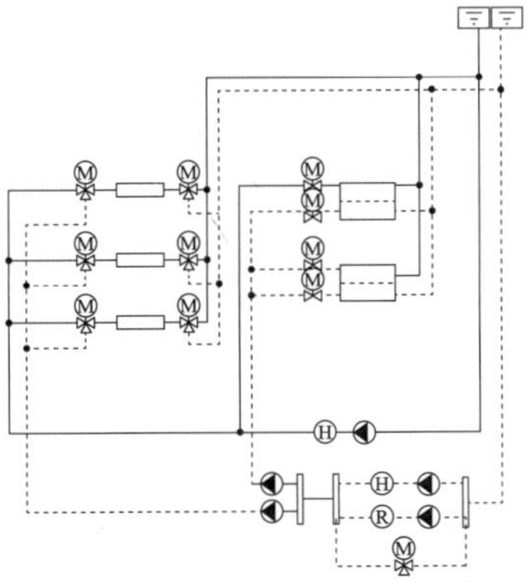	(1) 冷、热水的供、回水管均单独设置； (2) 具有冷、热两套独立的系统	(1) 能灵活实现同时的冷、热供应，且无混合损失； (2) 管路系统复杂，初投资高； (3) 占用建筑空间较多
按水泵配置划分	单式泵	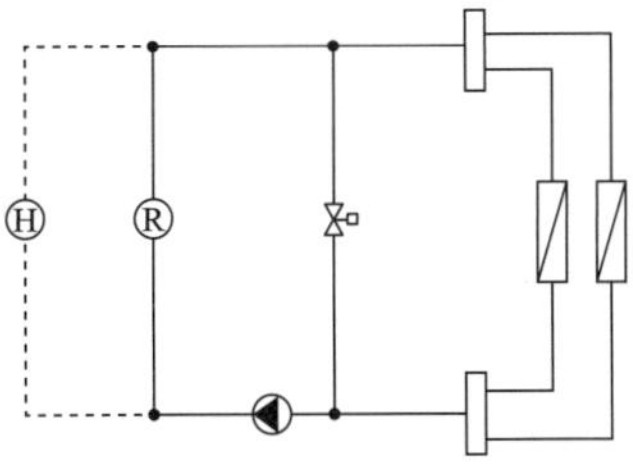	冷(热)源侧与负荷侧合用一组循环水泵	(1) 系统简单，初投资省； (2) 不能调节水泵流量； (3) 多用于小型空调系统，不能适应供水半径相差悬殊的大型建筑物空调系统； (4) 供、回水干管间应设旁通回路
	复式泵	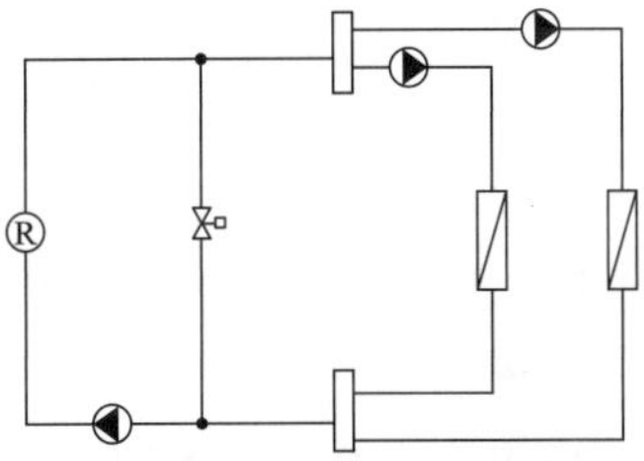	冷(热)源侧与负荷侧分别配置循环水泵	(1) 可实现变水泵流量(冷热源侧设置定流量，负荷侧设置二级水泵，能调节流量)降低输送能耗； (2) 能适应空调分区负荷变化； (3) 系统总压力低
按各环路长度是否相同划分	同程式	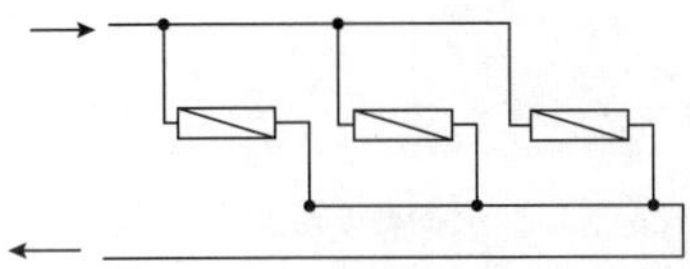	(1) 供、回水干管上的水流方向相同； (2) 经过每一并联环路的管长基本相等	(1) 水量分配均匀； (2) 系统水力稳定性好； (3) 需设回程管，管道长度增加，水阻耗能增加； (4) 初投资稍高
	异程式	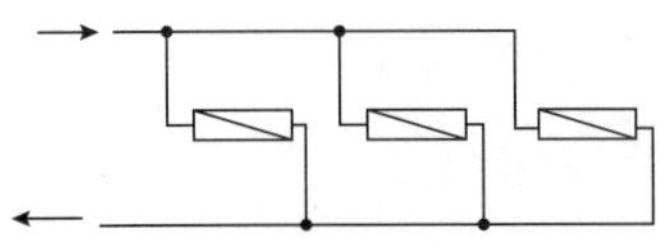	(1) 供、回水干管上的水流方向相同； (2) 经过每一并联环路的管长不相等	(1) 水量分配、调节困难； (2) 水力平衡较麻烦； (3) 解决办法：在各支管上安装流量调节装置

续表

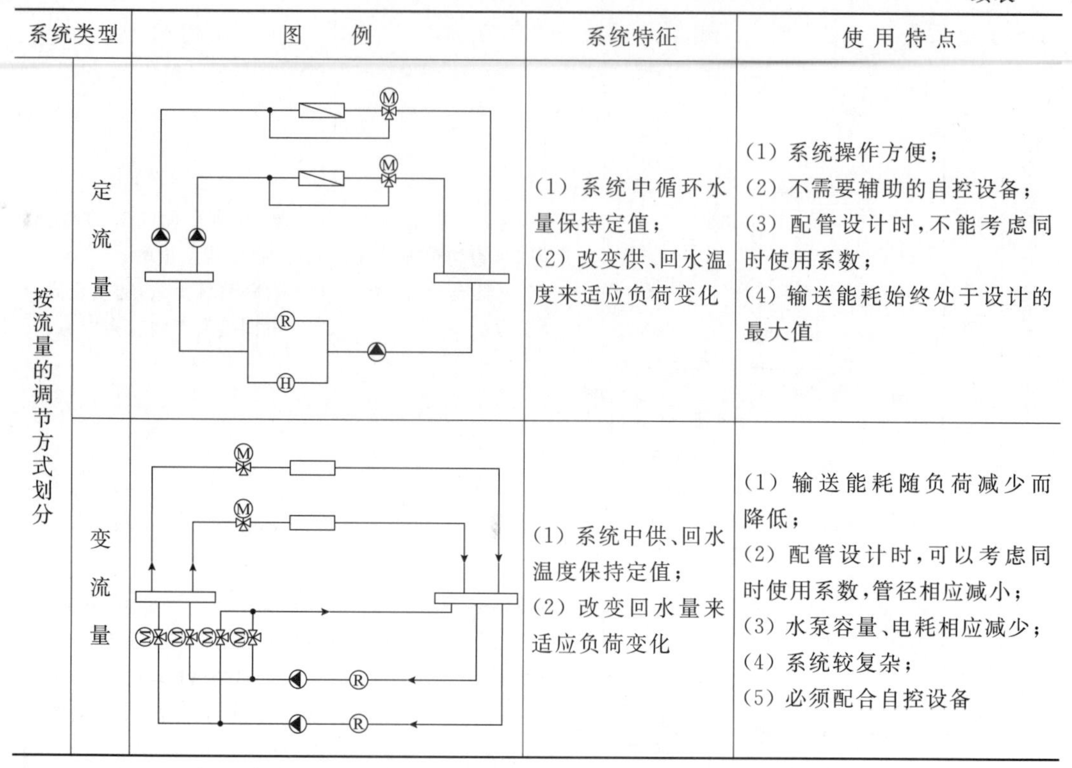

系统类型		图　例	系统特征	使用特点
按流量的调节方式划分	定流量		(1) 系统中循环水量保持定值； (2) 改变供、回水温度来适应负荷变化	(1) 系统操作方便； (2) 不需要辅助的自控设备； (3) 配管设计时，不能考虑同时使用系数； (4) 输送能耗始终处于设计的最大值
	变流量		(1) 系统中供、回水温度保持定值； (2) 改变回水量来适应负荷变化	(1) 输送能耗随负荷减少而降低； (2) 配管设计时，可以考虑同时使用系数，管径相应减小； (3) 水泵容量、电耗相应减少； (4) 系统较复杂； (5) 必须配合自控设备

总体来说，一般建筑物的普通舒适性空调，其冷(热)水系统宜采用单式水泵、变水量调节、双管制的闭式系统，并尽可能为同程式或分区同程式。

3) 分、集水器

在中央空调水系统中，为了便于连接通向各个空调分区的供水管和回水管，设置了分水器和集水器，既有利于各空调分区的流量分配，也便于调节和运行管理，同时在一定程度上也起到均压的作用。分水器用于冷(热)水的供水管路上，集水器用于冷(热)水的回水管路上，如图 4-52 所示。

图 4-52　分水器集水器

分水器和集水器实际上是一段大管径的管子，按设计要求焊接上若干不同管径的管接头。分水器和集水器为受压容器，应按压力容器进行加工制作，其两端采用椭圆形的封头。各配管的间距，应考虑阀门的手轮或扳手之间便于操作来确定，分水器和集水器的底部应设排污管接口，一般选 DN40mm 的管径。

4）放气装置

滞留在水系统中的空气不但会在管道内形成“气堵”影响正常水循环，也会在换热器内形成“气囊”，使换热量大为下降，还会加速管道和设备的腐蚀。空调工程中常用的放气装置是自动排气阀，如图 4-53 所示。水系统中所有可能积聚空气的“气囊”顶点，都应设置自动排放空气的放气装置。

图 4-53 自动排气阀

2. 冷却水

空调冷却水系统是指利用冷却塔等冷却构筑物向冷水机组的冷凝器供给循环冷却水的系统。冷却水流过需要降温的冷凝器后，温度上升，如果直接排放，冷却水只用一次，这种冷却水系统称为直流冷却水系统。当水源水量充足，如江河、湖泊，水温、水质适合，且大型冷冻站用水量较大，采用循环冷却水系统耗资较大时，可采用这种系统。

在空调工程中，大量采用循环冷却水系统。这种系统一般由冷却塔、冷却水池(箱)、冷却水泵、冷水机组冷凝器及连接管道组成，如图 4-54 所示。该系统将来自冷却塔的较低温度的冷却水，经冷却水泵加压后进入冷水机组，带走冷凝器的散热量。温度升高的冷却水在循环冷却水泵的作用下，重新送入冷却塔上部喷淋。由于冷却塔风扇的运转，使冷却水在喷淋下落过程中，不断与塔外部进入的室外空气进行热湿交换，冷却后的水落入冷却塔集水盘中，由水泵重新送入冷水机组循环使用。这种系统冷却水的用量大大降低(常可节约 95%以上)，只需补充少量水。因此，当制冷设备的冷凝器、吸收器的冷却方式采用水冷方式时，均需设置冷却水系统。

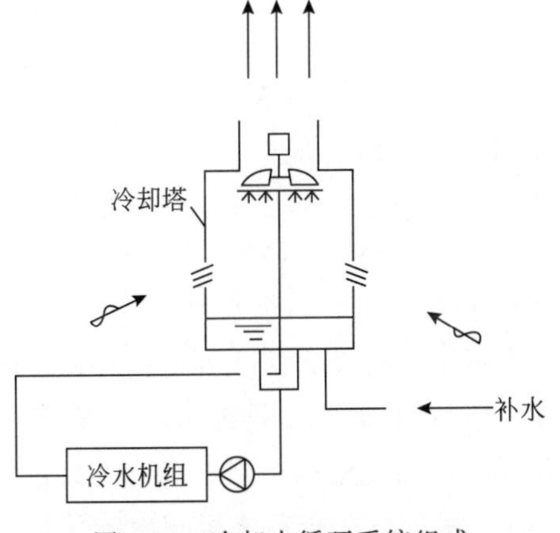

图 4-54 冷却水循环系统组成

1）冷却水水温

冷水机组的冷却水进口温度宜按照机组额定工况下的要求确定，且不宜高于 33℃。冷却水进口最低温度应按制冷机组的要求确定，压缩式冷水机组不宜小于 15.5℃，溴化锂吸收式冷水机组不宜小于 24℃。冷却水进出口温差应根据冷水机组设定参数和冷却塔性能确定，压缩式冷水机组不宜小于 5℃，溴化锂吸收式冷水机组宜为 5～7℃。

2）冷却水系统类型

循环冷却水系统按通风方式，可分为自然通风冷却循环系统和机械通风冷却循环系统两种。自然通风冷却循环系统采用冷却塔或冷却喷水池等构筑物，使冷却水和自然风相互接触进行热量交换，冷却水被冷却降温后循环使用，适用于当地气候条件适宜的小型冷冻机组。

机械通风冷却循环系统采用机械通风冷却塔（图 4-55），使冷却水和机械通风接触进行热量交换，降低冷却水温度后再送入冷凝器等设备循环使用。这种系统适用于气温高、湿度大、自然通风冷却塔不能达到冷却效果的情况。目前，运行稳定可控的机械通风冷却循环系统被广泛地应用。

图 4-55　机械通风冷却塔

冷却水的供应系统，一般根据水源、水质、水温、水量及气候条件等进行综合技术经济比较后确定。由于冷却水流量、温度、压力等参数直接影响到制冷机的运行工况，因此，在空调工程中大量采用的是机械通风冷却水循环系统。上述两种系统，均用自来水补充，以保证冷却水流量。

3. 冷凝水

空调系统夏季工况运行时，如果空气冷却器的表面温度低于或等于处理空气的露点温度，空气中的水汽将在冷却器表面冷凝，形成冷凝水。例如单元式空调机、风机盘管机组、组合式空气处理机组、新风机组等设备，都设有冷凝水收集装置和排水口。为了能及时、顺利地将设备内的冷凝水排走，必须配置相应的冷凝水排水系统。

空调冷凝水被收集在设置于表冷器下的集水盘中，再由集水盘接管依靠自身重力，在水位差的作用下自流排出。冷凝水的排放方式主要有两种：就地排放和集中排放。安装在酒店客房内使用的风机盘管，可就近将冷凝水排放至洗手间，排水管道短，系统漏水的可能性小，但排水点多而分散，有可能影响使用和美观。集中排放是借助管路，将不同地点的冷凝水汇集到某一地点排放，如安装在写字楼各个房间内的风机盘管，需要专门的冷凝水管道系统来排放冷凝水。集中排放的管道长，漏水可能性大，同时管道的水平距离过长时，为保持管道坡度会占用很大的建筑空间。

通常卧式组装式空调机组、立式空调机组、变风量空调机组的表冷器均设于机组的吸入段。如图 4-56 所示,在机组运行中,表冷器冷凝水的排放点处于负压,为保证冷凝水的有效排放,要在排水管线上设置一定高度的 U 形弯,以使排出的冷凝水在 U 形弯中能形成排放冷凝水所必需的高差原动力,且不致使室外空气被抽入机组,而严重影响冷凝水的正常排放。

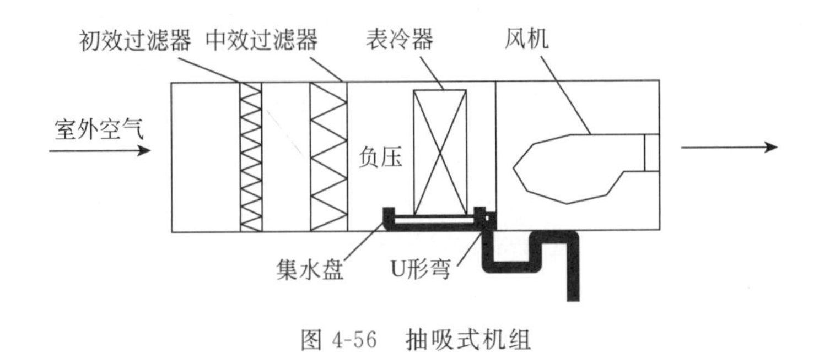

图 4-56 抽吸式机组

另外,工程中有些空气处理设备的集水盘上自带凝结水提升泵,很好地解决了凝结水的有效排放问题。

4.3 全空气空调系统设计

空调工程能否成功运行,涉及设计、施工、管理等多个环节。正确地设计与计算是最重要、最关键的一环。在设计前,设计人员必须了解和掌握暖通空调工程现行的国家标准和有关规范,同时熟悉工程情况、土建资料以及甲方(建设方)对空调系统的要求。

一个较完整的空调系统设计内容包括 5 个部分:空调方案的确定,空调负荷的计算,空调设备选择与布置,风管、水管的布置与水力计算,风口的布置与室内气流组织及室内温度的控制。

4.3.1 系统分区

选择空调系统并合理分区是空调工程设计整体规划关键的一步。空调系统的方式很多,首先要为各建筑物的整体空调选择适当的空调系统方式,并进行合理分区。

空调系统的选择和分区,应根据建筑物的性质、规模、结构特点、内部功能划分、空调负荷特性、设计参数要求、同期使用情况、设备管道选择布置安装和调节控制的难易等因素综合考虑,通过技术经济比较确定。

在满足使用要求的前提下,尽量做到一次投资省、系统运行经济且能耗少。特别应注意避免把负荷特性(指热湿负荷大小及变化情况等)不同的空调房间划分为同一系统,否则会导致能耗的增加和系统调节的困难,甚至不能满足要求。

负荷特性一致的空调房间,规模过大时,宜划分为若干个子系统,分区设置空调系统,这样将会降低设备选择和管道布置安装及调节控制等方面的困难。

4.3.2 负荷计算

1. 空调负荷

空调系统的冷负荷计算总是以空调室内外空气参数为依据，正确确定建筑物所在地室外空气计算参数和建筑物中各类不同使用功能的空调房间的室内空气设计参数，是空调负荷计算、管路系统设计计算、设备选择的依据，它对空调设备的投资和经济运行均具有重要意义。空调负荷是设备选择计算的主要依据。空调负荷包括空调房间负荷、新风负荷、空调系统及制冷系统负荷等。

2. 新风量

空调区、空调系统的新风量计算，《民用建筑供暖通风与空气调节设计规范》(GB 50736—2012)中 7.3.21 规定：

(1) 人员所需新风量，应根据人员的活动和工作性质，以及在室内的停留时间等确定，并符合本规范第 3.0.6 条的规定要求；

(2) 空调区的新风量，应按不小于人员所需新风量，补偿排风和保持空调区空气压力所需新风量之和以及新风除湿所需新风量中的最大值确定；

(3) 全空气空调系统的新风量，当系统服务于多个不同新风比的空调区时，系统新风比应小于空调区新风比中的最大值；

(4) 新风系统的新风量，宜按所服务空调区或系统的新风量累计值确定。

舒适性空调和条件允许的工艺性空调，可用新风作冷源时，应最大限度地使用新风。新风进风口的面积应适应最大新风量的需要。进风口处应装设能严密关闭的阀门，进风口的位置应符合《民用建筑供暖通风与空气调节设计规范》(GB 50736—2012)中 6.3.1 条的规定要求。

空调室内外空气参数的确定、新风量的计算以及空调系统负荷的计算内容详见项目 2。

4.3.3 确定空气处理方案

要使空调房间达到和保持设计要求的温度和湿度，必须将新风、回风或由新、回风按一定比例混合得到的混合空气，经过某几种空气处理过程，达到一定的送风状态才能得以实现。

1. 夏季送风状态和送风量的确定

已知空调房间冷负荷 Q、湿负荷 W 和室内控制参数，可按照下列步骤确定夏季送风状态点和房间送风量。

(1) 计算热湿比值 $\varepsilon=Q/W$。

(2) 在焓湿图上确定出室内状态点 N 后，过 N 点作热湿比线 ε。

(3) 选取送风温差 Δt_O，求出送风温度 $t_O=t_N-\Delta t_O$。送风温差 Δt_O 要按照《民用建筑供暖通风与空气调节设计规范》(GB 50736—2012)中 7.4.10 规定选取：舒适性空调的送风温差，当送风口高度小于或等于 5m 时，送风温差取 5～10℃；当送风口高度大于 5m 时，送风温差为 10～15℃。同时，为防止送风口产生结露滴水现象，一般要求夏季送风温度要高于室内空气的露点温度 2～3℃。

(4) 在焓湿图上找到 t_O 等温线，该线与热湿比线 ε 的交点就是送风状态点 O，查出送风状态点的比焓 h_O 和含湿量 d_O 的数值，如图 4-57 所示。

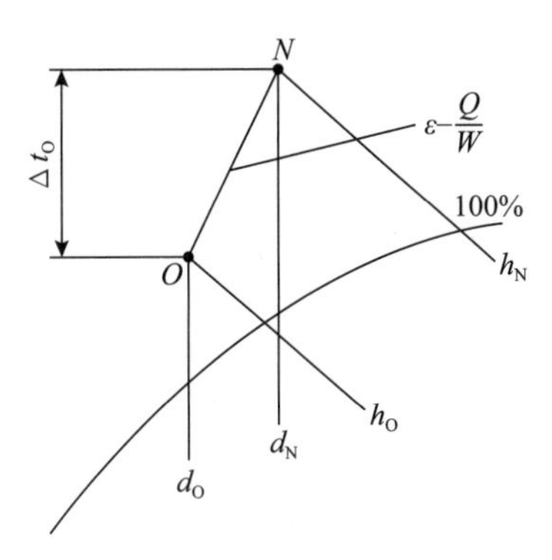

图 4-57　夏季送风状态的确定

(5) 用式(4-1)或式(4-2)计算送风量 G，并按照规范要求用式(4-3)校核换气次数 n。舒适性空调的房间换气次数每小时不宜小于 5 次，但高大空间的换气次数应按其冷负荷通过计算确定。

$$G=\frac{Q}{h_N-h_O} \tag{4-1}$$

$$G=\frac{W}{d_N-d_O} \tag{4-2}$$

$$n=\frac{L}{V} \tag{4-3}$$

式中：G——送风量(kg/s)；

Q——冷负荷(kW)；

W——湿负荷(g/s)；

d_N、d_O——空气的含湿量($g/kg_干$)；

h_N、h_O——空气的焓值($kJ/kg_干$)；

n——换气次数(次/h)；

L——送风量(m^3/h)；

V——房间体积(m^3)。

2. 冬季送风状态和送风量

当冬季空调房间负荷为热负荷时，说明需要向房间送热风。此时，送风状态空气的温度和焓值均大于室内控制状态的温度和焓值。如果要求送风状态空气的含湿量值小于室内控制状态的含湿量值，那么房间的热湿比 ε 为负值。

从人的一般适应能力来看，耐受吹热风的能力比耐受吹冷风的能力强，因此，空调送热风时的温差可比送冷风时的送风温差大，于是冬季送热风时的送风量就可以比夏季小。但送热风时的送风温度也不宜过高，一般应不超过 45℃。

冬季空调也可以采用与夏季相同的送风量。全年采用固定的送风量运行管理方便，当负荷变化时只需调节送风参数即可。而冬季减少送风量可以少用电，降低运行费用，尤其是较大的空调系统，减少送风量的经济效益更显著。但是，减少送风量时要注意，送风量不能少于房间最少换气次数要求的送风量。

4.3.4 选择组合式空调机组

选择组合式空调机组时，主要是根据空调系统的额定风量来选择机组的系列，各功能段要根据空气处理过程的实际需要进行选择。选用时，应对表面式换热器的排数、加湿器的加湿量、机外余压等按实际要求进行核算，同时要考虑过渡季节最大限度地利用新鲜空气。

1. 空气冷却器

空气冷却器的选择，应符合下列规定：

(1) 空气与冷媒应逆向流动；

(2) 冷媒的进口温度应比空气的出口干球温度低至少 3.5℃。冷媒的温升宜采用 5～10℃，其流速宜采用 0.6～1.5m/s；

(3) 迎风面的空气质量流速宜采用 2.5～3.5kg/(m^2 · s)，当迎风面的空气质量流速大于 3.0kg/(m^2 · s)时，应在冷却器后设置挡水板。

2. 空气加热器

空气加热器的选择，应符合下列规定：

(1) 加热空气的热媒宜采用热水；

(2) 工艺性空调，当室温允许波动范围小于±1.0℃时，送风末端的加热器宜采用电加热器；

(3) 采用市政热力或锅炉供应的一次热源通过换热器加热的二次空调热水时，其供水温度宜根据系统需求和末端能力确定。对于非预热盘管，供水温度宜采用 50～60℃，用于严寒地区预热时，供水温度不宜低于 70℃。空调热水的供回水温差，严寒和寒冷地区不宜小于 15℃，夏热冬冷地区不宜小于 10℃。

两管制水系统，当冬夏季空调负荷相差较大时，应分别计算冷、热盘管的换热面积；当二者换热面积相差很大时，宜分别设置冷、热盘管。

3. 过滤器

空调系统的新风和回风应经过滤处理。空气过滤器的设置，应符合下列规定：

(1) 舒适性空调，当采用粗效过滤器不能满足要求时，应设置中效过滤器；

(2) 工艺性空调，应按空调区的洁净度要求设置过滤器；

(3) 空气过滤器的阻力应按终阻力计算；

(4) 宜设置过滤器阻力监测、报警装置，并应具备更换条件。

4. 加湿器

冬季空调区湿度有要求时，宜设置加湿装置。加湿装置的类型，应根据加湿量、相对湿

度允许波动范围要求等,经技术经济比较确定,并应符合下列规定:

(1) 有蒸汽源时,宜采用干蒸汽加湿器;

(2) 无蒸汽源且空调区湿度控制精度要求严格时,宜采用电加湿器;

(3) 湿度要求不高时,可采用高压喷雾或湿膜等绝热加湿器;

(4) 加湿装置的供水水质应符合卫生要求。

5. 空调机房

空气处理机组宜安装在空调机房内,空调机房应符合下列规定:

(1) 邻近所服务的空调区;

(2) 机房面积和净高应根据机组尺寸确定,并保证风管的安装空间以及适当的机组操作、检修空间;

(3) 机房内应考虑排水和地面防水设施。

4.3.5 风系统、气流组织设计

1. 风系统设计

经过处理的空气要通过空气管道输送到空调房间,并通过一定形式的送风口将空气合理分配。空调风系统设计包括集中式系统的送风、回风和排风设计,各种风机和各类风口的选择,风管的消声、安装及冷风管的保温要求等。

(1) 空调风道系统应基本为阻力平衡的系统。舒适性空调,空调区与室外或空调区之间有压差要求时,其压差值宜取 5~10Pa,最大不应超过 30Pa;并应便于调节控制和适应建筑的防火排烟要求。人员集中且密闭性较好,或过渡季节使用大量新风的空调区,应设置机械排风设施,排风量应适应新风量的变化。

(2) 设有集中排风的空调系统,且技术经济合理时,宜设置空气-空气能量回收装置。能量回收装置的类型,应根据处理风量、新排风中显热量和潜热量的构成以及排风中污染物种类等选择;能量回收装置的计算,应考虑积尘的影响,并对是否结霜或结露进行核算。

2. 气流组织设计

气流组织设计应使空调房间的气流组织合理,温度、湿度等分布稳定均匀,并达到设计要求。

(1) 采用贴附侧送风时:送风口上缘与顶棚的距离较大时,送风口应设置向上倾斜 10°~20°的导流片;送风口内宜设置防止射流偏斜的导流片;射流流程中应无阻挡物。

(2) 采用散流器送风时:风口布置应有利于送风气流对周围空气的诱导,风口中心与侧墙的距离不宜小于 1.0m;采用平送方式时,贴附射流区无阻挡物;兼作热风供暖,且风口安装高度较高时,宜具有改变射流出口角度的功能。

(3) 采用孔板送风时:孔板上部稳压层的高度应按计算确定,且净高不应小于 0.2m;向稳压层内送风的速度宜采用 3~5m/s。除送风射流较长的以外,稳压层内可不设送风分布支管。稳压层的送风口处,宜设防止送风气流直接吹向孔板的导流片或挡板;孔板布置应与局部热源分布相适应。

(4) 采用喷口送风时:人员活动区宜位于回流区;喷口安装高度,应根据空调区的高度和回流区分布等确定；兼作热风供暖时，宜具有改变射流出口角度的功能。

（5）采用地板送风时：送风温度不宜低于16℃；热分层高度应在人员活动区上方；静压箱应保持密闭，与非空调区之间有保温隔热处理；空调区内不宜有其他气流组织。

（6）采用置换通风时：房间净高宜大于2.7m；送风温度不宜低于18℃；空调区的单位面积冷负荷不宜大于120W/m²；污染源宜为热源，且污染气体密度较小；室内人员活动区0.1～1.1m高度的空气垂直温差不宜大于3℃；空调区内不宜有其他气流组织。

（7）分层空调的气流组织设计：空调区宜采用双侧送风；当空调区跨度较小时，可采用单侧送风，且回风口宜布置在送风口的同侧下方；侧送多股平行射流应互相搭接；采用双侧对送射流时，其射程可按相对喷口中点距离的90%计算；宜减少非空调区向空调区的热转移；必要时，宜在非空调区设置送、排风装置。

（8）送风口的出口风速，应根据送风方式、送风口类型、安装高度、空调区允许风速和噪声标准等确定。

（9）回风口的布置：不应设在送风射流区内和人员长期停留的地点；采用侧送时，宜设在送风口的同侧下方；兼作热风供暖、房间净高较高时，宜设在房间的下部；条件允许时，宜采用集中回风或走廊回风，但走廊的断面风速不宜过大；采用置换通风、地板送风时，应设在人员活动区的上方。

（10）回风口的吸风速度，宜按表4-4选用。

表4-4 回风口的吸风速度

回风口的位置		最大吸风速度/(m/s)
房间上部		≤4.0
房间下部	不靠近人经常停留的地点时	≤3.0
	靠近人经常停留的地点时	≤1.5

4.3.6 冷、热源与水系统设计

1. 冷、热源

确定冷、热源装置及其形式是一个相当重要的工作，它涉及整个空调系统的能耗、投资等经济性指标，同时对系统的运行将产生长期影响。集中空调系统的冷水（热泵）机组台数及单机制冷量（制热量）选择，应能适应空调负荷全年变化规律，满足季节及部分负荷要求。机组不宜少于两台；当小型工程仅设一台时，应选调节性能优良的机型，并能满足建筑最低负荷的要求。

根据整个系统所需的冷负荷可以确定冷水机组的型号，根据冷水机组、水泵的尺寸及接管等各种附件的尺寸等对机房整体布局进行设计，在追求美观的同时，还应便于维修。目前，空调工程中采用的制冷装置趋向于机组化，即将制冷系统中的全部或部分设备在生产厂家组装成一个整体。有多种形式和型号的制冷机组供用户选择，生产厂家也可根据用户的需要来组装。

2. 空调水系统

空调水系统一般包括冷(热)水系统、冷却水系统和冷凝水系统。水系统设计包括管路系统形式选择、分区布置方案、管材管件选择、管径确定、阻力计算与平衡、水量调节控制、管道保温及安装要求、水泵和冷却塔等设备的选择及安装要求。

(1) 当建筑物所有区域只要求按季节同时进行供冷和供热转换时，应采用两管制的空调水系统。当建筑物内一些区域的空调系统需全年供应空调冷水、其他区域仅要求按季节进行供冷和供热转换时，可采用分区两管制空调水系统。当空调水系统的供冷和供热工况转换频繁或需同时使用时，宜采用四管制水系统。

(2) 冷凝水管道的设置应符合下列规定：

① 当空调设备冷凝水积水盘位于机组的正压段时，凝水盘的出水口宜设置水封；位于负压段时，凝水盘的泄水支管沿水流方向坡度不宜小于0.010；

② 冷凝水干管坡度不宜小于0.005，不应小于0.003，且不允许有积水部位；

③ 冷凝水水平干管始端应设置扫除口；

④ 冷凝水管道宜采用塑料管或热镀锌钢管；当凝结水管表面可能产生二次冷凝水且对使用房间有可能造成影响时，凝结水管道应采取防结露措施；

⑤ 冷凝水排入污水系统时，应有空气隔断措施；冷凝水管不得与室内雨水系统直接连接；

⑥ 冷凝水管管径应按冷凝水的流量和管道坡度确定。

4.3.7 绝热与防腐

1. 绝热

为减少设备与管道的散热损失防止烫伤(减少冷损失、防止表面结露)、节约能源、保持生产及输送能力，改善工作环境，应对设备、管道(包括管件、阀门等)应进行保温(保冷)。

供冷或冷热共用时，设备与管道的绝热层厚度应按现行国家标准《设备及管道绝热设计导则》(GB/T 8175—2008)中经济厚度和防止表面结露的保冷层厚度方法计算，并取厚值；冷凝水管应按《设备及管道绝热设计导则》(GB/T 8175—2008)中防止表面结露保冷厚度方法计算确定。

2. 防腐

除有色金属、不锈钢管、不锈钢板、镀锌钢管、镀锌钢板和铝板外，金属设备与管道的外表面防腐，宜采用涂漆。涂层类别应能耐受环境大气的腐蚀。涂层的底漆与面漆应配套使用。外有绝热层的管道应涂底漆。

4.3.8 确定电气控制要求

空调系统的正常运行、自动调节、安全保护和不同功能转换等，都必须依靠电气控制来实现。设置有效的中央空调控制系统，对于整个空调系统的安全运行和管理，将室内温度、湿度稳定在设计允许的范围内，使整个系统处于最佳工况运行，以及对于节省能源、延长设备使用寿命，都具有十分重要的意义。

项目 5 空气-水空调系统

任务引导

任务 办公室风机盘管加新风空调系统设计

任务要求

通过完成民用建筑办公室(行政楼 4F)风机盘管加新风空调系统的设计,掌握风机盘管与新风机组的选型方法,掌握风机盘管、新风机组以及管道的 BIM 模型建立,熟悉 BIMSpace 暖通样板中的常用绘制方法与技巧。

任务分析

风机盘管与新风机组的选型要依据负荷计算结果与应用场景来确定。创建 BIMSpace 暖通样板,完成风机盘管、新风机组、风管、水管的布置后,利用 BIMSpace 分别进行管道的水力计算,再将水力计算结果赋回系统。

任务实施

1. 熟悉任务。
2. 创建 BIMSpace 暖通样板,导入负荷计算文件。
3. 选择风机盘管与新风机组的规格型号,并在视图中布置。
4. 选择新风口,并完成在视图中的布置。
5. 对风系统进行管道水力计算,将水力计算结果赋回系统。
6. 完成水管的选择与布置。
7. 对水系统进行管道水力计算,将水力计算结果赋回系统。

相关知识

5.1 空气-水空调系统概述

空气-水空调系有集中的冷、热媒,采用水作为输送冷、热量的介质,借助设置在空调房间的末端空气处理装置(如风机盘管、诱导器、辐射板等)对室内空气做局部循环处理,新风可以分区域集中处理供给。目前应用较多是风机盘管加新风系统。

5.1.1　空气-水空调系统的组成

空气-水空调系统一般由3部分组成：冷、热源，水系统以及末端装置。图5-1是风机盘管加新风空调系统的示意图。

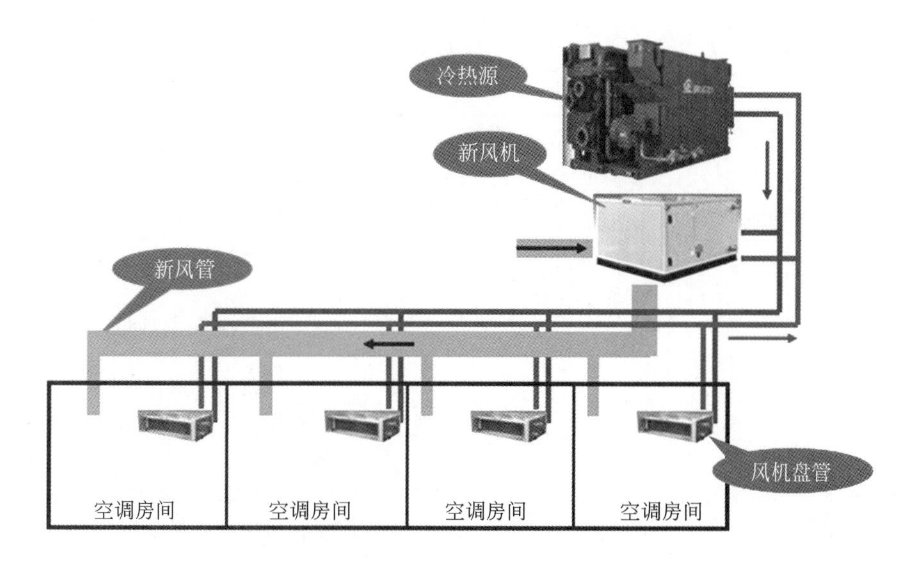

图5-1　风机盘管空调系统组成示意图

1. 冷、热源

夏季由冷水机组提供7℃的冷冻水；冬季由锅炉或城市集中供热提供55℃左右的热水。具体参见项目四中空调冷、热源。

2. 水系统

用水泵加压冷媒水(冷冻水、热水)，送空气处理端装置，并在系统中不断循环。具体参见项目四中空调水系统。

3. 风机盘管机组

风机不断地循环室内空气，使之与盘管内流动的冷媒水(冷冻水或热水)在盘管表面进行冷热湿交换，从而实现空气被冷却、除湿或加热的处理过程，以保持室内有一定的温度和湿度。

4. 新风系统

风机盘管空调系统的新风供给方式见表5-1。

表5-1　风机盘管空调系统的新风供给方式及特点

新风供给方式	示意图	特点
由室外渗入新风		(1) 无组织渗透风、室温不均匀； (2) 结构简单，但卫生条件差； (3) 初投资与运行费用低； (4) 机组承担新风负荷

续表

新风供给方式	示 意 图	特 点
从外墙洞口引入新风		(1) 新风口可调节,各季节新风量可控; (2) 随新风负荷变化,室内受影响; (3) 初始投资与运行费用节省; (4) 须做好防尘、防噪声、防雨、防冻工作
独立新风系统——由空调房间上部直接送入		(1) 单设新风机组,可随室外气象变化调节,保证室内温湿度参数与新风量要求; (2) 初始投资与运行费用高; (3) 新风口以靠近风机盘管的送风口为佳; (4) 卫生条件好,目前最常用
独立新风系统——经过风机盘管再送入室内		(1) 单设新风机组,可随室外气象变化调节,保证室内温度、湿度参数与新风量符合要求; (2) 初始投资与运行费用高; (3) 新风接至风机盘管,与回风混合后进入室内,增加了噪声; (4) 风机盘管不运行时,新风有可能从风机盘管的回风口送出,卫生条件不好

独立新风系统是把新风处理到一定的参数,由风管系统送入各空调房间。独立新风系统提高了系统调节和运行的灵活性,且进入风机盘管的供水温度可适当调节,水管的结露现象得到了改善,是目前应用较多的新风供给方式。独立新风系统使用的空气处理设备称为新风机组,有立式、卧式以及吊顶式之分,如图 5-2 所示。

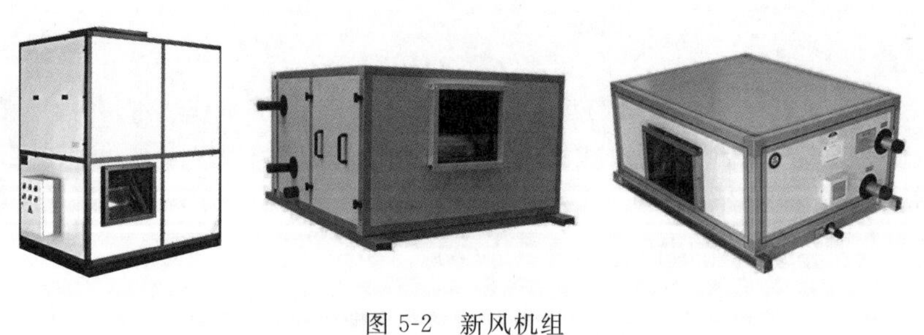

图 5-2　新风机组

5.1.2　风机盘管加新风空调系统的特点与适用场合

风机盘管加新风系统分为两部分,中央空调风机盘管和新风系统,风机盘管是中央空调末端设备,主要负担室内冷热湿负荷,新风系统负担新风负荷以满足室内空气质量。

1. 系统优点

(1) 风机盘管机组体型小,布置灵活,可独立控制调节各房间的温度。

(2) 房间不住人时可方便地关掉机组(风机),不影响其他房间,因风机多挡变速,在冷量上能由使用者直接进行一定量的调节,从而比其他系统节省运转费用。

(3) 机组定型化、规格化,易于选择。

(4) 房间之间空气互不串通。

2. 系统缺点

(1) 对机组的质量要求高,暗装时维修不便。

(2) 设备布置分散、管线复杂,维护管理工作量大。

(3) 由于噪声的限制因而风机转速不能过高,机组剩余压头小,气流分布受限制,不适用于进深超过 6m 的房间。

3. 系统适用场合

风机盘管加新风的空调系统适用于:旅馆、饭店、公寓、医院、办公楼等多层(或高层)多室的建筑物中;需要增设空调的小面积、多房间的建筑;室温需要进行个别调节的场所。

5.1.3 末端空气处理装置

1. 风机盘管机组

风机盘管机组由风机、盘管(换热器)以及电动机、空气过滤器、室温调节器和箱体组成,如图 5-3 所示。

1) 风机盘管的工作过程

借助机组中的风机不断地循环室内空气,使之通过盘管被冷却或加热,以保持室内有一定的温度、湿度。盘管使用的冷水和热水,由集中冷源和热源制备供应。机组有变速装置,可调节风量(高、中、低 3 挡),以达到调节室内温度和噪声的目的。

2) 风机盘管的种类

风机盘管机组的种类比较多,一般分为立式和卧式两种,在安装方式上又有明装和暗装之分,如图 5-4～图 5-6 所示。

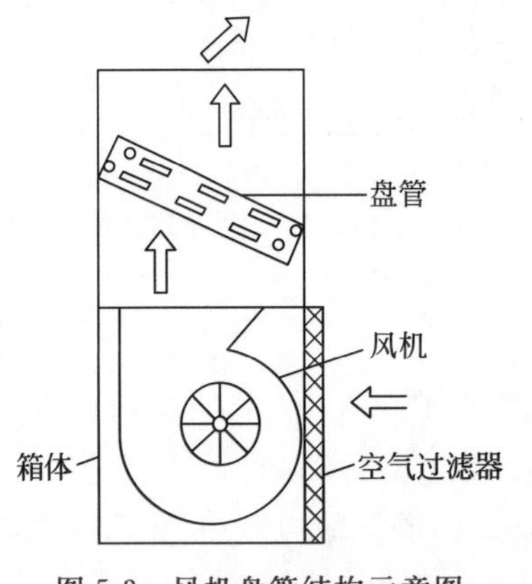

图 5-3 风机盘管结构示意图

图 5-4 卧式暗装风机盘管

图 5-5　卡式暗装风机盘管

图 5-6　立式明装风机盘管

立式布置和卧式布置风机盘管的比较见表 5-2。

表 5-2　立式布置和卧式布置风机盘管的比较

序号	比较内容	立式布置	卧式布置
1	占用面积和空间	占用周边区一定的面积和空间	通常安装在过道或室内吊顶内，不占房间使用面积和空间
2	气流分布和温度、湿度均匀性	冬季热流可防止窗面结露和下降冷气流，如房间进深大则温度、湿度不太均匀	冬季热气流不易下降，有一定温度梯度
3	施工安装	施工安装方便	施工较为不便
4	维护保养	维护方便	维护较难
5	经济性	水配管较长	水管路较短，便于集中布置

2. 诱导器

1）诱导器系统工作原理

空气-水诱导器系统中的关键设备是诱导器，诱导器也是一个末端装置，可设于各房间或走廊顶棚，由静压箱、喷嘴和冷热盘管等组成。经过集中处理的一次风首先进入诱导器的静压箱，然后以很高速度自喷嘴喷出。由于喷出气流的引射作用，在诱导器内形成负压，室内回风(称为二次风)就被吸入，在盘管内二次风被冷却(或加热)之后与一次风混合，一次风与二次风混合构成了房间的送风。诱导器与集中空气处理箱(即新风机组)共同负担室内冷热湿负荷。在空气-水诱导器系统中，一次风可全部用新风，也可用一部分新风、一部分回风，如图 5-7 所示。

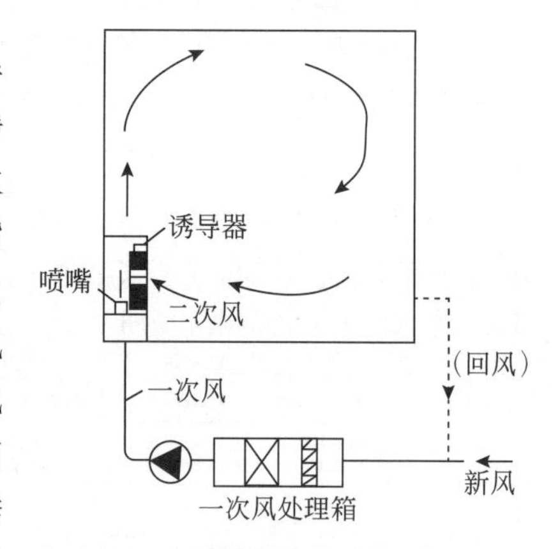

图 5-7　诱导器系统工作原理

2）诱导器系统特点

空气-水诱导器系统与空气-水风机盘管系统相比，诱导器不需消耗风机电功率；喷嘴速度小的诱导器噪声比风机盘管低；诱导器无运行部件，设备寿命比较长。

同时，诱导器中二次风盘管的空气流速较低，盘管的制冷能力低，同一制冷量的诱导器体积比风机盘管大；诱导器无风机，盘管前只能用效率低的过滤网，盘管易积灰；一次风系统停止运行，诱导器就无法正常工作；采用高速喷嘴的诱导器，一次风系统阻力比风机盘管的新风系统阻力大，功率消耗较多。

3. 辐射末端

采用辐射末端的空调系统中，冷媒（热媒）先将冷量（热量）传递到辐射末端的表面，其表面再通过对流和辐射，并以辐射为主的方式将冷量（热量）传递给室内环境，房间的通风换气和除湿任务由新风系统承担。辐射面可以是地面、顶棚或墙面；工作媒介可以是热水或冷水、热空气或冷空气或电热；单独供暖时，称为辐射供暖；单独供冷时，称为辐射供冷。当工作媒介是热水或冷水时，加上新风系统就是典型的空气-水空调系统。工程中常用的辐射面有三种形式，即辐射地面、辐射板以及毛细管网。敷设了冷（热）水管且混凝土填充后的辐射地面如图 5-8 所示，辐射板如图 5-9 所示，毛细管网如图 5-10 所示。

图 5-8　辐射地面

图 5-9　辐射板

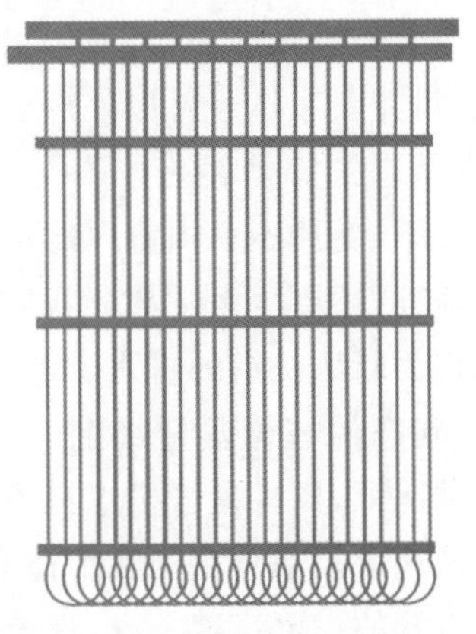

图 5-10　毛细管网

(1) 以低温热水为热媒的辐射供暖系统包括以下形式。

① 现场敷设加热管地面供暖:混凝土填充式;预制沟槽保温板。

② 预制轻薄供暖板地面供暖(供暖板成品厚度小于或等于 13mm,保温基板内镶嵌的加热管外径小于或等于 8mm)。

③ 毛细管网地面、顶棚及墙面辐射供暖(毛细管网管径通常在 3～4mm,如 ϕ3.4mm×0.55mm 或 ϕ4.3mm×0.8mm 的 PP-R 管或 PE-RT 管)。

(2) 以高温冷水为冷媒的辐射供冷系统包括以下形式。

① 现场敷设冷水管混凝土填充式地面辐射供冷(管外径大于 16mm)。

② 毛细管网地面、顶棚及墙面辐射供冷。

空气-水辐射板系统的室内温度控制是依靠调节辐射板冷量来实现。为防止吊顶表面结露,冷却吊顶的供水温度较高,一般在 16℃左右,这样可以提高制冷机组的蒸发温度,改善制冷机的性能,进而降低其能耗,另外还有可能直接利用自然冷源,如地下水等。房间的通风换气和除湿任务由新风系统承担,因此,新风处理后的露点必须低于室内空气露点。水辐射板系统除湿能力和供冷能力都比较弱,只能用于单位面积冷负荷和湿负荷均比较小的场合。

5.2 空气-水空调系统设计

空调区较多,建筑层高较低且各区温度要求独立控制时,宜采用风机盘管加新风空调系统;宜选用出口余压低的风机盘管机组,新风宜直接送入人员活动区;空气质量标准要求较高时,新风宜负担空调区的全部散湿量。空调区的空气质量、温度、湿度波动范围要求严格或空气中含有较多油烟时,不宜采用风机盘管加新风空调系统。

空气-水空调系统的系统分区、冷热源选、风系统以及水系统的设计参见项目 4 中相关内容。

5.2.1 新风处理方案

在风机盘管空调系统中,一般应采用风机盘管加独立新风系统的空调方式。从理论上讲,室外的新风经新风机组可以处理到以下 4 种状态。

1. 室内状态的等焓线上

这种情况下,新风不承担室内冷负荷,即新风机组只承担新风冷负荷,风机盘管除了承担房间冷负荷外,还要承担一部分新风的湿负荷,风机盘管机组在湿工况下工作,可用风机盘管的出水作为新风机组的进水。

2. 室内状态的等含湿量线上

在这种情况下,风机盘管机组只承担室内的部分冷负荷和湿负荷,而新风机组不仅承担新风冷负荷还承担部分室内冷负荷和湿负荷。此时,对新风机组提供的冷冻水温为 7～9℃,和风机盘管的供水温度一致,理论上是理想的新风处理方案。

3. 低于室内状态的等含湿量线

在这种情况下，风机盘管机组只承担一部分室内显热冷负荷(人、照明、日照)，可实现等湿冷却。而新风机组不仅承担新风冷负荷，还负担部分室内显热冷负荷和全部潜热冷负荷。新风处理的焓差很大，水温要求在5℃以下。而在实际工程中一般采用两管制水系统，很难实现风机盘管和新风机组采用不同水温供水。

4. 室内状态的干球温度线上

在这种情况下，新风机组对新风的处理焓差太小，风机盘管机组负担的负荷很大。在一般两管制水系统中，采用同一水温供水时，难以满足新风机组和风机盘管机组在同一水温下处理到各自要求的终状态点。

在实际工程中，舒适性空调系统使用时还会有很多其他的影响因素：邻室不开空调时产生的隔墙温差传热负荷、门窗开启频繁造成的负荷损失、新风量得不到保证(新风系统未及时开启或者新风量分配不均)以及各房间对空调效果的差异化要求等。

因此，综合考虑以上因素，结合已有的实际工程运行数据，在风机盘管加新风空调系统的设备选型时，做简化处理：用冷负荷选择风机盘管，用新风量选择新风机组。此处的冷负荷包括房间冷负荷与房间的新风冷负荷，并在此基础上增加附加冷负荷(根据使用场合取1.2～1.4的系数)；新风量指新风系统负担的所有空调房间的新风量之和。

5.2.2 风机盘管的选择

1. 计算冷、热负荷

空调房间空调负荷的计算与新风负荷的计算按项目四中相应内容进行。附加冷负荷系数的选取依据使用场合：空间大且使用人数多时取高值，空间小且使用人数较少时取低值。

2. 选择风机盘管

依据前述计算的冷负荷选择风机盘管机组容量，并用热负荷校验。同时，根据实际的建筑格局、房间的进深与高度等情况，用中档风量、风速指标来选择相应风机盘管型号。

风机盘管机组的噪声指标控制要在40dB以下，对噪声偏大的风机盘管，加装消声处理装置，阻力值不大于10Pa。

3. 气流组织

空调房间送风口的选择以及气流组织的设计按项目4中相应内容进行。

5.2.3 新风系统设计

1. 计算新风量

空调房间新风量的计算按项目4中相应内容进行。

2. 选择新风机组

依据前述计算的新风量，选择新风机组的容量。同时，考虑到新风口的送风参数对室内空调舒适感的影响，一般建议选择6排管的新风机组。

3. 送风口

新风系统的送风口一般有两种布置方案。

(1) 新风送风口与风机盘管出风口并列,罩一个整体格栅。这样从外观上看只有一个送风口,但实际上新风系统送风口和风机盘管的出风口是各自独立的,互不影响。

(2) 新风送风口与风机盘管出风口完全分开,新风口是独立的单个风口。此时,新风口宜设在风机盘管出风口附近,不允许设在风机盘管的回风口附近,否则会打乱空调房间的气流组织。

注意:以前工程上普遍采用的新风送风管直接接入风机盘管出风管道、新风送风管直接接入风机盘管回风箱这两种做法,已基本不再使用。新风送风管直接接入风机盘管出风管道时,由于二者的静压不同,新风的分配得不到保障,甚至出现新风管倒灌的现象出现。新风送风管直接接入风机盘管的回风箱时,如果风机盘管低速运行会造成新风量不足,也不符合《民用建筑供暖通风与空气调节设计规范》(GB 50736—2012)中 7.3.10 条关于"新风宜直接送入室内人员活动区"的规定。

5.2.4 辐射供暖、供冷系统设计

1. 辐射供暖

1) 水温

(1) 热水地面辐射供暖系统的供、回水温度应由计算确定,供水温度不应大于 60℃,供回水温差不宜大于 10℃且不宜小于 5℃。民用建筑供水温度宜采用 35～45℃。

从地面辐射供暖的安全、寿命和舒适考虑,规定供水温度不应超过 60℃。从舒适及节能考虑,地面供暖供水温度宜采用较低数值,国内外经验表明,35～45℃是比较合适的范围。保持较低的供水温度,有利于延长管材的使用寿命,有利于提高室内的热舒适感;控制供回水温差,既有利于保持较快的热媒流速,方便排除管内空气,也有利于保证地面温度的均匀。严寒和寒冷地区应在保证室内温度的基础上选择设计供水温度,严寒地区回水温度推荐不低于 30℃。

(2) 毛细管网辐射系统供暖时,供水温度宜符合表 5-3 的规定,供回水温差宜采用 3～6℃。

表 5-3 毛细管网供水温度

设 置 位 置	宜采用温度/℃
顶棚	25～35
墙面	25～35
地面	30～40

2) 辐射供暖表面温度

辐射供暖表面平均温度宜符合表 5-4 的规定。

表 5-4 辐射供暖表面平均温度

设置位置		宜采用的平均温度/℃	平均温度上限值/℃
地面	人员经常停留	25～27	29
	人员短暂停留	28～30	32
	无人停留	35～40	42
顶棚	房间高度 2.5～3.0m	28～30	
	房间高度 3.1～4.0m	33～36	
墙面	距地面 1m 以下	35	
	距地面 1m 以上 3.5m 以下	45	

2. 辐射供冷

1）水温

辐射供冷系统供水温度应保证供冷表面温度高于室内空气露点温度 1～2℃。供回水温差不宜大于 5℃且不应小于 2℃。辐射供冷表面平均温度宜符合表 5-5 的规定。

表 5-5 辐射供冷表面平均温度

设置位置		平均温度下限值/℃
地面	人员经常停留	19
	人员短期停留	19
墙面		17
顶棚		17

辐射供冷系统的供水温度确定时，要考虑防结露、舒适性及控制方式等方面因素。当采用水温控制时，供水温度一般为 14～18℃，空调负荷越大，选用水温要越低；当采用辐射面温度直接控制时，供水温度可在保证不结露的前提下，进一步降低。由于防结露的要求，辐射供冷系统供水温度通常高于常规冷冻水供水温度，所以适合采用地下水、蒸发冷却装置和高温冷水机组作为冷源，以提高能源使用效率。

辐射供冷量的大小主要取决于辐射供冷表面的温度与其他表面的温度之差，因此，减小供回水温差，降低供回水平均温度有利于提高供冷量，但供回水温差过低对节能不利。所以规定供回水温差不宜大于 5℃，且不应小于 2℃。

2）除湿与新风

辐射供冷系统应结合除湿系统或新风系统进行设计。

辐射供冷建筑需提高围护结构保温、隔热、气密程度，以尽量减少冷负荷。辐射供冷系统只能除去室内的显热负荷，无法除去室内的潜热负荷。为了防止辐射面结露和增加舒适度，需要设置除湿通风系统。室内部分显热负荷由辐射供冷系统承担，送风系统承担室内的全部潜热负荷和剩余的显热负荷。

5.3 风机盘管加新风空调系统设计举例

5.3.1 设计内容

为行政楼 3F 共 11 个会议室设计风机盘管加新风的空调系统。

5.3.2 设计步骤

1. 负荷计算

单击“设置”选项卡的“导入”，在弹出的窗口中选择负荷计算数据文件“行政楼. hclx”，勾选“夏季总冷负荷(含新风/全热)”与“冬季总热负荷”，单击“空间更新”按钮，将负荷计算结果导入并标注在 3F 的 11 个会议室上，如图 5-11 所示。

2. 新风量计算

项目 2 中关于设计最小新风量的计算规定，高密人群建筑每人所需最小新风量应按人员密度确定。若取人员密度为 0.7 人/m^2，则每人所需最小新风量为 12m^3/(人 · h)。行政楼 3F 共 11 个会议室的面积为 632m^2，则新风量为：632×0.7×12＝5308(m^3/h)(负荷计算书中新风量为 5376m^3/h)。

行政楼负荷计算书

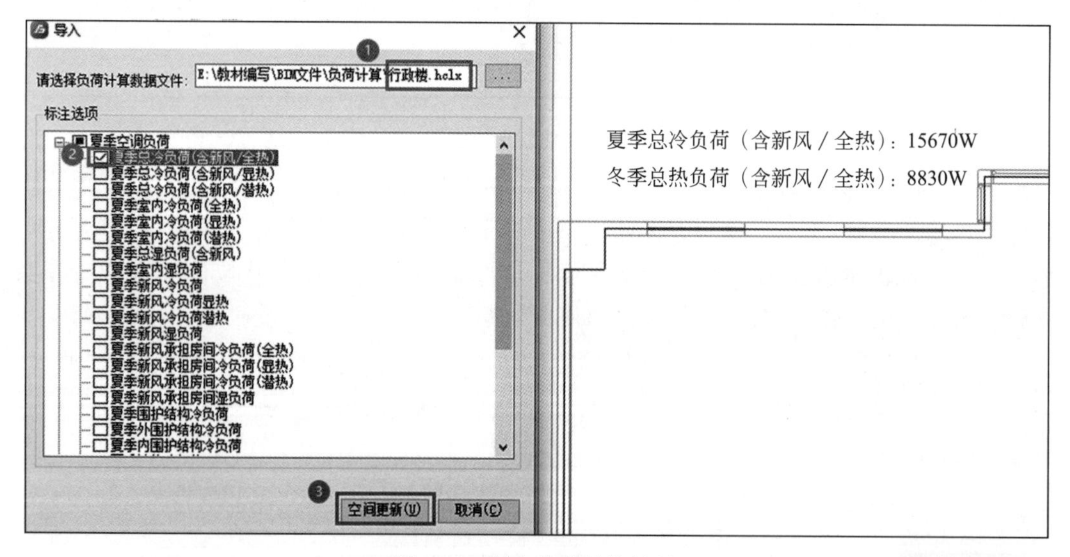

图 5-11 导入负荷计算结果

3. 风机盘管的选择与布置

1) 进风口设置

微课：风盘加新风系统 1

单击“风/水系统”选项卡的“风机盘管布置”，在弹出的窗口中选择“卧式”“暗装”，根据空间的冷负荷值选取相应的风盘机组，勾选“风机盘管风管设置”并单击“进风口设置”打开送风口选型窗口，设置送风口参数，其他参数设置如图 5-12 所示。

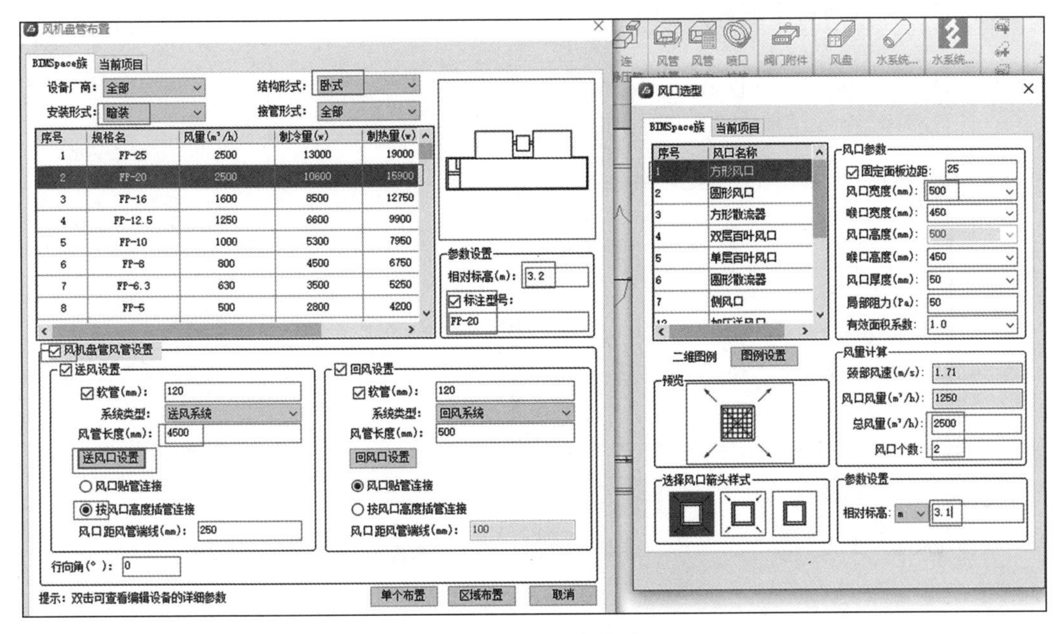

图 5-12　送风口参数设置

2）回风口设置

关闭送风口选型窗口，在“风机盘管布置”窗口中单击“回风口设置”打开回风口选型窗口，设置回风口参数如图 5-13 所示，关闭回风口选型窗口后，单击“风机盘管布置”窗口中的“单个布置”，在视图中布置风机盘管机组。

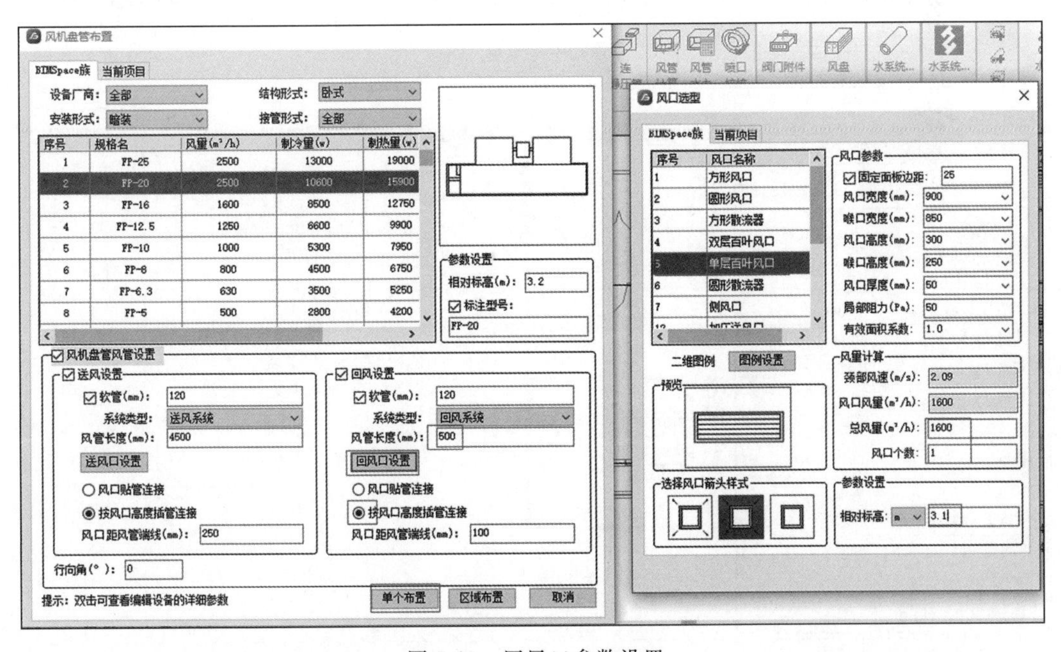

图 5-13　回风口参数设置

3）风机盘管布置

调整风机盘管机组的间距，将其布置在合适的位置并排列整齐，如图 5-14 所示。用上述的方法依次完成所有空间风机盘管机组的选择和布置。

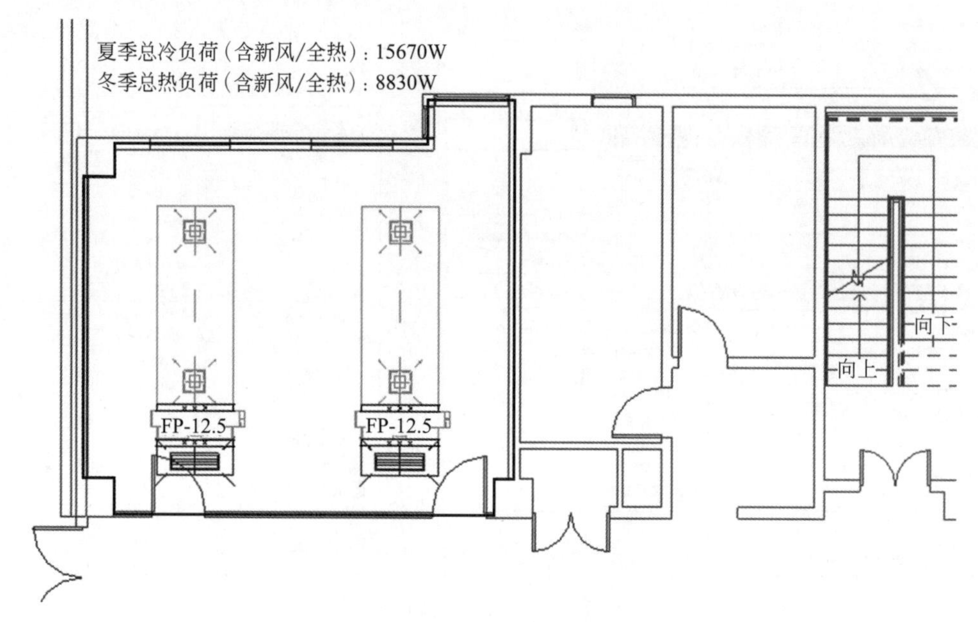

图 5-14　风机盘管机组布置

4. 新风机组、新风口的选择与布置

1）新风机组

微课：风盘加新风系统 2

单击“风/水系统”选项卡的“设备布置”，在弹出的窗口中，“设备分类”选择“新风机组”，“风量”选择 $5000m^3/h$，“相对标高”为 3.3m，在视图中放置新风机组，具体位置如图 5-15 所示。

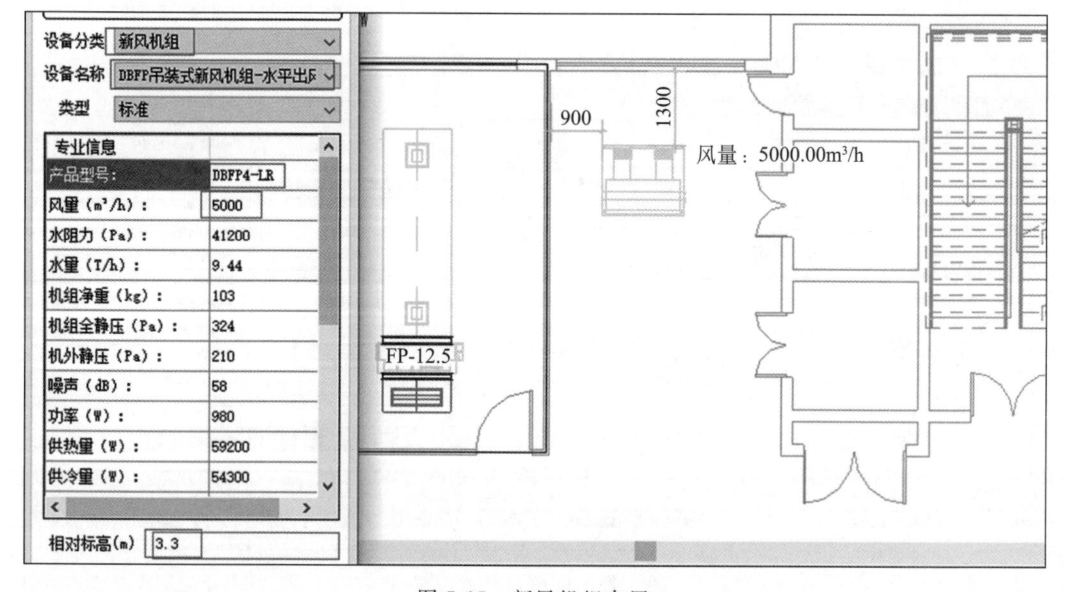

图 5-15　新风机组布置

2）新风口

单击“风/水系统”选项卡的“布置风口”，在弹出的窗口中选择“圆形散流器”，“风口直径”为 400mm，“总风量”为 $200m^3/h$，“相对标高”为 3.1m，单击“单个布置”，在视图中放置新风口，如图 5-16 所示。依次布置其余空间的新风口。

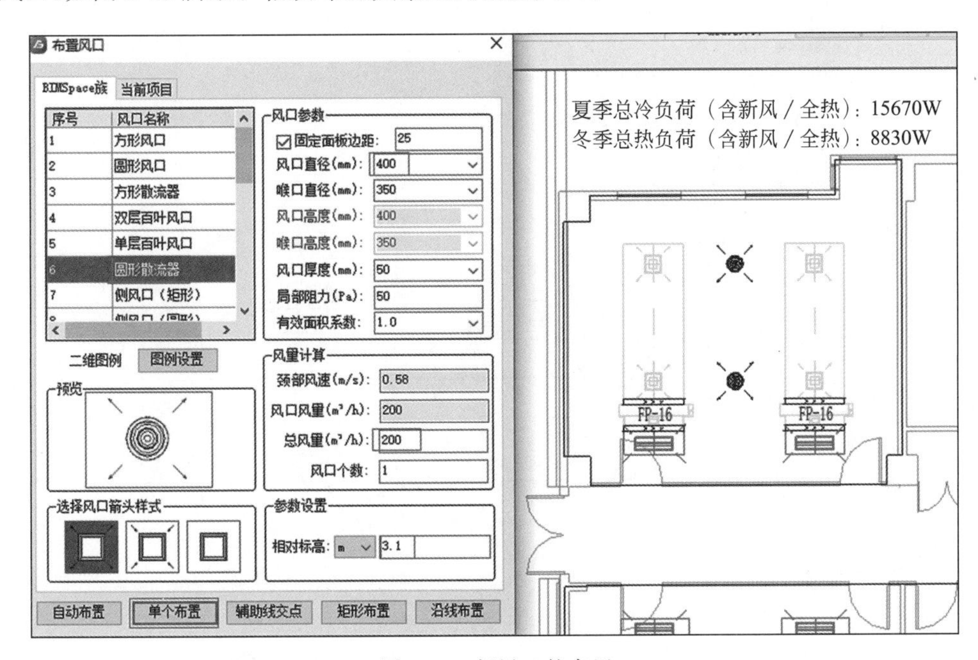

图 5-16 新风口的布置

5. 新风系统风管绘制

1）主干风管

单击“风/水系统”选项卡的“绘制风管”，在弹出的窗口中选择“送风系统”，“风量”为 $5000m^3/h$，与新风机组连接的主干风管尺寸暂定宽 800mm 高 320mm，走廊中间的风管尺寸暂定宽为 630mm，高为 320mm，参照标高 3F，“中心偏移量”为 3400mm，在视图中绘制主干送风管道，如图 5-17 所示。

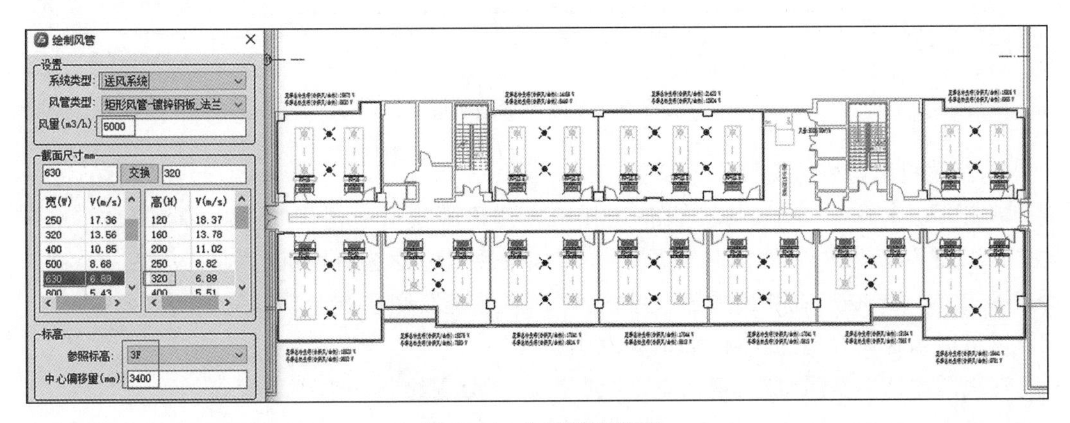

图 5-17 主干送风管道

2）支风管

继续绘制风管，“风量”为 400m^3/h，尺寸暂定宽为 400mm，高为 200mm，“中心偏移量”为 3400mm。在视图中绘制支管，且与主干风管连接，在支风管的另一端添加堵头。单击“风/水系统”选项卡的“风口连接”，完成两个新风口与支风管的连接，如图 5-18 所示。

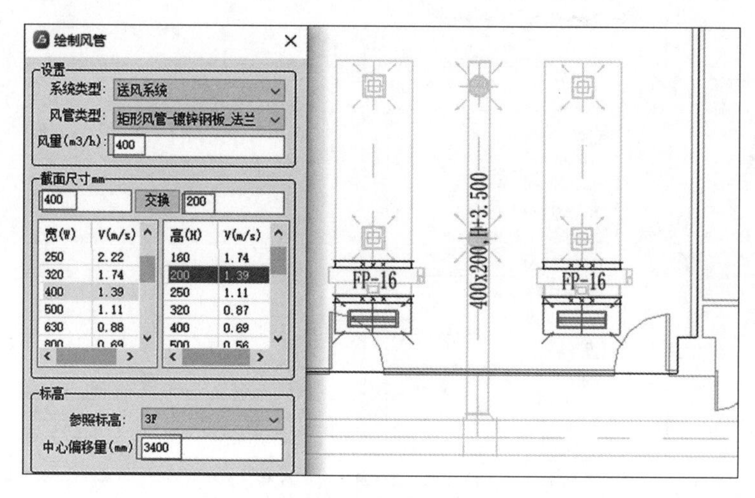

图 5-18　绘制支风管

3）风管的连接

依次完成其余新风口与支风管、支风管与主干风管的连接，完成新风管路系统的绘制，如图 5-19 所示。

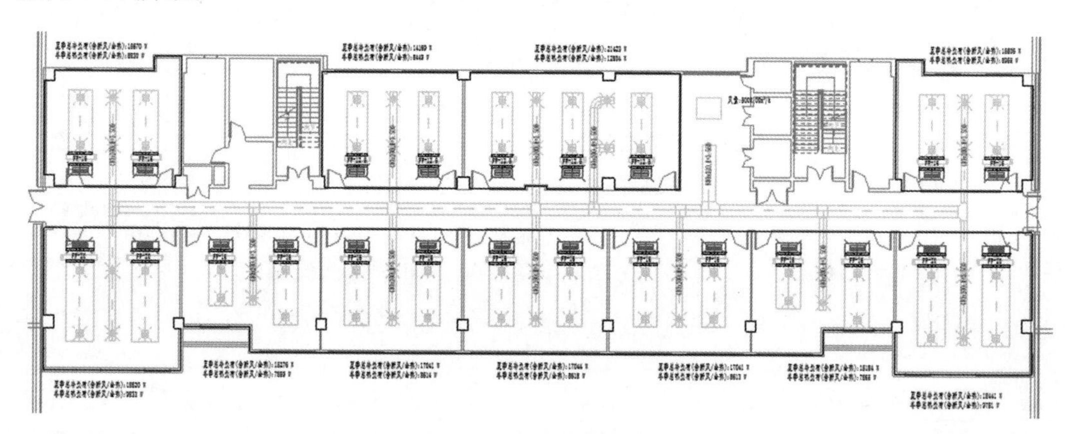

图 5-19　新风管路系统

4）新风机组与风管连接

单击“风/水系统”选项卡的“设备连接”，在弹出的窗口中选择“连接优先”，添加 70℃防火阀(也可以后面再添加)，在视图中框选新风机组和要连接的主干送风管，在弹出的窗口中选择“送风系统”，则系统会自动完成新风机组与送风管道的连接，如图 5-20 所示。

微课：风盘加
新风系统 4

在视图中选中新风机组，两次单击“创建风管”分别绘制一小段风管，隔开一段距离绘制一段宽为 1000mm，高为 250mm，偏移量为 3400mm 的回风管至墙外表面。单击“风/水系统”选项卡的“布置静压箱”，在弹出的窗口中，选择“智能布置”“确定”后，在视图中框选3段风管，根据状态栏命令行提示单击相应管段，完成静压箱的布置及其与风管的连接。同时，在外墙处为风管添加防雨百叶风口如图5-21所示。

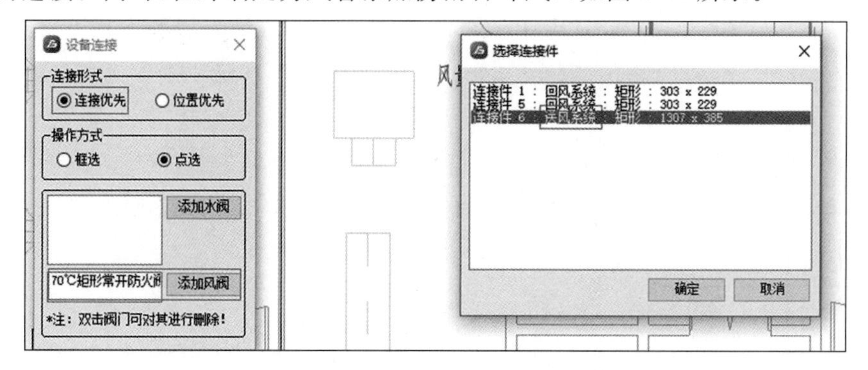

图5-20　新风机组与送风管道的连接

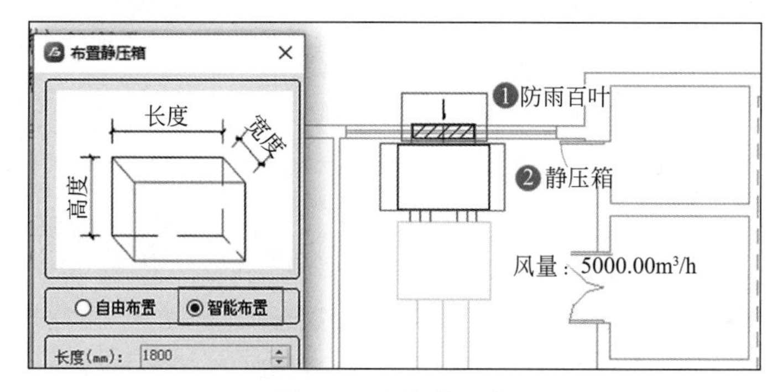

图5-21　添加静压箱

选中任意送风管段，在属性面板中将其系统类型修改为“新风系统”，整个新风系统的送风管道系统类型随之发生改变，颜色也会发生改变。单击“风/水系统”选项卡的“阀门附件—风管阀件”，先选择“阀件”布置防火阀，再选择“附件”布置消声器，如图5-22所示。

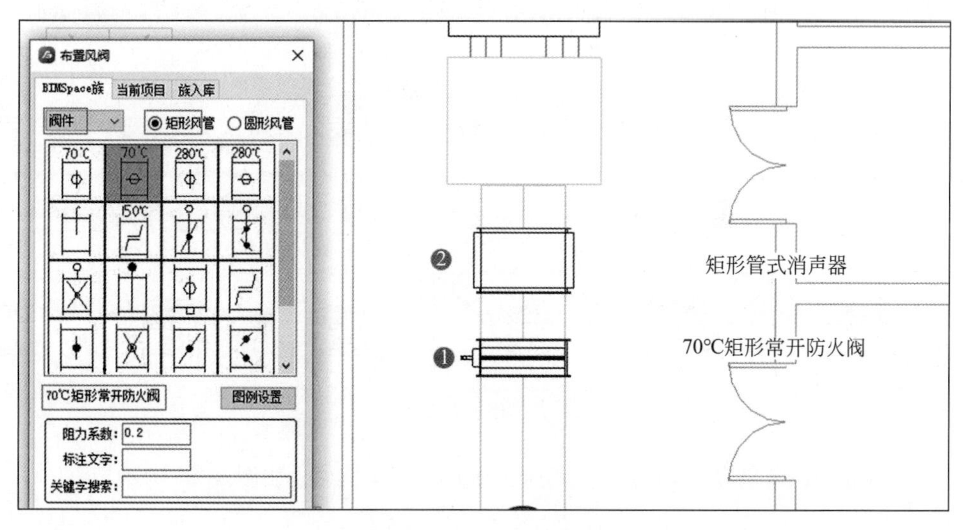

图5-22　防火阀与消声器

为各支管添加矩形手动对开多叶调节阀，如图 5-23 所示。

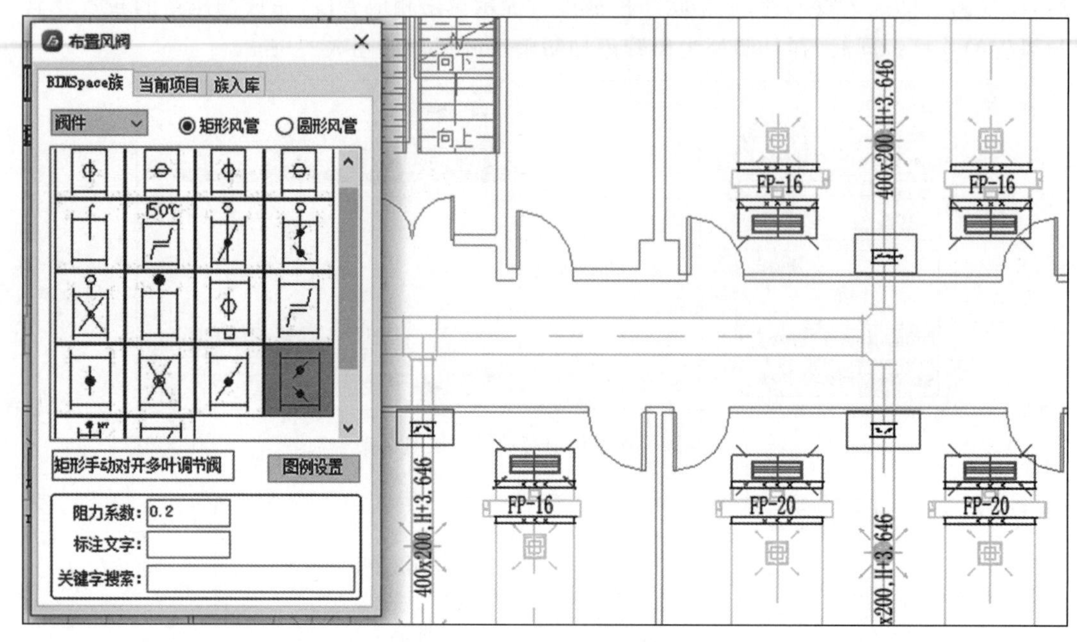

图 5-23　添加支风管调节风阀

6. 风系统水力计算

单击“风/水系统”选项卡的“风管水力计算”，选择新风系统后，在打开的窗口中，单击“校核计算”，根据校核后的风速，修改几处风管尺寸，再次单击“校核计算”直至风速达到合理范围。单击“分支分析表”，查看各分支总阻力，检查新风机组的全压是否满足要求。此时，可以单击“Excel 计算书”导出风系统水力计算书，也可以根据分支分析表中的“风阀建议”对相应管段增加阀门。

微课：风盘加新风系统 5

单击“赋回图面”将修改的尺寸赋回视图。单击“标注/系统图”选项卡的“风管标注”，标注出修改后的风管尺寸，如图 5-24 所示。

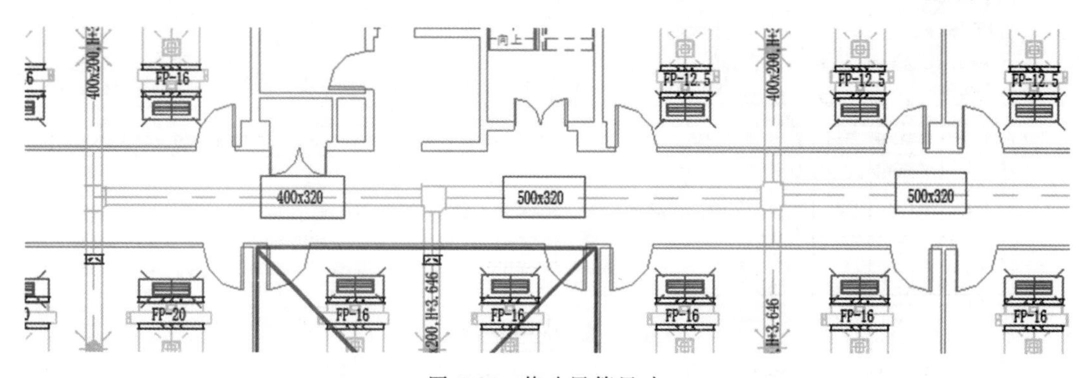

图 5-24　修改风管尺寸

至此，完成 3F 风机盘管加新风空调风系统的设计与绘制，如图 5-25 所示。

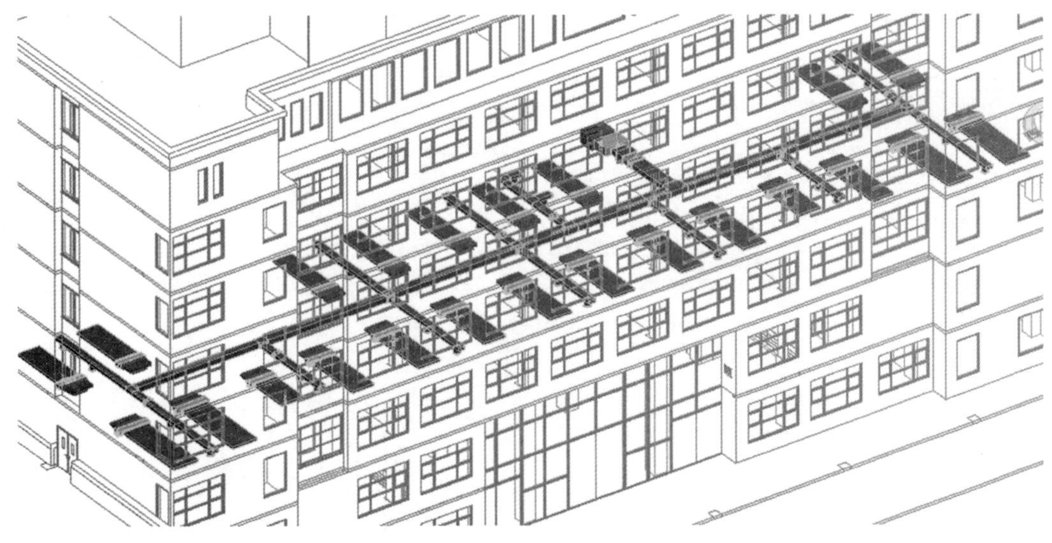

图 5-25　3F 空调风系统

7. 风系统标注

单击“标注/系统图”选项卡的“风系统一键标注”，勾选风管标注、标注位置、风口定位以及标注范围等内容，单击“确定”按钮，系统自动完成风系统的标注，如图 5-26 所示。

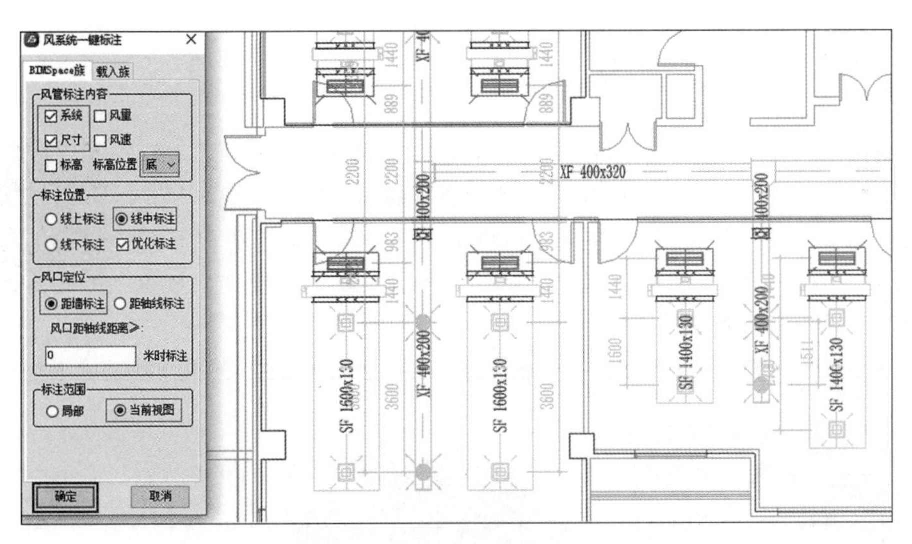

图 5-26　风系统标注

8. 空调水系统管路设计与绘制

1）空调供回水系统水平管道

单击“风/水系统”选项卡的“多管绘制”，在弹出的窗口中“系统名称”选择空调冷热供水和空调冷热回水，标高为 3000mm，管径暂定如图 5-27 所示，在视图中走廊位置绘制空调供回水水平管道。

微课：风盘加新风系统 6

2）冷凝水水平管道

用同样的方法绘制冷凝水管，标高为 3100mm，管径暂定 32mm，如图 5-28 所示。

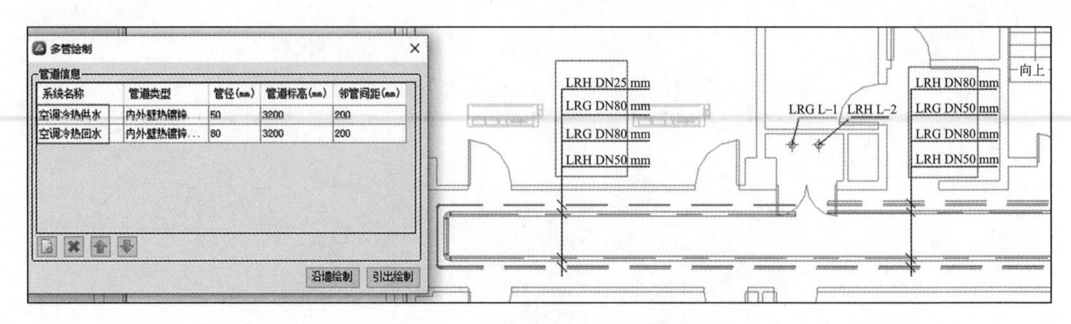

图 5-27　空调供回水水平管道

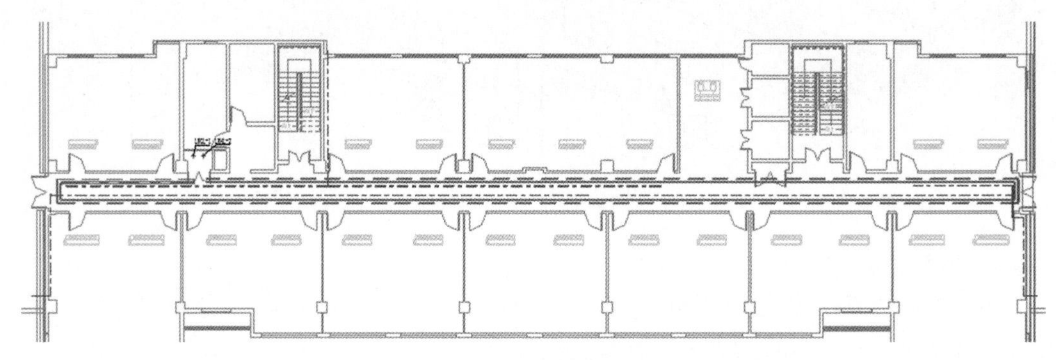

图 5-28　冷凝水管

3）风机盘管与水系统的连接

（1）风机盘管与支管的连接

绘制供回水支管（管径 20mm）与冷凝水支管（管径 32mm），单击"风/水系统"选项卡的"设备连接"，根据状态栏命令行的提示依次完成风机盘管与供回水支管、冷凝水支管的连接。在供水支管上添加闸阀和 Y 形过滤器，回水支管添加闸阀和电磁阀，如图 5-29 所示。依次连接其余风机盘管以及新风机组与支管的连接。

微课：风盘加新风系统 7

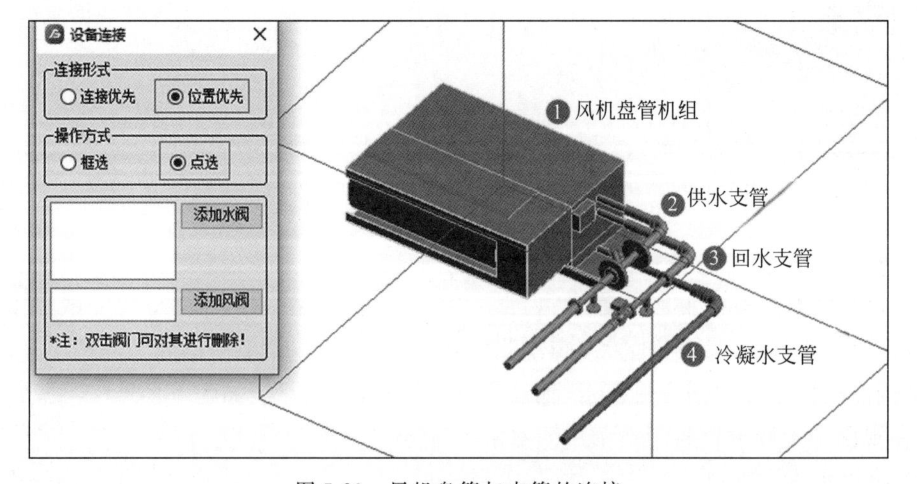

图 5-29　风机盘管与支管的连接

(2) 支管与干管的连接

单击“风/水系统”选项卡的“分类连接”，按照状态栏命令行提示同时框选 3 根支管与 3 根水平干管，系统会分别完成风机盘管供回水支管以及冷凝水支管与水平干管的连接，如图 5-30 所示。依次连接其余风机盘管、新风机组支管与干管的连接。

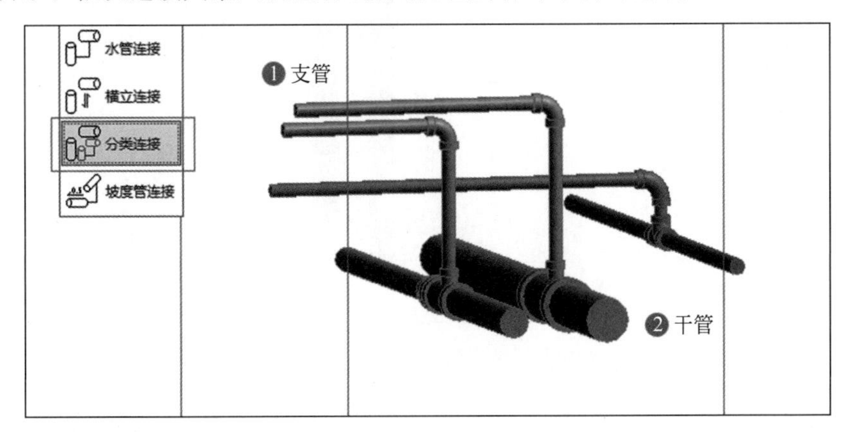

图 5-30　支管与干管的连接

(3) 冷凝水立管

绘制冷凝水立管，管径 40mm，标高从 3F 到 4F，并完成冷凝水干管与立管的连接，如图 5-31 所示。

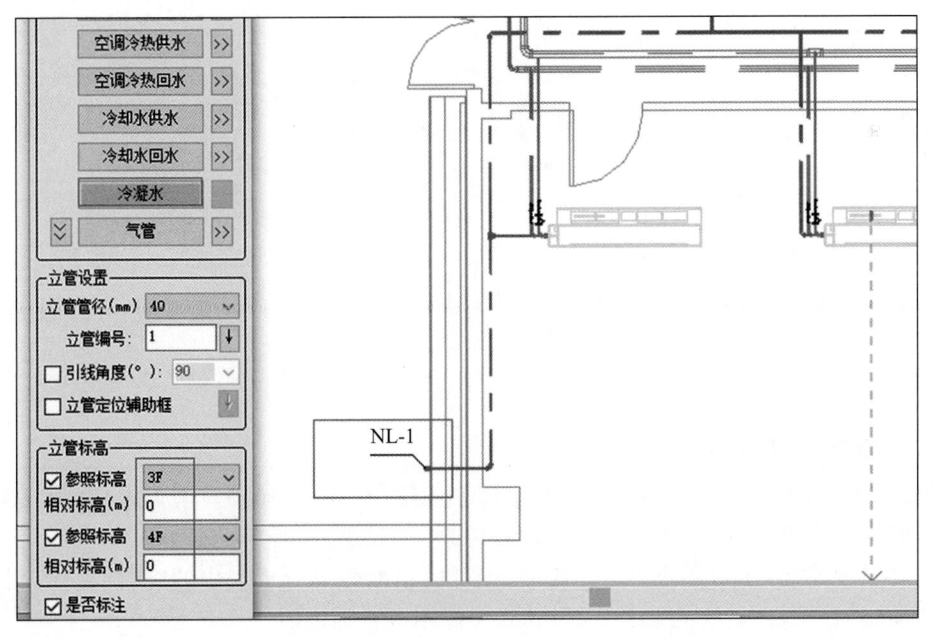

图 5-31　冷凝水立管

(4) 干管与主立管的连接

连接供水干管始端与供水立管，连接回水干管末端与回水立管，并添加电动蝶阀，如图 5-32 所示。

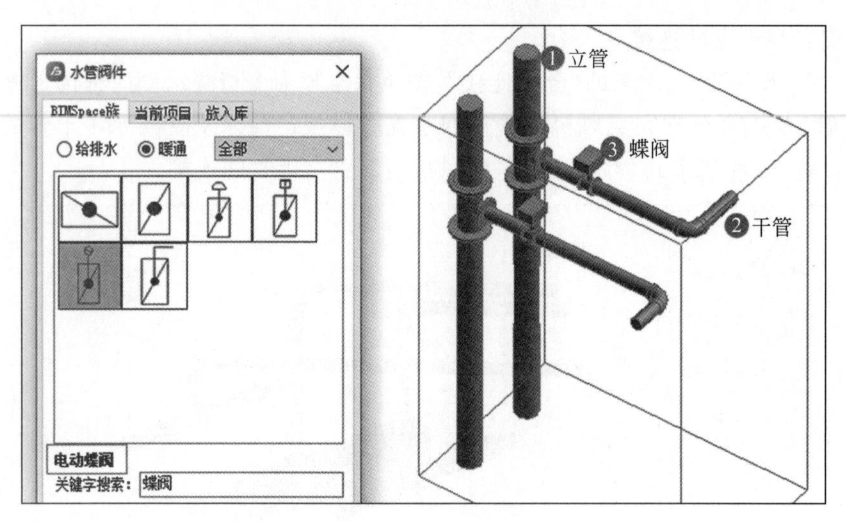

图 5-32 干管与主立管的连接

在三维视图中，预选任一管段或设备，多次按 Esc 键，检查水系统各处是否连接成功，如图 5-33 所示。

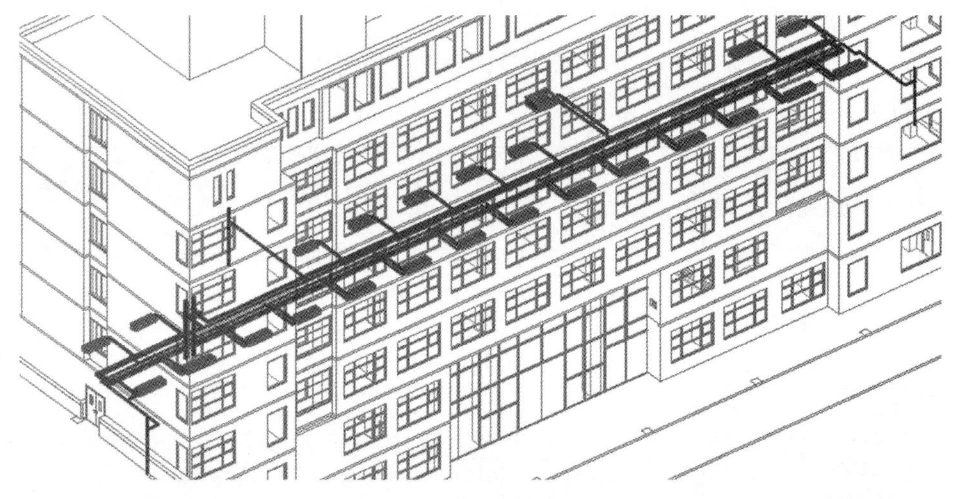

图 5-33 水系统三维视图

9. 水系统管路水力计算

单击“风/水系统”选项卡的“水管水力计算”，按照状态栏命令行的提示，提取水系统，在弹出的窗口中单击“设计计算”或者“校核计算”，之后将结果“赋回图面”。此时，可以单击“Excel 计算书”导出水系统水力计算书，也可以根据分支分析表中的“阀门建议”对相应管段增加阀门。与风系统的水力计算相同，在此不再详细说明。

至此，3F 风机盘管加新风空调水系统的设计与绘制，如图 5-34 所示。

10. 水系统标注

单击“标注/系统图”选项卡的“水系统一键标注”，选择标注设置、标注样式、设备标注以及标注范围等内容，单击“确定”按钮，系统自动完成水系统的标注，如图 5-35 所示。

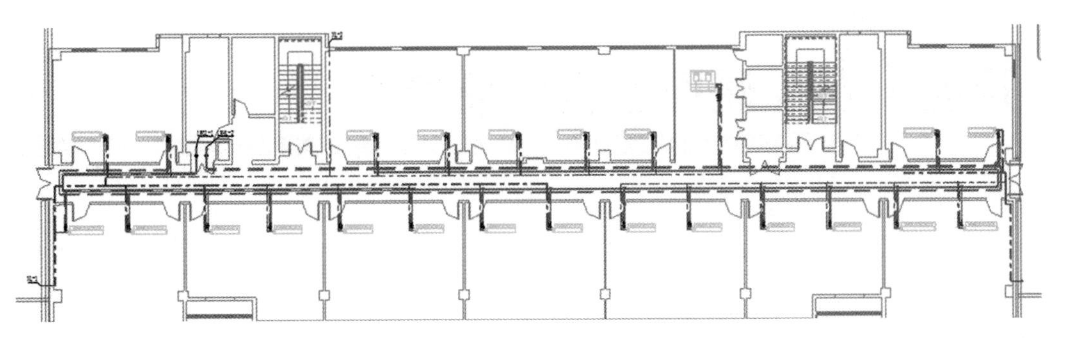

图 5-34　风机盘管加新风空调水系统

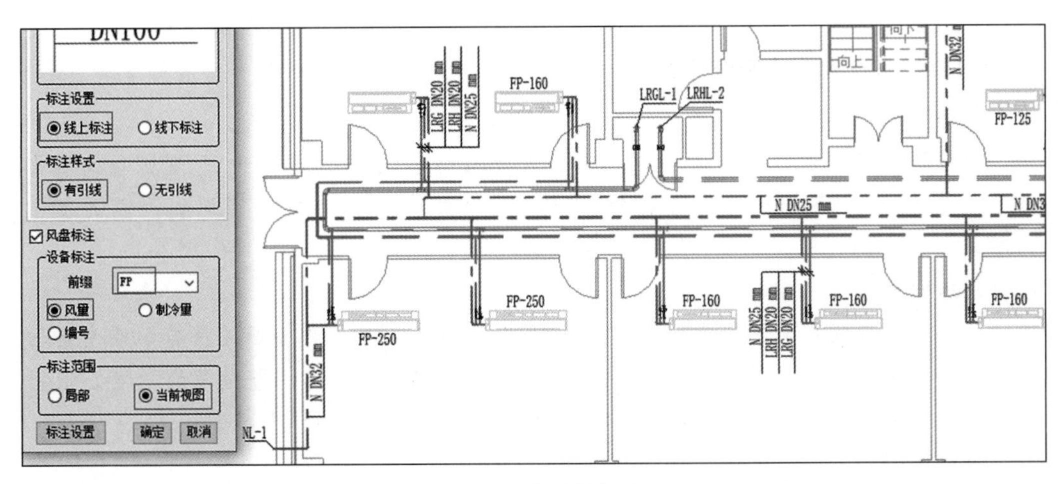

图 5-35　水系统标注

项目6 通风空调系统施工

任务引导

任务1 风管及部件的制作检验

任务要求

通过风管与配件制作检验、风管部件的制作检验，熟悉风管与配件、风管部件的制作工艺流程，熟悉风管的强度、严密性检验、连接、加固方法，培养安全意识和严谨的工作态度。

任务分析

通风空调工程中应用较多的金属风管、配件以及部件的制作多数采用自动或半自动风管生产线来加工。风管、配件及部件的制作质量直接影响风管系统的安装质量。应根据施工质量验收规范相应内容，对风管、配件及部件的制作进行质量检验。

任务实施

1. 熟悉任务。
2. 确定质量检验记录表。
3. 确定检验方法和数量。
4. 准备检验工具。
5. 逐项检验并记录。
6. 给出检验结果。

任务2 风管系统安装质量检验

任务要求

通过风管的安装质量检验，熟悉施工质量验收规范，掌握风管支吊架、风管系统及部件、风口、柔性短管、消声器的安装质量要求，培养安全意识和严谨的工作态度。

任务分析

应根据施工质量验收规范相应内容，对风管支吊架、风管系统及部件、风口、柔性短管、消声器的安装进行质量检验。

任务实施

1. 熟悉任务。
2. 确定质量检验记录表。
3. 确定检验方法和数量。
4. 准备检验工具。
5. 逐项检验并记录。
6. 给出检验结果。

任务3 空调机组安装质量检验

任务要求

通过空调机组等设备的安装质量检验，熟悉施工质量验收规范，掌握风机、单元式空调机组、组合式空调机组、风机盘管的安装质量要求，培养安全意识和严谨的工作态度。

任务分析

应根据施工质量验收规范相应内容，对风机、单元式空调机组、组合式空调机组、风机盘管的安装进行质量检验。

任务实施

1. 熟悉任务。
2. 确定质量检验记录表。
3. 确定检验方法和数量。
4. 准备检验工具。
5. 逐项检验并记录。
6. 给出检验结果。

任务4 水管系统安装质量检验

任务要求

通过水管系统的安装质量检验，熟悉施工质量验收规范，掌握水泵、水系统管道支架、水管系统、阀门的安装质量要求，培养安全意识和严谨的工作态度。

任务分析

应根据施工质量验收规范相应内容，对水泵、水系统管道支架、水管系统、阀门的安装进行质量检验。

任务实施

1. 熟悉任务。
2. 确定质量检验记录表。
3. 确定检验方法和数量。
4. 准备检验工具。
5. 逐项检验并记录。
6. 给出检验结果。

相关知识

通风与空调工程的施工应按规定的程序进行，并应与土建及其他专业工种相互配合；隐蔽工程在隐蔽前应经监理或建设单位验收及确认。

通风与空调分部工程施工质量的验收，应根据工程的实际情况按子分部工程及所包含的分项工程分别进行。施工质量的保修期限，应自竣工验收合格日起计算两个采暖期、供冷期。

6.1 风管系统安装

6.1.1 风管与配件的制作检验

风管按其使用的材料有金属风管与非金属风管之分，目前通风空调工程中应用较多的是金属风管。金属风管、配件以及部件制作宜选用成熟的技术和工艺，采用高效、低耗、劳动强度低的机械加工方式，即采用自动或半自动风管生产线来加工。

全自动风管生产线就是从卷料下料，到风管成型的整个过程由加工设备不间断独立完成，中间几乎不需要人操作。一条完整的风管生产线可以实现风管的卷料下料、压紧校平、打孔倒角、咬口加工、共板法兰加工、折弯成型。风管生产线如图 6-1 所示。

图 6-1　风管生产线

风管质量的验收应按材料、加工工艺、系统类别的不同分别进行，并应包括风管的材质、规格、强度、严密性能与成品观感质量等项内容。工程中所选用的成品风管，应提供产品合格证书或进行强度和严密性的现场复验。

金属风管的规格应以外径或外边长为准，非金属风管和风道的规格应以内径或内边长为准。圆形风管规格宜符合表 6-1 的规定，矩形风管规格宜符合表 6-2 的规定。圆形风管应优先采用基本系列，非规则椭圆形风管应参照矩形风管，并应以平面边长及短径径长为准。

表 6-1 圆形风管规格

风管直径 D/mm			
基本系列	辅助系列	基本系列	辅助系列
100	80	220	210
	90	250	240
120	110	280	260
140	130	320	300
160	150	360	340
180	170	400	380
200	190	450	420
500	480	1120	1060
560	530	1250	1180
630	600	1400	1320
700	670	1600	1500
800	750	1800	1700
900	850	2000	1900
1000	950		

表 6-2 矩形风管规格

风管边长/mm				
120	320	800	2000	4000
160	400	1000	2500	
200	500	1250	3000	
250	630	1600	3500	

风管系统按其工作压力应划分为微压、低压、中压与高压 4 个类别，并应采用相应类别的风管。风管类别应按表 6-3 的规定进行划分。

表 6-3 风管类别

类别	风管系统工作压力 P/Pa		密封要求
	管内正压	管内负压	
微压	$P \leqslant 125$	$P \geqslant -125$	接缝及接管连接处应严密
低压	$125 < P \leqslant 500$	$-500 < P \leqslant -125$	接缝及接管连接处应严密，密封面宜设在风管的正压侧
中压	$500 < P \leqslant 1500$	$1000 < P \leqslant -500$	接缝及接管连接处应加设密封措施
高压	$1500 < P \leqslant 2500$	$-2000 < P \leqslant -1000$	所有的拼接缝及接管连接处均应采取密封措施

1. 材料及规格

(1) 金属风管的材料品种、规格、性能与厚度应符合设计要求。当风管厚度设计无要求时，应按规范执行，钢板风管板材厚度应符合表 6-4 的规定。

表 6-4　钢板风管板材厚度　　单位：mm

风管直径或长边尺寸 b	板材厚度				
	微压、低压系统风管	中压系统风管		高压系统风管	除尘系统风管
		圆形	矩形		
$b\leqslant 320$	0.5	0.5	0.5	0.75	2.0
$320<b\leqslant 450$	0.5	0.6	0.6	0.75	2.0
$450<b\leqslant 630$	0.6	0.75	0.75	1.0	3.0
$630<b\leqslant 1000$	0.75	0.75	0.75	1.0	4.0
$1000<b\leqslant 1500$	1.0	1.0	1.0	1.2	5.0
$1500<b\leqslant 2000$	1.0	1.2	1.2	1.5	按设计要求
$2000<b\leqslant 4000$	1.2	按设计要求	1.2	按设计要求	按设计要求

注：1. 螺旋风管的钢板厚度可按圆形风管减少 10%～15%。
2. 排烟系统风管钢板厚度可按高压系统。
3. 不适用于地下人防与防火隔墙的预埋管。

检查数量：按Ⅰ方案(见附表 1)。

检查方法：尺量、观察检查。

(2) 非金属风管的材料品种、规格、性能与厚度等应符合设计要求。当设计无厚度规定时，应按规范执行。高压系统非金属风管应按设计要求。硬聚氯乙烯圆形风管板材厚度应符合表 6-5 的规定，硬聚氯乙烯矩形风管板材厚度应符合表 6-6 的规定。

表 6-5　硬聚氯乙烯圆形风管板材厚度　　单位：mm

风管直径 D	板材厚度	
	微压、低压	中压
$D\leqslant 320$	3.0	4.0
$320<D\leqslant 800$	4.0	6.0
$800<D\leqslant 1200$	5.0	8.0
$1200<D\leqslant 2000$	6.0	10.0
$D>2000$	按设计要求	

表 6-6　硬聚氯乙烯矩形风管板材厚度　　单位：mm

风管长边尺寸 b	板材厚度	
	微压、低压	中压
$b\leqslant 320$	3.0	4.0

续表

风管长边尺寸 b	板材厚度	
	微压、低压	中压
$320<b\leqslant500$	4.0	5.0
$500<b\leqslant800$	5.0	6.0
$800<b\leqslant1250$	6.0	8.0
$1250<b\leqslant2000$	8.0	10.0

织物布风管在工程中使用时，应具有相应符合国家现行标准的规定，并应符合卫生与消防的要求。

检查数量：按Ⅰ方案(见附表1)。

检查方法：观察检查、尺量、查验材料质量证明书、产品合格证。

(3) 防火风管的本体、框架与固定材料、密封垫料等必须采用不燃材料，防火风管的耐火极限时间应符合系统防火设计的规定。

检查数量：全数检查。

检查方法：查阅材料质量合格证明文件和性能检测报告，观察检查与点燃试验。

(4) 复合材料风管的覆面材料必须采用不燃材料，内层的绝热材料应采用不燃或难燃且对人体无害的材料。

检查数量：全数检查。

检查方法：查验材料质量合格证明文件、性能检测报告，观察检查与点燃试验。

2. 强度及严密性

(1) 风管在试验压力保持5min及以上时，接缝处应无开裂，整体结构应无永久性的变形及损伤。试验压力应符合下列规定：

① 低压风管应为1.5倍的工作压力；

② 中压风管应为1.2倍的工作压力，且不低于750Pa；

③ 高压风管应为1.2倍的工作压力。

(2) 矩形金属风管的严密性试验，在工作压力下的风管允许漏风量应符合表6-7的规定。

表6-7 风管允许漏风量

风 管 类 别	允许漏风量/[$m^3/(h\cdot m^2)$]
低压风管	$Q_L\leqslant0.1056P^{0.65}$
中压风管	$Q_M\leqslant0.0352P^{0.65}$
高压风管	$Q_H\leqslant0.0117P^{0.65}$

注：Q_L 是低压风管允许漏风量，Q_M 为中压风管允许漏风量，Q_H 为高压风管允许漏风量，P 为系统风管工作压力(Pa)。

(3) 低压、中压圆形金属与复合材料风管，以及采用非法兰形式的非金属风管的允许漏风量，应为矩形金属风管规定值的50%。砖、混凝土风道的允许漏风量不应大于矩形金属低压风管规定值的1.5倍。

(4) 排烟、除尘、低温送风及变风量空调系统风管的严密性应符合中压风管的规定，N1～N5级净化空调系统风管的严密性应符合高压风管的规定。风管系统工作压力绝对值不大于125Pa的微压风管，在外观和制造工艺检验合格的基础上，不应进行漏风量的验证测试。

(5) 风管或系统风管强度与漏风量测试应符合《通风与空调工程施工质量验收规范》(GB 50243—2016)附录C的规定。

检查数量：按Ⅰ方案(见附表1)。

检查方法：按风管系统的类别和材质分别进行，查阅产品合格证和测试报告，或实测旁站。

3. 风管的连接

(1) 金属风管的连接应符合下列规定。

① 风管板材拼接的接缝应错开，不得有十字形拼接缝。

② 金属风管法兰及螺栓规格应符合表6-8和表6-9的规定。微压、低压与中压系统风管法兰的螺栓及铆钉孔的孔距不得大于150mm；高压系统风管不得大于100mm。矩形风管法兰的四角部位应设有螺孔。

③ 用于中压及以下压力系统风管的薄钢板法兰矩形风管的法兰高度，应大于或等于相同金属法兰风管的法兰高度。薄钢板法兰矩形风管不得用于高压风管。

检查数量：按Ⅰ方案(见附表1)。

检查方法：尺量、观察检查。

表6-8 金属圆形风管法兰及螺栓规格

风管直径 D/mm	法兰材料规格/mm		螺栓规格
	扁钢	角钢	
$D \leqslant 140$	20×4	—	M6
$140 < D \leqslant 280$	25×4	—	
$280 < D \leqslant 630$	—	25×3	
$630 < D \leqslant 1250$	—	30×4	M8
$1250 < D \leqslant 2000$	—	40×4	

表6-9 金属矩形风管法兰及螺栓规格

风管长边尺寸 b/mm	法兰角钢规格/mm	螺栓规格
$b \leqslant 630$	25×3	M6
$630 < b \leqslant 1500$	30×3	M8
$1500 < b \leqslant 2500$	40×4	
$2500 < b \leqslant 4000$	50×5	M10

(2) 非金属(硬聚氯乙烯)风管法兰规格应符合表6-10与表6-11的规定。法兰螺孔的间距不得大于120mm。矩形风管法兰四角处，应设有螺孔。

表 6-10　硬聚氯乙烯圆形风管法兰规格

风管直径 D/mm	材料规格(宽×厚)/mm	连接螺栓
$D\leqslant 180$	35×6	M6
$180<D\leqslant 400$	35×8	M8
$400<D\leqslant 500$	35×10	
$500<D\leqslant 800$	40×10	
$800<D\leqslant 1400$	40×12	M10
$1400<D\leqslant 1600$	50×15	
$1600<D\leqslant 2000$	60×15	
$D>2000$	按设计要求	

表 6-11　硬聚氯乙烯矩形风管法兰规格

风管边长 b/mm	材料规格(宽×厚)/mm	连接螺栓
$b\leqslant 160$	35×6	M6
$160<b\leqslant 400$	35×8	M8
$400<b\leqslant 500$	35×10	
$500<b\leqslant 800$	40×10	M10
$800<b\leqslant 1250$	45×12	
$1250<b\leqslant 1600$	50×15	
$1600<b\leqslant 2000$	60×18	
$1600<b\leqslant 2000$	按设计要求	

检查数量:按Ⅰ方案(见附表1)。

检查方法:尺量、观察检查。

(3) 铝箔复合材料风管的连接、组合应符合下列规定。

① 采用直接粘接连接的风管,边长不应大于500mm;采用专用连接件连接的风管,金属专用连接件的厚度不应小于1.2mm,塑料专用连接件的厚度不应小于1.5mm。

② 风管内的转角连接缝,应采取密封措施。

③ 铝箔玻璃纤维复合风管采用压敏铝箔胶带连接时,胶带应粘接在铝箔面上,接缝两边的宽度均应大于20mm。不得采用铝箔胶带直接与玻璃纤维断面相黏结的方法。

④ 当采用法兰连接时,法兰与风管板材的连接应可靠,绝热层不应外露,不得采用降低板材强度和绝热性能的连接方法。中压风管边长大于1500mm时,风管法兰应为金属材料。

检查数量:按Ⅰ方案(见附表1)。

检查方法:尺量、观察检查、查验材料质量证明书、产品合格证。

4. 风管的加固

(1) 金属风管的加固应符合下列规定。

① 直咬缝圆形风管直径大于或等于800mm,且管段长度大于1250mm或总表面积大

于 $4m^2$ 时，均应采取加固措施。用于高压系统的螺旋风管，直径大于 2000mm 时应采取加固措施。

② 矩形风管的边长大于 630mm，或矩形保温风管边长大于 800mm，管段长度大于 1250mm；或低压风管单边平面面积大于 $1.2m^2$，中、高压风管大于 $1.0m^2$，均应有加固措施。

③ 非规则椭圆形风管的加固应按本条第 2 款矩形风管的规定执行。

检查数量：按Ⅰ方案（见附表 1）。

检查方法：尺量、观察检查。

（2）硬聚氯乙烯风管的直径或边长大于 500mm 时，风管与法兰的连接处应设加强板，且间距不得大于 450mm。

检查数量：按Ⅰ方案（见附表 1）。

检查方法：观察检查、尺量、查验材料质量证明书、产品合格证。

风管与配件产成品检验批质量验收记录表见附表 3～附表 5。

6.1.2 风管部件的制作检验

1. 一般要求

（1）风管部件材料的品种、规格和性能应符合设计要求。

检查数量：按Ⅰ方案（见附表 1）。

检查方法：观察、尺量、检查产品合格证明文件。

（2）外购风管部件成品的性能参数应符合设计及相关技术文件的要求。

检查数量：按Ⅰ方案（见附表 1）。

检查方法：观察检查、检查产品技术文件。

2. 风阀

成品风阀的制作应符合下列规定。

（1）风阀应设有开度指示装置，并应能准确反映阀片开度。

（2）手动风量调节阀的手轮或手柄应以顺时针方向转动为关闭。

（3）电动、气动调节阀的驱动执行装置，动作应可靠，且在最大工作压力下工作应正常。

（4）净化空调系统的风阀，活动件、固定件以及紧固件均应采取防腐措施，风阀叶片主轴与阀体轴套配合应严密，且应采取密封措施。

（5）工作压力大于 1000Pa 的调节风阀，生产厂应提供在 1.5 倍工作压力下能自由开关的强度测试合格的证书或试验报告。

（6）密闭阀应能严密关闭，漏风量应符合设计要求。

检查数量：按Ⅰ方案（见附表 1）。

检查方法：观察、尺量、手动操作、查阅测试报告。

3. 防火阀、排烟阀

防火阀、排烟阀或排烟口的制作应符合现行国家标准《建筑通风和排烟系统用防火阀门》（GB 15930—2007）的有关规定，并应具有相应的产品合格证明文件。

检查数量：全数检查。

检查方法：观察、尺量、手动操作，查阅产品质量证明文件。

4. 风口

风口的制作应符合下列规定。

（1）风口的结构应牢固，形状应规则，外表装饰面应平整。

（2）风口的叶片或扩散环的分布应均匀。

（3）风口各部位的颜色应一致，不应有明显的划伤和压痕。调节机构应转动灵活、定位可靠。

（4）风口应以颈部的外径或外边长尺寸为准，风口颈部尺寸允许偏差应符合表6-12的规定。

表 6-12 风口颈部尺寸允许偏差 单位：mm

圆形风口			
直径	≤250		>250
允许偏差	−2～0		−30
矩形风口			
大边长	<300	300～800	>800
允许偏差	−1～0	−2～0	−3～0
对角线长度	<300	300～800	>800
对角线长度之差	0～1	0～2	0～3

检查数量：按Ⅱ方案（见附表2）。

检查方法：观察检察、手动操作、尺量检查。

5. 消声器

消声器、消声弯管的制作应符合下列规定。

（1）消声器的类别、消声性能及空气阻力应符合设计要求和产品技术文件的规定。

（2）矩形消声弯管平面边长大于800mm时，应设置吸声导流片。

（3）消声器内消声材料的织物覆面层应平整，不应有破损，并应顺气流方向进行搭接。

（4）消声器内的织物覆面层应有保护层，保护层应采用不易锈蚀的材料，不得使用普通铁丝网。当使用穿孔板保护层时，穿孔率应大于20%。

（5）净化空调系统消声器内的覆面材料应采用尼龙布等不易产尘的材料。

（6）微穿孔（缝）消声器的孔径或孔缝、穿孔率及板材厚度应符合产品设计要求，综合消声量应符合产品技术文件要求。

检查数量：按Ⅰ方案（见附表1）。

检查方法：观察、尺量、查阅性能检测报告和产品质量合格证。

6. 柔性短管

柔性短管的制作应符合下列规定。

（1）外径或外边长应与风管尺寸相匹配。

（2）应采用抗腐、防潮、不透气及不易霉变的柔性材料。

(3) 用于净化空调系统的还应是内壁光滑、不易产生尘埃的材料。

(4) 柔性短管的长度宜为 150～250mm，接缝的缝制或黏结应牢固、可靠，不应有开裂；成型短管应平整，无扭曲等现象。

(5) 柔性短管不应为异径连接管，矩形柔性短管与风管连接不得采用抱箍固定的形式。

(6) 柔性短管与法兰组装宜采用压板铆接连接，铆钉间距宜为 60～80mm。

检查数量：按Ⅱ方案(见附表 2)。

检查方法：观察检察、尺量检查。

防排烟系统的柔性短管必须采用不燃材料。

检查数量：全数检察。

检查方法：观察检查、检查材料燃烧性能检测报告。

6.1.3 风管支吊架的安装

管道支架有悬臂型、斜支撑型、地面制成型、悬吊架及导向支架等，通风空调的风管系统上常用的是悬吊型支吊架，如图 6-2 所示。

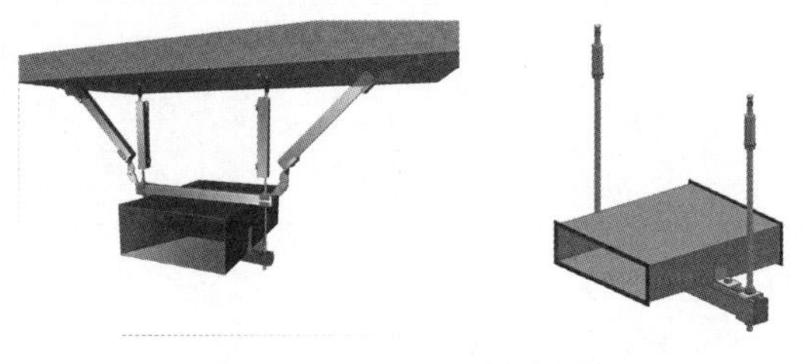

图 6-2 悬吊型风管支吊架

1. 支吊架的安装

支吊架的安装应按照图 6-3 所示工序进行。

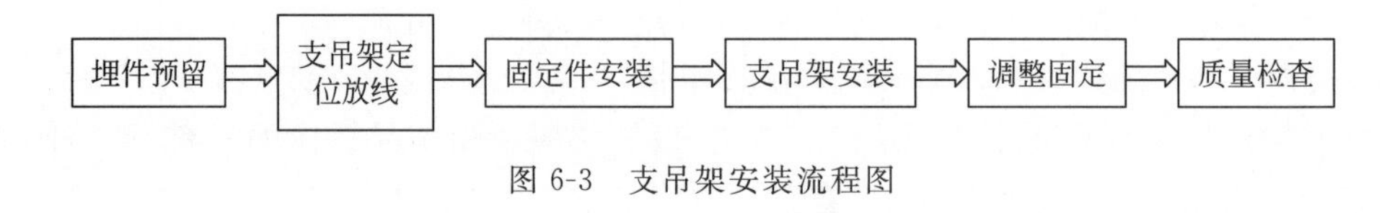

图 6-3 支吊架安装流程图

1) 埋件预留

预埋件的形式、规格及位置应符合设计要求，并应与结构浇筑为一体。

2) 支吊架定位放线

应按施工图中管道、设备等的安装位置，弹出支吊架的中心线，确定支吊架的安装位置。风管支吊架的最大允许间距应满足设计要求，并应符合下列规定。

(1) 金属风管(含保温)水平安装时，支吊架的最大间距应符合表 6-13 的规定。

(2) 非金属与复合风管水平安装时，支吊架的最大间距应符合表 6-14 的规定。

(3) 风管垂直安装时，支吊架的最大间距应符合表 6-15 的规定。

(4) 柔性风管支、吊架的最大间距宜小于 1500mm。

表 6-13　水平安装金属风管支吊架的最大间距　　单位:mm

风管边长 b 或直径 D	矩形风管	圆形风管	
		纵向咬口风管	螺旋咬口风管
≤400	4000	4000	5000
>400	3000	3000	3750

表 6-14　水平安装非金属与复合风管支吊架的最大间距　　单位:mm

<table>
<tr><th rowspan="2">风管类型</th><th colspan="7">风管边长 b</th></tr>
<tr><th>≤400</th><th>≤450</th><th>≤800</th><th>≤1000</th><th>≤1500</th><th>≤1600</th><th>≤2000</th></tr>
<tr><td>硬聚氯乙烯风管</td><td>4000</td><td colspan="6">3000</td></tr>
<tr><td>酚醛铝箔复合风管</td><td colspan="4">2000</td><td colspan="2">1500</td><td>1000</td></tr>
<tr><td>聚氨酯铝箔复合风管</td><td>4000</td><td colspan="6">3000</td></tr>
<tr><td>玻璃纤维复合风管</td><td colspan="2">2400</td><td colspan="2">2200</td><td colspan="3">1800</td></tr>
</table>

表 6-15　垂直安装风管支吊架的最大间距　　单位:mm

<table>
<tr><th colspan="2">管道类别</th><th>最大间距</th><th>支架最少数量</th></tr>
<tr><td>金属风管</td><td>钢板、镀锌钢板、不锈钢板、铝板</td><td>4000</td><td rowspan="5">单根直管不少于2个</td></tr>
<tr><td rowspan="3">复合风管</td><td>酚醛铝箔复合风管</td><td rowspan="2">2400</td></tr>
<tr><td>聚氨酯铝箔复合风管</td></tr>
<tr><td>玻璃纤维复合风管</td><td>1200</td></tr>
<tr><td>非金属风管</td><td>硬聚氯乙烯风管</td><td>3000</td></tr>
</table>

3）固定件安装

支吊架与结构固定常采用膨胀螺栓固定。结构现浇板内不设预埋件时,吊架与结构固定点(吊架根部)采用槽钢或角钢,通过膨胀螺栓与结构固定。吊杆与槽钢或角钢采用螺栓连接或焊接连接,如图 6-4 所示。

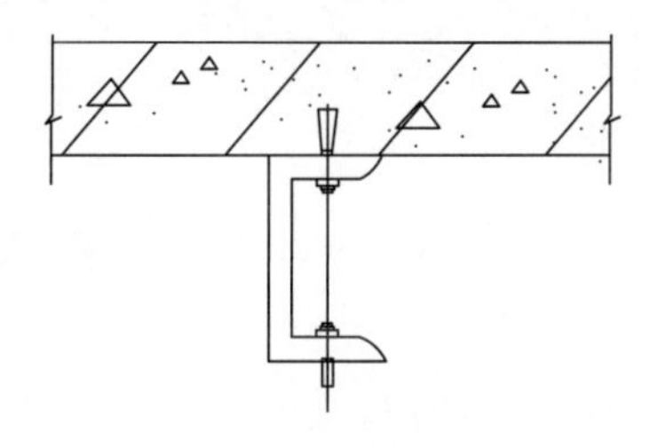

(a) 吊杆与槽钢螺栓连接

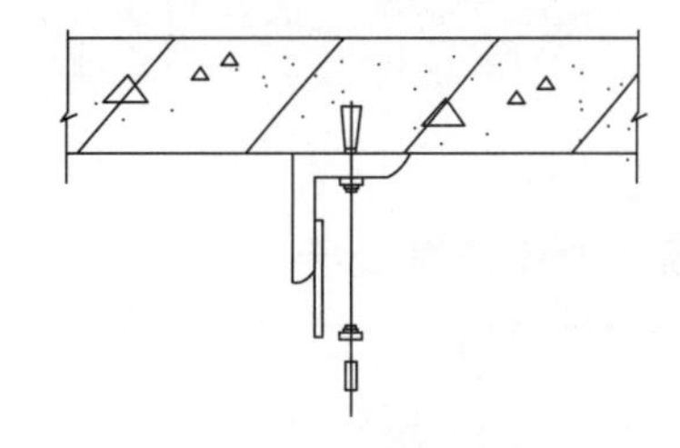

(b) 吊杆与角钢螺栓连接

图 6-4　支吊架与结构固定

4）支吊架安装

风管支吊架的安装除了满足间距规定外,还应符合下列要求。

(1) 支吊架不应设置在风口、门、检查口及自控机构操作部位,且距风口不应小于 200mm。

(2) 圆形风管U形管卡圆弧应均匀，且应与风管外径相一致。

(3) 支吊架距风管末端不应大于1000mm，距水平弯头的起弯点间距不应大于500mm，设在支管上的支吊架距干管不应大于1200mm。

(4) 吊杆与吊架根部连接应牢固。吊杆采用螺纹连接时，拧入连接螺母的螺纹长度应大于吊杆直径，并应有防松动措施。吊杆应平直，螺纹完整、光洁。安装后，吊架的受力应均匀，无变形。

(5) 边长(直径)大于或等于630mm的防火阀宜设独立的支吊架；水平安装的边长(直径)大于200mm的风阀等部件与非金属风管连接时，应单独设置支吊架。

(6) 当水平悬吊的主、干风管长度超过20m时，应设置防止摆动的固定点，每个系统不应少于1个。矩形风管立面与吊杆的间隙不应大于150mm。

(7) 水平安装的复合风管与支吊架接触面的两端，应设置厚度大于或等于1.0mm、宽度宜为60～80mm、长度宜为100～120mm的镀锌角形垫片。

(8) 垂直安装的非金属与复合风管，可采用角钢或槽钢加工成"井"字形抱箍作为支架。支架安装时，风管内壁应衬镀锌金属内套，并应采用镀锌螺栓穿过管壁将抱箍与内套固定。螺孔间距不应大于120mm，螺母应位于风管外侧。螺栓穿过的管壁处应进行密封处理。

(9) 消声弯头或边长(直径)大于1250mm的弯头、三通等应设置独立的支吊架。

(10) 不锈钢板、铝板风管与碳素钢支吊架的接触处，应采取防电化学腐蚀措施。

5) 调整与固定

横担上穿吊杆的螺孔距离应比风管宽40～50mm，一般都使用双杆固定。为便于调节风管的标高，在端部套有长50～60mm的螺纹，便于调节。支吊架安装后，应按照风管设计标高对支吊架进行调整，并加以固定，支吊架纵向应顺直、美观，如图6-5所示。

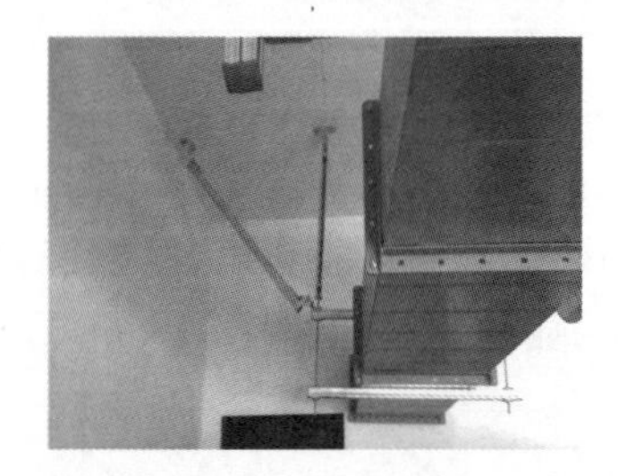

图6-5 支吊架安装示意图

2. 支吊架的安装质量检查

风管系统支吊架的安装应符合下列规定。

(1) 预埋件位置应正确、牢固可靠，埋入部分应去除油污，且不得涂漆。

(2) 风管系统支吊架的形式和规格应按工程实际情况选用。

(3) 风管直径大于2000mm或边长大于2500mm风管的支吊架的安装要求，应按设计要求执行。

检查数量：按Ⅰ方案(见附表1)。

检查方法：查看设计图、尺量、观察检查。

6.1.4 风管系统的安装

风管系统的安装应按下列工序进行。

1. 风管的安装

1）风管安装流程

风管安装流程如图 6-6 所示。

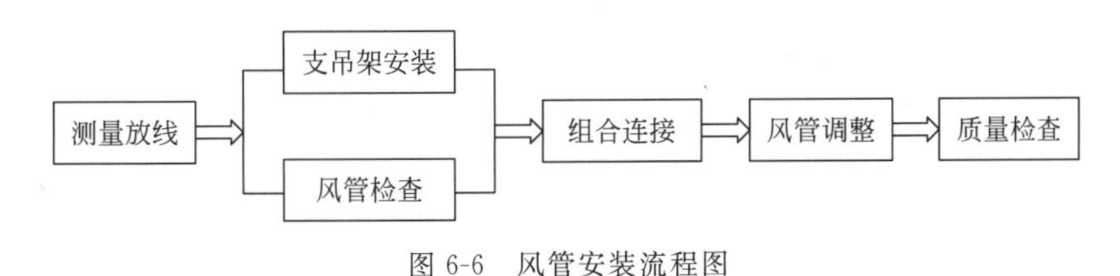

图 6-6 风管安装流程图

（1）测量放线。风管安装前，应先对其安装部位进行测量放线，确定管道中心线位置。

（2）支吊架安装。风管支吊架的安装应符合规范的有关规定。

（3）风管检查。风管安装前，应检查风管有无变形、划痕等外观质量缺陷，风管规格应与安装部位对应。

（4）组合连接。风管组合连接时，应先将风管管段临时固定在支吊架上，然后调整高度，达到要求后再进行组合连接。金属矩形风管连接宜采用角钢法兰连接、薄钢板法兰连接、C 形或 S 形插条连接、立咬口等形式；金属圆形风管宜采用角钢法兰连接、芯管连接。

组合连接安装根据施工现场情况，风管安装通常在地面连成一定的长度，然后采用吊装的方法就位。一般安装顺序是先干管后支管。

① 组合连接：将各段加工好的风管，按施工图进行排列，为连接做好准备。法兰连接时，按设计要求放置垫料，法兰垫料不能挤入或凸入管内，否则会增大流动阻力，增加管内积尘。把两个法兰先对正，穿上几条螺栓并戴上螺母，暂时不要拧紧。然后用尖冲塞进穿不上螺栓的螺孔中，把两个螺孔撬正，直到所有螺栓都穿上后，再把螺栓拧紧。为了避免螺栓滑扣，紧螺栓时应按十字交叉逐步均匀地拧紧。连接好的风管，应以两端法兰为准，拉线检查风管连接是否平直。

② 风管安装：有接长吊装法和分节安装法。风管接长吊装是将在地面上连接好的风管，一般可接长至 10～20m，用倒链或滑轮将风管升至吊架上的方法。首先应根据现场具体情况，在梁柱上选择两个可靠的吊点；其次挂好倒链或滑轮。用麻绳将风管捆绑结实。塑料风管如需整体吊装时，绳索不得直接捆绑在风管上，应用长木板托住风管的底部，四周应有软性材料做垫层，方可起吊。起吊时。当风管离地 200～300mm 时，应停止起吊，仔细检查倒链式滑轮受力点和捆绑风管的绳索、绳扣是否牢靠，风管的重心是否正确。确定没问题后再继续起吊。风管放在支吊架后，将所有托盘和吊杆连接好，确认风管稳固好，才可以解开绳扣。安装时注意风管接口不得安装在墙内或楼板中，风管沿墙体或楼板安装时，距离墙面、楼板宜大于 150mm。

对于不便悬挂滑轮或因受场地限制，不能进行吊装时，可将风管分节用绳索拉到脚手架上，然后抬到支架上对正法兰逐节安装。

(5) 风管调整。风管安装后应进行调整，风管应平正，支吊架顺直。

2) 风管安装质量检查

风管安装必须符合下列规定。

(1) 风管内严禁其他管线穿越。

(2) 输送含有易燃、易爆气体或安装在易燃、易爆环境的风管系统必须设置可靠的防静电接地装置。

(3) 输送含有易燃、易爆气体的风管系统通过生活区域或其他辅助生产车间时不得设置接口。

(4) 室外风管系统的拉索等金属固定件严禁与避雷针或避雷网连接。

检查数量：全数。

检查方法：尺量、观察检查。

2. 风管部件的安装

风管部件的安装应符合下列规定。

(1) 风管部件及操作机构的安装应便于操作。

(2) 斜插板风阀安装时，阀板应顺气流方向插入；水平安装时，阀板应向上开启。

(3) 止回阀、定风量阀的安装方向应正确。

(4) 防爆波活门、防爆超压排气活门安装时，穿墙管的法兰和在轴线视线上的杠杆应铅锤，活门开启应朝向排气方向，在设计的超压下能自动启闭。关闭后，阀盘与密封圈贴合应严密。

(5) 防火阀、排烟阀(口)的安装位置、方向应正确。位于防火分区隔墙两侧的防火阀，距墙表面不应大于 200mm。

检查数量：按Ⅰ方案(见附表 1)。

检查方法：吊垂、手扳、尺量、观察检查。

3. 风口的安装

风口的安装应符合下列规定。

(1) 风口表面应平整、不变形，调节应灵活、可靠。同一厅室、房间内的相同风口的安装高度应一致，排列应整齐。

(2) 明装无吊顶的风口，安装位置和标高允许偏差应为 10mm。

(3) 风口垂直安装，垂直度的允许偏差应为 2‰。

检查数量：按Ⅱ方案(见附表 2)。

检查方法：尺量、观察检查。

4. 柔性短管的安装

柔性短管的安装应松紧适度，目测平顺，不应有强制性的扭曲。可伸缩金属或非金属柔性风管的长度不宜大于 2m。柔性风管支吊架的间距不应大于 1500mm，承托的座或箍的宽度不应小于 25mm，两支架间风道的最大允许下垂应为 100mm，且不应有死弯或塌凹。

检查数量：按Ⅱ方案(见附表 2)。

检查方法:尺量、观察检查。

5. 消声器及静压箱的安装

消声器及静压箱的安装应符合下列规定。

(1) 消声器及静压箱安装时,应设置独立支吊架,固定应牢固。

(2) 当采用回风箱作为静压箱时,回风口处应设置过滤网。

检查数量:按Ⅱ方案(见附表2)。

检查方法:观察检查。

6. 安装质量检验

风管系统安装完毕后,应按系统类别要求进行施工质量外观检验。合格后,应进行风管系统的严密性检验,漏风量除应符合设计要求和《通风与空调工程施工质量验收规范》(GB 50243—2016)第4.2.1条的规定外,尚应符合下列规定。

(1) 当风管系统严密性检验出现不合格时,除应修复不合格的系统外,受检方应申请复验或复检。

(2) 净化空调系统进行风管严密性检验时,N1～N5级的系统按高压系统风管的规定执行;N6～N9级,且工作压力小于或等于1500Pa的,均按中压系统风管的规定执行。

检查数量:微压系统,按工艺质量要求实行全数观察检验;低压系统,按Ⅱ方案(见附表2)实行抽样检验;中压系统,按Ⅰ方案(见附表1)实行抽样检验;高压系统,全数检验。

检查方法:除微压系统外,严密性测试按《通风与空调工程施工质量验收规范》(GB 50243—2016)附录C的规定执行。

7. 其他

(1) 当风管穿过需要封闭的防火、防爆的墙体或楼板时,必须设置厚度不小于1.6mm的钢制防护套管;风管与防护套管之间应采用不燃柔性材料封堵严密。

检查数量:全数。

检查方法:尺量、观察检查。

(2) 住宅厨房、卫生间排风道的结构、尺寸应符合设计要求,内表面应平整;各层支管与风道的连接应严密,并应设置防倒灌的装置。

检查数量:按Ⅰ方案(见附表1)。

检查方法:观察检查。

(3) 织物布风管的安装应符合下列规定。

① 悬挂系统的安装方式、位置、高度和间距应符合设计要求。

② 水平安装钢绳垂吊点的间距不得大于3m。长度大于15m的钢绳应增设吊架或可调节的花篮螺栓。风管采用双钢绳垂吊时,两绳应平行,间距应与风管的吊点相一致。

③ 滑轨的安装应平整牢固,目测不应有扭曲;风管安装后应设置定位固定。

④ 织物布风管与金属风管的连接处应采取防止锐口划伤的保护措施。

⑤ 织物布风管垂吊吊带的间距不应大于1.5m,风管不应呈现波浪形。

检查数量:按Ⅱ方案(见附表2)。

检查方法:尺量、观察检查。

风管系统安装检验批质量验收记录表见附录中的附表6、附表7。

6.2 风机与空气处理设备安装

6.2.1 风机的安装

风机安装应按图 6-7 所示工序进行。

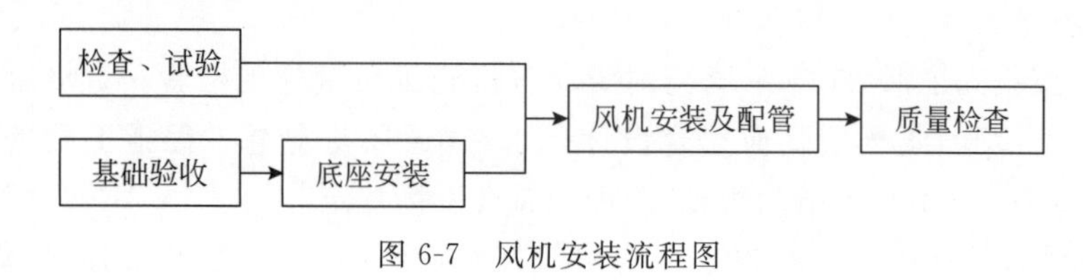

图 6-7 风机安装流程图

1. 风机安装

1）检查、试验

风机及风机箱检查时，首先应根据设计图纸对名称、型号、机号、传动方式、旋转方向和风口位置等部分进行检查。符合设计要求后，风机及风机箱安装前应检查确保电动机接线正确无误；通电试验，确保叶片转动灵活、方向正确，保证机械部分无摩擦、松脱，无漏电及异常声响。

2）基础验收

风机安装前应根据设计图纸、产品样本或风机实物检查设备基础是否符合设备的尺寸、型号要求。风机落地安装的基础标高、位置及主要尺寸、预留洞的位置和深度应符合设计要求，并应有验收资料。基础表面应水平、无蜂窝、裂纹、麻面、露筋。设备基础表面和地脚螺栓预留孔中的杂物、积水等应清除干净；预埋地脚螺栓的螺纹和螺母应保护完好。

3）风机安装

风机安装位置应正确、底座应水平。落地安装前，风机应固定在隔振底座上，底座尺寸应与基础大小匹配，中心线一致。隔振底座与基础之间应按设计要求设置减振装置，并应采取防止设备水平位移的措施，风机吊架安装时吊架及减振装置应符合设计及产品技术文件的要求。

4）风机与风管柔性短管连接

风机与风管的连接应采用柔性短管连接，防排烟系统柔性短管的制作材料必须为不燃材料。柔性短管的安装宜采用法兰连接形式，柔性短管的长度宜为 150～300mm，安装后应松紧适当，不应扭曲，且不应作为找平、找正的异径连接管，如图 6-8 所示。

图 6-8 风机与风管柔性短管连接

5）离心式通风机的进出口接管安装

通风机出口接管应顺通风机叶片转向接出弯管。在现场条件允许下，还应保证通风机出口至弯管的距离最好为风机出口长边的1.5～2.0倍（如受限制可内设导流片）。通风机的进风管、出风管应有单独的支撑，并与基础或其他建筑物连接牢固。

2. 风机安装质量检验

（1）风机及风机箱的安装应符合下列规定。

① 产品的性能、技术参数应符合设计要求，出口方向应正确。

② 叶轮旋转应平稳，每次停转后不应停留在同一位置上。

③ 固定设备的地脚螺栓应紧固，并应采取防松动措施。

④ 落地安装时，应按设计要求设置减振装置，并应采取防止设备水平位移的措施。

⑤ 悬挂安装时，吊架及减振装置应符合设计及产品技术文件的要求。

检查数量：按Ⅰ方案（见附表1）。

检查方法：依据设计图纸核对，盘动，观察检查。

（2）通风机传动装置的外露部位以及直通大气的进、出风口，必须装设防护罩、防护网或采取其他安全防护措施。

检查数量：全数检查。

检查方法：依据设计图纸核对，观察检查。

（3）风机的进、出口不得承受外加的重量，相连接的风管、阀件应设置独立的支吊架。

检查数量：按Ⅱ方案（见附表2）。

检查方法：尺量、观察或查阅施工记录。

6.2.2 空调机组的安装

1. 一般要求

单元式与组合式空气处理设备的安装应符合下列规定。

（1）产品的性能、技术参数和接口方向应符合设计要求。

（2）现场组装的组合式空调机组应按现行国家标准《组合式空调机组》（GB/T 14294—2008）的有关规定进行漏风量的检测。通用机组在700Pa静压下，漏风率不应大于2%；净化空调系统机组在1000Pa静压下，漏风率不应大于1%。

（3）应按设计要求设置减振支座或支吊架，承重量应符合设计及产品技术文件的要求。

检查数量：通用机组按Ⅱ方案（见附表2），净化空调系统机组N7～N9级按Ⅰ方案（见附表1），N1～N6级全数检查。

检查方法：依据设计图纸核对，查阅测试记录。

2. 单元式机组

单元式空调机组的安装还应符合下列规定。

（1）分体式空调机组的室外机和风冷整体式空调机组的安装固定应牢固可靠，并应满足冷却风自然进入的空间环境要求。

（2）分体式空调机组室内机的安装位置应正确，并应保持水平，冷凝水排放应顺畅。

管道穿墙处密封应良好,不应有雨水渗入。

检查数量:按Ⅱ方案(见附表2)。

检查方法:观察检查。

3. 组合式机组

组合式空调机组、新风机组的安装还应符合下列规定。

(1) 组合式空调机组各功能段的组装应符合设计的顺序和要求,各功能段之间的连接应严密,整体外观应平整。

(2) 供回水管与机组的连接应正确,机组下部冷凝水管的水封高度应符合设计或设备技术文件的要求。

(3) 机组与风管采用柔性短管连接时,柔性短管的绝热性能应符合风管系统的要求。

(4) 机组应清扫干净,箱体内不应有杂物、垃圾和积尘。

(5) 机组内空气过滤器(网)和空气热交换器翅片应清洁、完好,安装位置应便于维护和清理。

检查数量:按Ⅱ方案(见附表2)。

检查方法:观察检查。

6.2.3 风机盘管的安装

风机盘管的安装应按图6-9所示工序进行。

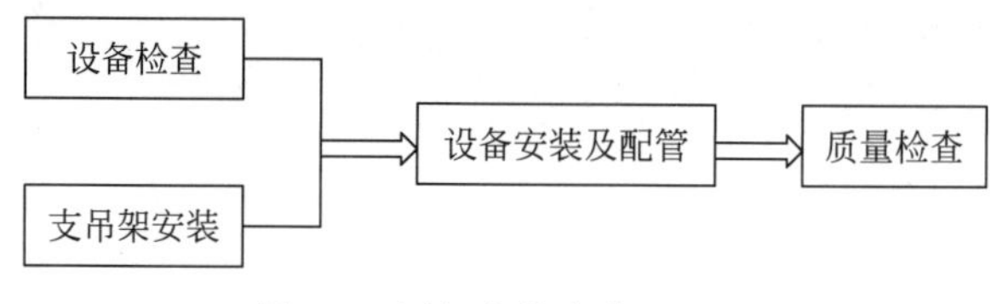

图6-9 风机盘管安装流程图

1. 风机盘管的安装

1) 设备检查

风机盘管机组的叶轮应转动灵活、方向正确,机械部分无摩擦、松脱,电动机接线无误;应通电进行三速试运转,电气部分不漏电,声音正常。风机盘管在安装前应逐台进行水压试验,试验强度应为工作压力的1.5倍,定压后观察2～3min不渗不漏。

2) 支吊架安装

风机盘管、空调末端装置安装时,应设置独立的支吊架,支吊架应满足其承重要求。支吊架应固定在可靠的建筑结构上,不应影响结构安全。严禁将支吊架焊接在承重结构及屋架的钢筋上。

3) 设备安装及配管

风机盘管安装位置应符合设计要求,固定牢靠且平正;与进出风管连接时,均应设置柔性短管;吊装式风机盘管的坡度应坡向水盘排水口。暗装的卧式盘管在吊顶处应留有检查门,便于机组维修;立式风机盘管安装应牢固,位置及高度应正确,如图6-10所示。

图 6-10　风机盘管安装

4）配管的安装

（1）风机盘管同冷热媒管连接，应在管道系统冲洗排污后再连接，以防堵塞热交换器。冷热媒水管与风机盘管连接宜采用金属软管，软管连接应牢固，无扭曲和瘪管现象。冷热水管道上的阀门及过滤器应靠近风机盘管，调节阀安装位置应正确，放气阀应无堵塞现象。金属软管及阀门均应保温。

（2）冷凝水管与风机盘管连接时，宜设置透明胶管，长度不宜大于150mm，接口应连接牢固、严密，坡向正确，无扭曲和瘪管现象。凝结水管坡度应正确，凝结水应通畅地排放到指定位置。

（3）风机盘管与进、出风管连接时，均应设置柔性短管。

2. 风机盘管的安装质量检查

风机盘管机组的安装应符合下列规定。

（1）机组安装前宜进行风机三速试运转及盘管水压试验。试验压力应为系统工作压力的1.5倍，试验观察时间应为2min，不渗漏为合格。

（2）机组应设独立支吊架，固定应牢固，高度与坡度应正确。

（3）机组与风管、回风箱或风口的连接，应严密可靠。

检查数量：按Ⅱ方案（见附表2）。

检查方法：观察检查、查阅试验记录。

6.3　空调用冷热源安装

空调用冷热源与辅助设备的安装应按图6-11所示工序进行。

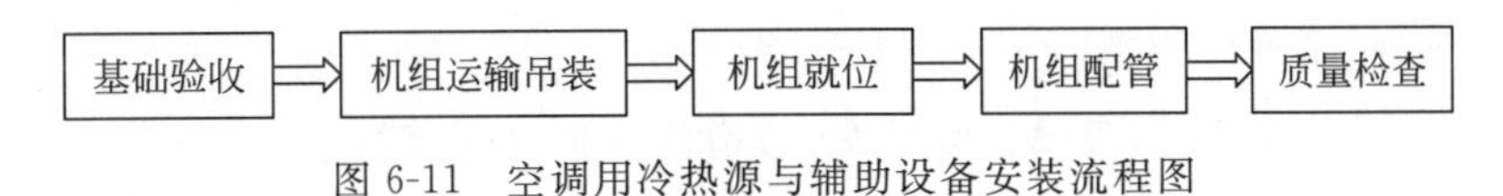

图 6-11　空调用冷热源与辅助设备安装流程图

6.3.1　蒸汽压缩式制冷机组的安装

1. 基础

蒸汽压缩式制冷（热泵）机组的基础应满足设计要求，并应符合下列规定。

(1) 型钢或混凝土基础的规格和尺寸应与机组匹配。

(2) 基础表面应平整,无蜂窝、裂纹、麻面和露筋。

(3) 基础应坚固,强度经测试满足机组运行时的荷载要求。

(4) 混凝土基础预留螺栓孔的位置、深度、垂直度应满足螺栓安装要求;基础预埋件应无损坏,表面光滑平整。

(5) 基础四周应有排水设施。

(6) 基础位置应满足操作及检修的空间要求。

2. 运输和吊装

蒸汽压缩式制冷(热泵)机组的运输和吊装应符合下列规定。

① 应核实设备与运输通道的尺寸,保证设备运输通道畅通。

② 应复核设备重量与运输通道的结构承载能力,确保结构梁、柱、板的承载安全。

③ 设备运输应平稳,并采取防振、防滑、防倾斜等安全保护措施。

④ 采用的吊具应能承受吊装设备的整个重量,吊索与设备接触部位应衬垫软质材料。

⑤ 设备应捆扎稳固,主要受力点应高于设备重心,具有公共底座设备的吊装,其受力点不应使设备底座产生扭曲和变形。

⑥ 水平滚动运输机组时,机组应始终处在滚动垫木上,直到运至预定位置后,将防振软垫放于机组底脚与基础之间,并校准水平后,再去掉滚动垫木。

3. 机组就位

蒸汽压缩式制冷(热泵)机组就位安装应符合下列规定。

(1) 机组安装位置应符合设计要求,同规格设备成排就位时,尺寸应一致。

(2) 减振装置的种类、规格、数量及安装位置应符合产品技术文件的要求;采用弹簧隔振器时,应设有防止机组运行时水平位移的定位装置。

(3) 机组应水平,当采用垫铁调整机组水平度时,垫铁放置位置应正确、接触紧密,每组不超过 3 块。

4. 机组配管

蒸汽压缩式制冷(热泵)机组配管应符合下列规定。

(1) 机组与管道连接应在管道冲(吹)洗合格后进行。

(2) 与机组连接的管路上应按设计及产品技术文件的要求安装过滤器、阀门、部件、仪表等,位置应正确、排列应规整。

(3) 机组与管道连接时,应设置软接头,管道应设独立的支吊架。

(4) 压力表距阀门位置不宜小于 200mm。

5. 空气源热泵机组

空气源热泵机组安装还应符合下列规定。

(1) 机组安装在屋面或室外平台上时,机组与基础间的隔振装置应符合设计要求,并应采取防雷措施和可靠的接地措施。

(2) 机组配管与室内机安装应同步进行。

6.3.2 蒸汽压缩式制冷机组的安装质量验收

1. 主控项目

(1) 制冷机组及附属设备的安装应符合下列规定。

① 制冷(热)设备、制冷附属设备产品性能和技术参数应符合设计要求,并应具有产品合格证书、产品性能检验报告。

② 设备的混凝土基础应进行质量交接验收,且应验收合格。

③ 设备安装的位置、标高和管口方向应符合设计要求。采用地脚螺栓固定的制冷设备或附属设备,垫铁的放置位置应正确,接触应紧密,每组垫铁不应超过3块;螺栓应紧固,并应采取防松动措施。

检查数量:全数检查。

检查方法:观察、核对设备型号、规格;查阅产品质量合格证书、性能检验报告和施工记录。

(2) 多联机空调(热泵)系统的安装应符合下列规定。

① 多联机空调(热泵)系统室内机、室外机产品的性能、技术参数等应符合设计要求,并应具有出厂合格证、产品性能检验报告。

② 室内机、室外机的安装位置、高度应符合设计及产品技术的要求,固定应可靠。室外机的通风条件应良好。

③ 制冷剂应根据工程管路系统的实际情况,通过计算后进行充注。

④ 安装在户外的室外机组应可靠接地,并应采取防雷保护措施。

检查数量:按Ⅰ方案(见附表1)。

检查方法:旁站、观察检查和查阅试验记录。

(3) 空气源热泵机组的安装应符合下列规定。

① 空气源热泵机组产品的性能、技术参数应符合设计要求,并应具有出厂合格证、产品性能检验报告。

② 机组应有可靠的接地和防雷措施,与基础间的减振应符合设计要求。

③ 机组的进水侧应安装水力开关,并应与制冷机的启动开关连锁。

检查数量:全数检查。

检查方法:旁站,观察和查阅产品性能检验报告。

2. 一般项目

(1) 制冷(热)机组与附属设备的安装尚应符合下列规定。

① 设备与附属设备安装允许偏差和检验方法应符合表6-16的规定。

表6-16 设备与附属设备安装允许偏差和检验方法

项次	项　　目	允许偏差/mm	检 验 方 法
1	平面位置	10	经纬仪或拉线或尺量检查
2	标高	±10	水准仪或经纬仪、拉线和尺量检查

② 整体组合式制冷机组机身纵、横向水平度的允许偏差应为1‰。当采用垫铁调整机组水平度时，应接触紧密并相对固定。

③ 附属设备的安装应符合设备技术文件的要求，水平度或垂直度允许偏差应为1‰。

④ 制冷设备或制冷附属设备基（机）座下减振器的安装位置应与设备重心相匹配，各个减振器的压缩量应均匀一致，且偏差不应大于2mm。

⑤ 采用弹性减振器的制冷机组，应设置防止机组运行时水平位移的定位装置。

⑥ 冷热源与辅助设备的安装位置应满足设备操作及维修的空间要求，四周应有排水设施。

检查数量：按Ⅱ方案（见附表2）。

检查方法：水准仪、经纬仪、拉线和尺量检查，查阅安装记录。

（2）多联机空调系统的安装尚应符合下列规定。

① 室外机的通风应通畅，不应有短路现象，运行时不应有异常噪声。当多台机组集中安装时，不应影响相邻机组的正常运行。

② 室外机组应安装在设计专用平台上，并应采取减振与防止紧固螺栓松动的措施。

③ 风管式室内机的送、回风口之间，不应形成气流短路。风口安装应平整，且应与装饰线条相一致。

④ 室内外机组间冷媒管道的布置应采用合理的短捷路线，并应排列整齐。

检查数量：按Ⅱ方案（见附表2）。

检查方法：尺量、观察检查。

（3）空气源热泵机组尚应符合下列规定。

① 机组安装的位置应符合设计要求。同规格设备成排就位时，目测排列应整齐，允许偏差不应大于10mm。水力开关的前端宜有4倍管径及以上的直管段。

② 机组四周应按设备技术文件要求，留有设备维修空间。设备进风通道的宽度不应小于1.2倍的进风口高度；当两个及以上机组进风口共用一个通道时，间距宽度不应小于2倍的进风口高度。

③ 当机组设有结构围挡和隔音屏障时，不得影响机组正常运行的通风要求。

检查数量：按Ⅱ方案（见附表2）。

检查方法：尺量、观察检查、旁站或查阅试验记录。

6.3.3 吸收式制冷机组的安装与验收

1. 吸收式制冷机组的安装

吸收式制冷机组的基础验收、运输和吊装以及就位安装可按蒸汽压缩式制冷机组相关内容执行，并应符合下列规定。

（1）分体机组运至施工现场后，应及时运入机房进行组装，并抽真空。

（2）吸收式制冷机组的真空泵就位后，应找正、找平。抽气连接管宜采用直径与真空泵进口直径相同的金属管，采用橡胶管时，宜采用真空胶管，并对管接头处采取密封措施。

（3）吸收式制冷机组的屏蔽泵就位后，应找正、找平，其电线接头处应采取防水密封。

吸收式机组安装后,应对设备内部进行清洗。

2. 燃油吸收式制冷机组安装

燃油吸收式制冷机组安装尚应符合下列规定。

(1) 燃油系统管道及附件安装位置及连接方法应符合设计与消防的要求。

(2) 油箱上不应采用玻璃管式油位计。

(3) 油管道系统应设置可靠的防静电接地装置,其管道法兰应采用镀锌螺栓连接或在法兰处用铜导线进行跨接,且接合良好。油管道与机组的连接不应采用非金属软管。

(4) 燃烧重油的吸收式制冷机组就位安装时,轻、重油油箱的相对位置应符合设计要求。

3. 直燃型吸收式制冷机组安装

直燃型吸收式制冷机组的排烟管出口应按设计要求设置防雨帽、避雷针和防风罩等。

4. 吸收式制冷机组安装质量验收

1) 主控项目

吸收式制冷机组的安装应符合下列规定。

(1) 吸收式制冷机组的产品的性能、技术参数应符合设计要求。

(2) 吸收式机组安装后,设备内部应冲洗干净。

(3) 机组的真空试验应合格。

(4) 直燃型吸收式制冷机组排烟管的出口应设置防雨帽、防风罩和避雷针,燃油油箱上不得采用玻璃管式油位计。

检查数量:全数检查。

检查方法:旁站、观察、查阅产品性能检验报告和施工记录。

2) 一般项目

吸收式制冷机组安装除尚应符合下列规定。

(1) 吸收式分体机组运至施工现场后,应及时运入机房进行组装,并应清洗、抽真空。

(2) 机组的真空泵到达指定安装位置后,应进行找正、找平。抽气连接管应采用直径与真空泵进口直径相同的金属管,当采用橡胶管时,应采用真空用的胶管,并应对管接头处采取密封措施。

(3) 机组的屏蔽泵到达指定安装位置后,应进行找正、找平,电线接头处应采取防水密封措施。

(4) 机组的水平度允许偏差应为2‰。

检查数量:按Ⅱ方案(见附表2)。

检查方法:观察检查,查阅泵安装和真空测试记录。

6.4 水管系统安装

6.4.1 水泵的安装

水泵的安装应按图6-12所示工序进行。

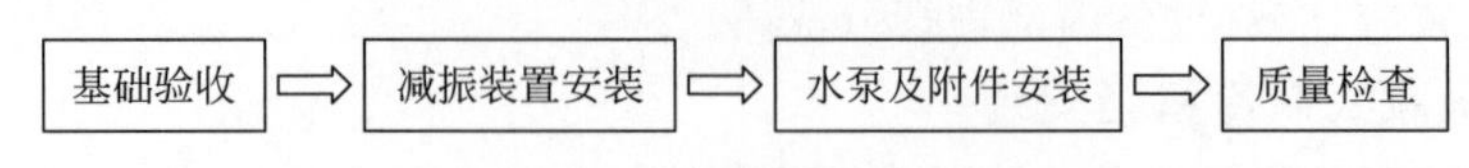

图 6-12 水泵的安装流程图

1. 水泵基础

水泵的基础应满足设计要求，并应符合下列规定。

(1) 型钢或混凝土基础的规格和尺寸应与机组匹配。

(2) 基础表面应平整，无蜂窝、裂纹、麻面和露筋。

(3) 基础应坚固，强度经测试满足机组运行时的荷载要求。

(4) 混凝土基础预留螺栓孔的位置、深度、垂直度应满足螺栓安装要求；基础预埋件应无损坏，表面光滑平整。

(5) 基础四周应有排水设施。

(6) 基础位置应满足操作及检修的空间要求。

2. 水泵减振

水泵减振装置安装应满足设计及产品技术文件的要求，并应符合下列规定。

(1) 水泵减振板可采用型钢制作或采用钢筋混凝土浇筑。多台水泵成排安装时，应排列整齐。

(2) 水泵减振装置应安装在水泵减振板下面。

(3) 减振装置应成对放置。

(4) 弹簧减振器安装时，应有限制位移措施。

3. 水泵就位

水泵就位安装应符合下列规定。

(1) 水泵就位时，水泵纵向中心轴线应与基础中心线重合对齐，并找平找正。

(2) 水泵与减振板固定应牢靠，地脚螺栓应有防松动措施。

4. 水泵吸入管

水泵吸入管安装应满足设计要求，并应符合下列规定。

(1) 吸入管水平段应有沿水流方向连续上升的不小于 0.5%坡度。

(2) 水泵吸入口处应有不小于 2 倍管径的直管段，吸入口不应直接安装弯头。

(3) 吸入管水平段上严禁因避让其他管道安装向上或向下的弯管。

(4) 水泵吸入管变径时，应做偏心变径管，管顶上平。

(5) 水泵吸入管应按设计要求安装阀门、过滤器。水泵吸入管与泵体连接处，应设置可挠曲软接头，不宜采用金属软管。

(6) 吸入管应设置独立的管道支吊架。

5. 水泵出水管

水泵出水管安装应满足设计要求，并应符合下列规定。

(1) 出水管段安装顺序应依次为变径管、可挠曲软接头、短管、止回阀、闸阀(蝶阀)。

(2) 出水管变径应采用同心变径。

(3) 出水管应设置独立的管道支吊架。

6.4.2 水泵的安装质量验收

1. 主控项目

水泵的技术参数和产品性能应符合设计要求，管道与水泵的连接应采用柔性接管，且应为无应力状态，不得有强行扭曲、强制拉伸等现象。

检查数量：全数检查。

检查方法：按图核对，观察、实测或查阅水泵试运行记录。

2. 一般项目

水泵及附属设备的安装应符合下列规定。

(1) 水泵的平面位置和标高允许偏差应为±10mm，安装的地脚螺栓应垂直，且与设备底座应紧密固定。

(2) 垫铁组放置位置应正确、平稳，接触应紧密，每组不应多于3块。

(3) 整体安装的泵的纵向水平偏差不应大于0.1‰，横向水平偏差不应大于0.2‰。组合安装的泵的纵、横向安装水平偏差不应大于0.05‰。水泵与电动机采用联轴器连接时，联轴器两轴芯的轴向倾斜不应大于0.2‰，径向位移不应大于0.05mm。整体安装的小型管道水泵目测应水平，不应有偏斜。

(4) 减振器与水泵及水泵基础的连接，应牢固平稳、接触紧密。

检查数量：按Ⅱ方案(见附表2)。

检查方法：扳手试拧、观察检查，用水平仪和塞尺测量或查阅设备安装记录。

6.4.3 水系统的安装

空调水系统管道与附件安装应按图6-13所示工序进行。

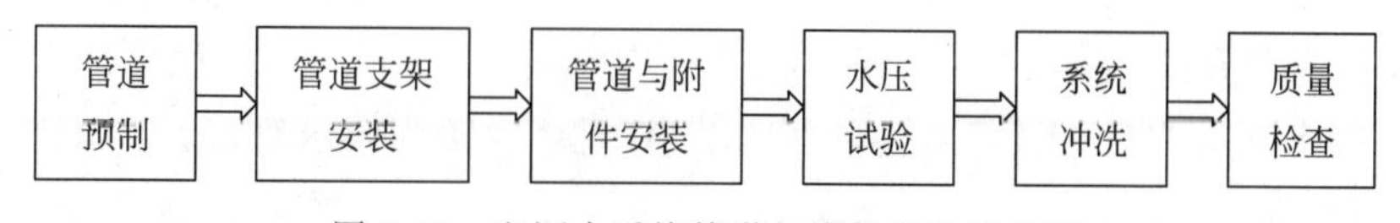

图6-13 空调水系统管道与附件安装流程图

1. 管道预制

系统管道预制应符合下列规定。

(1) 管道除锈防腐应按规范有关规定执行。

(2) 下料前应进行管材调直，可按管道材质、管道弯曲程度及管径大小选择冷调或热调。

(3) 预制前应先按施工图确定预制管段长度。螺纹连接时，应考虑管件所占的长度及拧进管件的内螺纹尺寸。

(4) 切割管道时，管道切割面应平整，毛刺、铁屑等应清理干净。

(5) 管道坡口加工宜采用机械方法，也可采用等离子弧、氧乙炔焰等热加工方法。采用热加工方法加工坡口后，应除去坡口表面的氧化皮、熔渣及影响接头质量的表面层，并应将凹凸不平处打磨平整。

(6) 螺纹连接的管道因螺纹加工偏差使组装管段出现弯曲时，应进行调直。调直前，应先将有关的管件上好，再进行调直，加力点不应离螺纹太近。

(7) 管道上直接开孔时，切口部位应采用校核过的样板画定，用氧炔焰切割，打磨掉氧化皮与熔渣，切断面应平整。

(8) 管道预制长度宜便于运输和吊装。

(9) 预制的半成品应标注编号，分批分类存放。

2. 管道支架

水系统管道支吊架制作与安装应符合前述有关规定。

3. 管道安装

管道安装应符合下列规定。

(1) 管道安装位置、敷设方式、坡度及坡向应符合设计要求。

(2) 管道与设备连接应在设备安装完毕，外观检查合格且冲洗干净后进行；与水泵、空调机组、制冷机组的接管应采用可挠曲软接头连接，软接头宜为橡胶软接头，且公称压力应符合系统工作压力的要求。

(3) 管道和管件在安装前，应对其内、外壁进行清洁。管道安装间断时，应及时封闭敞开的管口。

(4) 管道变径应满足气体排放及泄水要求。

(5) 管道开三通时，应保证支路管道伸缩不影响主干管。

4. 冷凝水管道

冷凝水管道安装应符合下列规定。

(1) 冷凝水管道的坡度应满足设计要求，当设计无要求时，干管坡度不宜小于 0.8%，支管坡度不宜小于 1%。

(2) 冷凝水管道与机组连接应按设计要求安装存水弯。采用的软管应牢固可靠、顺直，无扭曲，软管连接长度不宜大于 150mm。

(3) 冷凝水管道严禁直接接入生活污水管道，且不应接入雨水管道。

5. 水压试验

管道安装完毕外观检查合格后，应进行水压试验；冷凝水管道应进行通水试验；提前隐蔽的管道应单独进行水压试验。

6. 冲洗试验

管道与设备连接前应进行冲洗试验。

6.4.4 水系统的安装质量检查

1. 设备

空调水系统设备与附属设备的性能、技术参数，管道、管配件及阀门的类型、材质及连接形式应符合设计要求。

检查数量：按Ⅰ方案(见附表1)。

检查方法：观察检查、查阅产品质量证明文件和材料进场验收记录。

2. 管道

管道的安装应符合下列规定。

(1) 隐蔽安装部位的管道安装完成后，应在水压试验合格后方能交付隐蔽工程的施工。

(2) 并联水泵的出口管道进入总管应采用顺水流斜向插接的连接形式，夹角不应大于60°。

(3) 系统管道与设备的连接应在设备安装完毕后进行。管道与水泵、制冷机组的接口应为柔性接管，且不得强行对口连接。与其连接的管道应设置独立支架。

(4) 判定空调水系统管路冲洗、排污合格的条件是目测排出口的水色和透明度与入口的水对比应相近，且无可见杂物。当系统继续运行2h以上，水质保持稳定后，方可与设备相贯通。

(5) 固定在建筑结构上的管道支吊架，不得影响结构体的安全。管道穿越墙体或楼板处应设钢制套管，管道接口不得置于套管内，钢制套管应与墙体饰面或楼板底部平齐，上部应高出楼层地面20～50mm，且不得将套管作为管道支撑。当穿越防火分区时，应采用不燃材料进行防火封堵；保温管道与套管四周的缝隙应使用不燃绝热材料填塞紧密。

检查数量：按Ⅰ方案(见附表1)。

检查方法：尺量、观察检查，旁站或查阅试验记录。

3. 水压试验

管道系统安装完毕，外观检查合格后，应按设计要求进行水压试验。当设计无要求时，应符合下列规定。

(1) 冷(热)水、冷却水与蓄能(冷、热)系统的试验压力：当工作压力小于或等于1.0MPa时，应为1.5倍工作压力，最低不应小于0.6MPa；当工作压力大于1.0MPa时，应为工作压力加0.5MPa。

(2) 系统最低点压力升至试验压力后，应稳压10min，压力下降不应大于0.02MPa，然后应将系统压力降至工作压力，外观检查无渗漏为合格。对于大型、高层建筑等垂直位差较大的冷(热)水、冷却水管道系统，当采用分区、分层试压时，在该部位的试验压力下，应稳压10min，压力不得下降，再将系统压力降至该部位的工作压力，在60min内压力不得下降、外观检查无渗漏为合格。

(3) 各类耐压塑料管的强度试验压力(冷水)应为1.5倍工作压力，且不应小于0.9MPa；严密性试验压力应为1.15倍的设计工作压力。

(4) 凝结水系统采用通水试验，应以不渗漏，排水畅通为合格。

检查数量：全数检查。

检查方法：旁站观察或查阅试验记录。

4. 阀门

阀门的安装应符合下列规定。

(1) 阀门安装前应进行外观检查，阀门的铭牌应符合现行国家标准《工业阀门　标志》(GB/T 12220—2015)的有关规定。工作压力大于1.0MPa及在主干管上起到切断作用和系统冷、热水运行转换调节功能的阀门和止回阀，应进行壳体强度和阀瓣密封性能试验，且应试验合格。壳体强度试验压力应为常温条件下公称压力的1.5倍，持续时间不应少于5min，阀门的壳体、填料应无渗漏。严密性试验压力应为公称压力的1.1倍，在试验持续的时间内应保持压力不变，阀门压力试验持续时间与允许泄漏量应符合表 6-17 的规定。

表 6-17　阀门压力试验持续时间与允许泄漏量

公称直径 DN/mm	最短试验持续时间/s	
	严密性试验(水)	
	止回阀	其他阀门
≤50	60	15
65～150	60	60
200～300	60	120
≥350	120	120
允许泄漏量	3 滴×(DN/25)/min	公称直径小于 65mm 为 0 滴，其他为 2 滴×(DN/25)/min

注：压力试验的介质为洁净水。用于不锈钢阀门的试验水，氯离子含量不得高于 25mg/L。

(2) 阀门的安装位置、高度、进出口方向应符合设计要求，连接应牢固紧密。

(3) 安装在保温管道上的手动阀门的手柄不得朝向下。

(4) 动态与静态平衡阀的工作压力应符合系统设计要求，安装方向应正确。阀门在系统运行时，应按参数设计要求进行校核、调整。

(5) 电动阀门的执行机构应能全程控制阀门的开启与关闭。

检查数量：安装在主干管上起切断作用的闭路阀门全数检查，其他款项按Ⅰ方案(见附表 1)。

检查方法：按设计图核对、观察检查；旁站或查阅试验记录。

6.5　防腐与绝热

空调设备、风管及其部件的绝热工程施工应在风管系统严密性检验合格后进行。制冷剂管道和空调水系统管道绝热工程的施工，应在管路系统强度和严密性检验合格和防腐处理结束后进行。

防腐工程施工时，应采取防火、防冻、防雨等措施，且不应在潮湿或低于 5℃的环境下作业。绝热工程施工时，应采取防火、防雨等措施。风管、管道的支吊架应进行防腐处理，明装部分应刷面漆。

6.5.1　防腐

1. 管道与设备防腐施工

管道与设备防腐施工应按图 6-14 所示工序进行。

图 6-14　管道与设备防腐施工流程图

(1) 防腐施工前应对金属表面进行除锈、清洁处理,可选用人工除锈或喷砂除锈的方法。喷砂除锈宜在具备除灰降尘条件的车间进行。

(2) 管道与设备表面除锈后不应有残留锈斑、焊渣和积尘,除锈等级应符合设计及防腐涂料产品技术文件的要求。

(3) 管道与设备的油污宜采用碱性溶剂清除,清洗后擦净晾干。

(4) 涂刷防腐涂料时,应控制涂刷厚度,保持均匀,不应出现漏涂、起泡等现象,并应符合下列规定。

① 手工涂刷涂料时,应根据涂刷部位选用相应的刷子,宜采用纵、横交叉涂抹的作业方法。快干涂料不宜采用手工涂刷。

② 底层涂料与金属表面结合应紧密。其他层涂料涂刷应精细,不宜过厚。面层涂料为调和漆或磁漆时,涂刷应薄而均匀。每一层漆干燥后再涂下一层。

③ 机械喷涂时,涂料射流应垂直喷漆面。漆面为平面时,喷嘴与漆面距离宜为250~350mm;漆面为曲面时,喷嘴与漆面的距离宜为400mm。喷嘴的移动应均匀,速度宜保持在13~18m/min。喷漆使用的压缩空气压力宜为0.3~0.4MPa。

④ 多道涂层的数量应满足设计要求,不应加厚涂层或减少涂刷次数。

2. 管道与设备防腐施工质量检查

(1) 风管和管道防腐涂料的品种及涂层层数应符合设计要求,涂料的底漆和面漆应配套。

检查数量:按Ⅰ方案(见附表1)。

检查方法:按面积抽查,查对施工图纸和观察检查。

(2) 防腐涂料的涂层应均匀,不应有堆积、漏涂、皱纹、气泡、掺杂及混色等缺陷。

检查数量:按Ⅱ方案(见附表2)。

检查方法:按面积或件数抽查,观察检查。

6.5.2 绝热

1. 水系统管道与设备的绝热施工

空调水系统管道与设备的绝热施工应按图6-15所示工序进行。

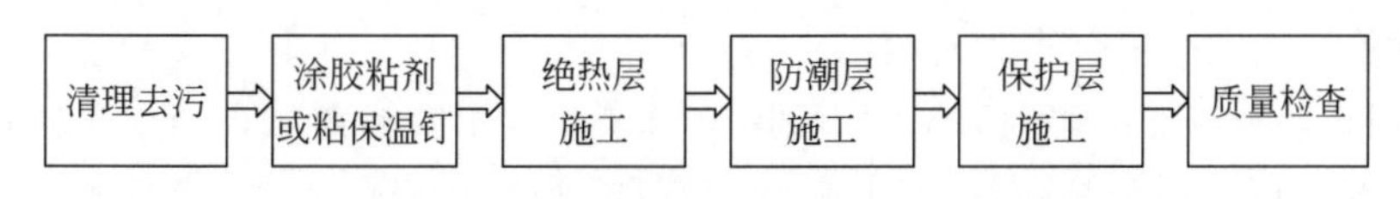

图6-15 水系统管道与设备的绝热施工流程图

(1) 空调水系统管道与设备绝热施工前应进行表面清洁处理,防腐层损坏的应补涂完整。

(2) 涂刷胶粘剂和粘接固定保温钉应符合下列规定。

① 应控制胶粘剂的涂刷厚度,涂刷应均匀,不宜多遍涂刷。

② 保温钉的长度应满足压紧绝热层固定压片的要求,保温钉与管道和设备的粘接应牢固可靠,其数量应满足绝热层固定要求。在设备上粘接固定保温钉时,底面不应少于16个/m^2,侧面不应少于10个/m^2,顶面不应少于8个/m^2;首行保温钉距绝热材料边沿应

小于 120mm。

(3) 空调水系统管道与设备绝热层施工应符合下列规定。

① 绝热材料粘接时,固定宜一次完成,并应按胶粘剂的种类,保持相应的稳定时间。

② 绝热材料厚度大于 80mm 时,应采用分层施工,同层的拼缝应错开,且层间的拼缝应相压,搭接间距不应小于 130mm。

③ 绝热管壳的粘贴应牢固,铺设应平整;每节硬质或半硬质的绝热管壳应用防腐金属丝捆扎或专用胶带粘贴不少于 2 道,其间距宜为 300～350mm,捆扎或粘贴应紧密,无滑动、松弛与断裂现象。

④ 硬质或半硬质绝热管壳用于热水管道时拼接缝隙不应大于 5mm,用于冷水管道时不应大于 2mm,并用粘接材料勾缝填满;纵缝应错开,外层的水平接缝应设在侧下方。

⑤ 松散或软质保温材料应按规定的密度压缩其体积,疏密应均匀;毡类材料在管道上包扎时,搭接处不应有空隙。

⑥ 管道阀门、过滤器及法兰部位的绝热结构应能单独拆卸,且不应影响其操作功能。

⑦ 补偿器绝热施工时,应分层施工,内层紧贴补偿器,外层需沿补偿方向预留相应的补偿距离。

⑧ 空调冷热水管道穿楼板或穿墙处的绝热层应连续不间断。

(4) 防潮层与绝热层应结合紧密,封闭良好,不应有虚粘、气泡、皱褶、裂缝等缺陷,并应符合下列规定。

① 防潮层(包括绝热层的端部)应完整,且封闭良好。水平管道防潮层施工时,纵向搭接缝应位于管道的侧下方,并顺水;立管的防潮层施工时,应自下而上施工,环向搭接缝应朝下。

② 采用卷材防潮材料螺旋形缠绕施工时,卷材的搭接宽度宜为 30～50mm。

③ 采用玻璃钢防潮层时,与绝热层应结合紧密,封闭良好,不应有虚粘、气泡、皱褶、裂缝等缺陷。

④ 带有防潮层、隔气层绝热材料的拼缝处,应用胶带密封,胶带的宽度不应小于 50mm。

(5) 保护层施工应符合下列规定。

① 采用玻璃纤维布缠裹时,端头应采用卡子卡牢或用胶粘剂粘牢。立管应自下而上,水平管道应从最低点向最高点进行缠裹。玻璃纤维布缠裹应严密,搭接宽度应均匀,宜为 0.5 倍布宽或 30～50mm,表面应平整,无松脱、翻边、皱褶或鼓包。

② 采用玻璃纤维布外刷涂料做防水与密封保护时,施工前应清除表面的尘土、油污,涂层应将玻璃纤维布的网孔堵密。

③ 采用金属材料作保护壳时,保护壳应平整,紧贴防潮层,不应有脱壳、皱褶、强行接口现象,保护壳端头应封闭;采用平搭接时,搭接宽度宜为 30～40mm;采用凸筋加强搭接时,搭接宽度宜为 20～25mm;采用自攻螺钉固定时,螺钉间距应匀称,不应刺破防潮层。

④ 立管的金属保护壳应自下而上进行施工,环向搭接缝应朝下;水平管道的金属保护

壳应从管道低处向高处进行施工，环向搭接缝口应朝向低端，纵向搭接缝应位于管道的侧下方，并顺水。

2. 风系统管道与设备的绝热施工

空调风管系统与设备绝热应按图 6-16 所示工序进行。

图 6-16 风系统管道与设备的绝热施工流程图

(1) 镀锌钢板风管绝热施工前应进行表面去油、清洁处理；冷轧板金属风管绝热施工前应进行表面除锈、清洁处理，并涂防腐层。

(2) 风管绝热层采用保温钉固定时，应符合下列规定。

① 保温钉与风管、部件及设备表面的连接宜采用粘接，结合应牢固，不应脱落。

② 固定保温钉的胶粘剂宜为不燃材料，其黏结力应大于 $25N/cm^2$。

③ 矩形风管与设备的保温钉分布应均匀，保温钉的长度和数量可按水系统管道与设备相关规定执行。

④ 保温钉粘接后应保证相应的固化时间，宜为 12～24h，然后铺覆绝热材料。

⑤ 风管的圆弧转角段或几何形状急剧变化的部位，保温钉的布置应适当加密。

(3) 风管绝热材料应按长边加 2 个绝热层厚度，短边为净尺寸的方法下料。绝热材料应尽量减少拼接缝，风管的底面不应有纵向拼缝，小块绝热材料可铺覆在风管上平面。

(4) 绝热层施工应满足设计要求，并应符合下列规定。

① 绝热层与风管、部件及设备应紧密贴合，无裂缝、空隙等缺陷，且纵、横向的接缝应错开。绝热层材料厚度大于 80mm 时，应采用分层施工，同层的拼缝应错开，层间的拼缝应相压，搭接间距不应小于 130mm。

② 阀门、三通、弯头等部位的绝热层宜采用绝热板材切割预组合后，再进行施工。

③ 风管部件的绝热不应影响其操作功能。调节阀绝热要留出调节转轴或调节手柄的位置，并标明启闭位置，保证操作灵活方便。风管系统上经常拆卸的法兰、阀门、过滤器及检测点等应采用能单独拆卸的绝热结构，其绝热层的厚度不应小于风管绝热层的厚度，与固定绝热层结构之间的连接应严密。

④ 带有防潮层的绝热材料接缝处，宜用宽度不小于 50mm 的粘胶带粘贴，不应有胀裂、皱褶和脱落现象。

⑤ 软接风管宜采用软性的绝热材料，绝热层应留有变形伸缩的余量。

⑥ 空调风管穿楼板和穿墙处套管内的绝热层应连续不间断，且空隙处应用不燃材料进行密封封堵。

(5) 绝热材料粘接固定应符合下列规定。

① 胶粘剂应与绝热材料相匹配，并应符合其使用温度的要求。

② 涂刷胶粘剂前应清洁风管与设备表面，采用横、竖两方向的涂刷方法将胶粘剂均匀地涂在风管、部件、设备和绝热材料的表面上。

③ 涂刷完毕，应根据气温条件按产品技术文件的要求静放一定时间后，再进行绝热材

料的粘接。

④ 粘接宜一次到位,并加压,粘接应牢固,不应有气泡。

(6) 绝热材料使用保温钉固定后,表面应平整。

(7) 防潮层施工可按水系统管道与设备相关规定执行。

(8) 风管金属保护壳的施工可按水系统管道与设备相关规定执行,外形应规整,板面宜有凸筋加强,边长大于800mm的金属保护壳应采用相应的加固措施。

3. 管道与设备的绝热施工质量验收

(1) 风管和管道的绝热层、绝热防潮层和保护层,应采用不燃或难燃材料,材质、密度、规格与厚度应符合设计要求。

检查数量:按Ⅰ方案(见附表1)。

检查方法:查对施工图纸、合格证和做燃烧试验。

(2) 设备、部件、阀门的绝热和防腐涂层,不得遮盖铭牌标志和影响部件、阀门的操作功能;经常操作的部位应采用能单独拆卸的绝热结构。

检查数量:按Ⅱ方案(见附表2)。

检查方法:观察检查。

(3) 绝热层应满铺,表面应平整,不应有裂缝、空隙等缺陷。当采用卷材或板材时,允许偏差应为5mm;当采用涂抹或其他方式时,允许偏差应为10mm。

检查数量:按Ⅱ方案(见附表2)。

检查方法:观察检查。

(4) 橡塑绝热材料的施工应符合下列规定。

① 粘接材料应与橡塑材料相适用,无溶蚀被粘接材料的现象。

② 绝热层的纵、横向接缝应错开,缝间不应有孔隙,与管道表面应贴合紧密,不应有气泡。

③ 矩形风管绝热层的纵向接缝宜处于管道上部。

④ 多重绝热层施工时,层间的拼接缝应错开。

检查数量:按Ⅱ方案(见附表2)。

检查方法:观察检查。

(5) 风管绝热材料采用保温钉固定时,应符合下列规定。

① 保温钉与风管、部件及设备表面的连接,应采用粘接或焊接,结合应牢固,不应脱落;不得采用抽芯铆钉或自攻螺丝等破坏风管严密性的固定方法。

② 矩形风管及设备表面的保温钉应均布,风管保温钉数量应符合表6-18的规定。首行保温钉距绝热材料边沿的距离应小于120mm,保温钉的固定压片应松紧适度、均匀压紧。

表6-18 风管保温钉数量 单位:个/m^2

隔热层材料	风管底面	侧面	顶面
铝箔岩棉保温板	≥20	≥16	≥10
铝箔玻璃棉保温板(毡)	≥16	≥10	≥8

③ 绝热材料纵向接缝不宜设在风管底面。

检查数量：按Ⅱ方案(见附表 2)。

检查方法：观察检查。

(6) 管道采用玻璃棉或岩棉管壳保温时，管壳规格与管道外径应相匹配，管壳的纵向接缝应错开，管壳应采用金属丝、粘胶带等捆扎，间距应为 300～350mm，且每节至少应捆扎两道。

检查数量：按Ⅱ方案(见附表 2)。

检查方法：观察检查。

(7) 风管及管道的绝热防潮层(包括绝热层的端部)应完整，并应封闭良好。立管的防潮层环向搭接缝口应顺水流方向设置；水平管的纵向缝应位于管道的侧面，并应顺水流方向设置；带有防潮层绝热材料的拼接缝应采用粘胶带封严，缝两侧粘胶带粘接的宽度不应小于 20mm。胶带应牢固地粘贴在防潮层面上，不得有胀裂和脱落。

检查数量：按Ⅱ方案(见附表 2)。

检查方法：尺量和观察检查。

(8) 绝热涂抹材料做绝热层时，应分层涂抹，厚度应均匀，不得有气泡和漏涂等缺陷，表面固化层应光滑牢固，不应有缝隙。

检查数量：按Ⅱ方案(见附表 2)。

检查方法：观察检查。

(9) 金属保护壳的施工应符合下列规定。

① 金属保护壳板材的连接应牢固严密，外表应整齐平整。

② 圆形保护壳应贴紧绝热层，不得有脱壳、褶皱、强行接口等现象。接口搭接应顺水流方向设置，并应有凸筋加强，搭接尺寸应为 20～25mm。采用自攻螺钉紧固时，螺钉间距应匀称，且不得刺破防潮层。

③ 矩形保护壳表面应平整，楞角应规则，圆弧应均匀，底部与顶部不得有明显的凸肚及凹陷。

④ 户外金属保护壳的纵、横向接缝应顺水流方向设置，纵向接缝应设在侧面。保护壳与外墙面或屋顶的交接处应设泛水，且不应渗漏。

检查数量：按Ⅱ方案(见附表 2)。

检查方法：尺量和观察检查。

(10) 管道或管道绝热层的外表面，应按设计要求进行色标。

检查数量：按Ⅱ方案(见附表 2)。

检查方法：观察检查。

6.6 系统调试

通风与空调工程竣工验收的系统调试，应由施工单位负责，监理单位监督，设计单位与建设单位参与和配合。系统调试可由施工企业或委托具有调试能力的其他单位进行。系统调试前应编制调试方案，并应报送专业监理工程师审核批准。系统调试应由专业施工和技术人员实施，调试结束后，应提供完整的调试资料和报告。

系统调试所使用的测试仪器应在使用合格检定或校准合格有效期内，精度等级及最小分度值应能满足工程性能测定的要求。通风与空调工程系统非设计满负荷条件下的联合试运转及调试，应在制冷设备和通风与空调设备单机试运转合格后进行。恒温恒湿空调工程的检测和调整应在空调系统正常运行 24h 及以上，达到稳定后进行。

6.6.1 设备单机试运转及调试

设备单机试运转及调试应符合下列规定。

(1) 通风机、空气处理机组中的风机，叶轮旋转方向应正确、运转应平稳、应无异常振动与声响，电动机运行功率应符合设备技术文件要求。在额定转速下连续运转 2h 后，滑动轴承外壳最高温度不得大于 70℃，滚动轴承不得大于 80℃。

(2) 水泵叶轮旋转方向应正确，应无异常振动和声响，紧固连接部位应无松动，电动机运行功率应符合设备技术文件要求。水泵连续运转 2h 滑动轴承外壳最高温度不得超过 70℃，滚动轴承不得超过 75℃。

(3) 冷却塔风机与冷却水系统循环试运行不应小于 2h，运行应无异常。冷却塔本体应稳固、无异常振动。冷却塔中风机的试运转尚应符合“通风机单机试运转”的规定。

(4) 制冷机组的试运转除应符合设备技术文件和现行国家标准《制冷设备、空气分离设备安装工程施工及验收规范》(GB 50274—2010)的有关规定外，尚应符合下列规定。

① 机组运转应平稳、应无异常振动与声响。

② 各连接和密封部位不应有松动、漏气、漏油等现象。

③ 吸、排气的压力和温度应在正常工作范围内。

④ 能量调节装置及各保护继电器、安全装置的动作应正确、灵敏、可靠。

⑤ 正常运转不应少于 8h。

(5) 多联式空调(热泵)机组系统应在充灌定量制冷剂后，进行系统的试运转，并应符合下列规定。

① 系统应能正常输出冷风或热风，在常温条件下可进行冷热的切换与调控。

② 室外机的试运转应符合“制冷机组单机试运转”的规定。

③ 室内机的试运转不应有异常振动与声响，百叶板动作应正常，不应有渗漏水现象，运行噪声应符合设备技术文件要求。

④ 具有可同时供冷、供热的系统，应在满足当季工况运行条件下，实现局部内机反向工况的运行。

(6) 电动调节阀、电动防火阀、防排烟风阀(口)的手动、电动操作应灵活可靠，信号输出应正确。

检查数量：第③和④全数，其他按Ⅰ方案(见附表 1)。

检查方法：调整控制模式，旁站、观察、查阅调试记录。

6.6.2 系统非设计满负荷条件下的联合试运转及调试

(1) 系统非设计满负荷条件下的联合试运转及调试应符合下列规定。

① 系统总风量调试结果与设计风量的允许偏差应为-5%~+10%,建筑内各区域的压差应符合设计要求。

② 空调冷(热)水系统、冷却水系统的总流量与设计流量的偏差不应大于10%。

③ 制冷(热泵)机组进出口处的水温应符合设计要求。

④ 地源(水源)热泵换热器的水温与流量应符合设计要求。

⑤ 舒适空调与恒温、恒湿空调室内的空气温度、相对湿度及波动范围应符合或优于设计要求。

检查数量:第①、③款的舒适性空调,按Ⅰ方案(见附表1);第②、④、⑤款及第③款的恒温、恒湿空调系统,全数检查。

检查方法:调整控制模式,旁站、观察、查阅调试记录。

(2) 防排烟系统联合试运行与调试后的结果,应符合设计要求及国家现行标准的有关规定。

检查数量:全数检查。

检查方法:观察、旁站、查阅调试记录。

(3) 空调制冷系统、空调水系统与空调风系统的非设计满负荷条件下的联合试运转及调试,正常运转不应少于8h,除尘系统不应少于2h。

检查数量:全数检查。

检查方法:观察、旁站、查阅调试记录。

6.7 竣工验收

通风与空调工程的竣工验收应由建设单位组织,施工、设计、监理等单位参加,验收合格后应办理竣工验收手续。通风与空调工程竣工验收时,各设备及系统应完成调试,并可正常运行。

当空调系统竣工验收时因季节原因无法进行带冷或热负荷的试运转与调试时,可仅进行不带冷(热)源的试运转,建设、监理、设计、施工等单位应按工程具备竣工验收的时间给予办理竣工验收手续。带冷(热)源的试运转应待条件成熟后再施行。

6.7.1 竣工验收资料

通风与空调工程竣工验收资料应包括下列内容。

(1) 图纸会审记录、设计变更通知书和竣工图。

(2) 主要材料、设备、成品、半成品和仪表的出厂合格证明及进场检(试)验报告。

(3) 隐蔽工程验收记录。

(4) 工程设备、风管系统、管道系统安装及检验记录。

(5) 管道系统压力试验记录。

(6) 设备单机试运转记录。

(7) 系统非设计满负荷联合试运转与调试记录。

(8) 分部(子分部)工程质量验收记录。

(9) 观感质量综合检查记录。

(10) 安全和功能检验资料的核查记录。

(11) 净化空调的洁净度测试记录。

(12) 新技术应用论证资料。

6.7.2 系统的观感质量

通风与空调工程各系统的观感质量应符合下列规定。

(1) 风管表面应平整、无破损,接管应合理。风管的连接以及风管与设备或调节装置的连接处不应有接管不到位、强扭连接等缺陷。

(2) 各类阀门安装位置应正确牢固,调节应灵活,操作应方便。

(3) 风口表面应平整,颜色应一致,安装位置应正确,风口的可调节构件动作应正常。

(4) 制冷及水管道系统的管道、阀门及仪表安装位置应正确,系统不应有渗漏。

(5) 风管、部件及管道的支吊架形式、位置及间距应符合设计及《通风与空调工程施工质量验收规范》(GB 50243—2016)要求。

(6) 除尘器、积尘室安装应牢固,接口应严密。

(7) 制冷机、水泵、通风机、风机盘管机组等设备的安装应正确牢固;组合式空气调节机组组装顺序应正确,接缝应严密;室外表面不应有渗漏。

(8) 风管、部件、管道及支架的油漆应均匀,不应有透底返锈现象,油漆颜色与标志应符合设计要求。

(9) 绝热层材质、厚度应符合设计要求,表面应平整,不应有破损和脱落现象;室外防潮层或保护壳应平整、无损坏,且应顺水流方向搭接,不应有渗漏。

(10) 消声器安装方向应正确,外表面应平整、无损坏。

(11) 风管、管道的软性接管位置应符合设计要求,接管应正确牢固,不应有强扭连接。

(12) 测试孔开孔位置应正确,不应有遗漏。

(13) 多联空调机组系统的室内、室外机组安装位置应正确,送、回风不应存在短路回流的现象。

检查数量:按Ⅱ方案(见附表 2)。

检查方法:尺量、观察检查。

参考文献

[1] 张东放.通风空调工程识图与施工[M].北京:机械工业出版社,2020.
[2] 申欢迎,张丽娟,夏如杰.通风空调管道工程[M].镇江:江苏大学出版社,2021.
[3] 田娟荣.通风与空调工程[M].2版.北京:机械工业出版社,2019.

附　录

附表 1　第Ⅰ抽样方案样本量 n

DQL	检验批的产品数量 N																						
	10	15	20	25	30	35	40	45	50	60	70	80	90	100	110	120	130	140	150	170	190	210	230	250
2	3	4	5	6	7	8	9	10	11	14	16	18	19	21	25	25	30	30	—	—	—	—	—	—
3				4	4	5	6	6	7	9	10	11	13	14	15	16	18	19	21	23	25	—	—	—
4								5	5	6	7	8	9	10	11	12	13	14	15	17	19	20	25	—
5										5	6	6	7	8	9	10	10	11	12	13	15	16	18	19
6												5	6	7	7	8	8	9	10	11	12	13	15	16
7													5	6	6	7	7	8	8	9	10	12	13	14
8														5	5	6	6	7	7	8	9	10	11	12
9																5	6	6	6	7	8	9	10	11
10																	5	5	6	7	7	8	9	10
11																			5	6	7	7	8	9
12																				6	6	7	7	8
13																				5	6	6	7	7
14																					5	6	6	7
15																						5	6	6

注：1. 本表适用于产品合格率为 95%～98%的抽样检验，不合格品限定数为 1。

2. DQL 为检验批总体中的不合格品数的上限值。

附表 2 第Ⅱ抽样方案样本量 n

DQL	检验批的产品数量 N																						
	10	15	20	25	30	35	40	45	50	60	70	80	90	100	110	120	130	140	150	170	190	210	230	250
2	3	4	5	6	7	8	9																	
3			3	4	4	5	6	6	7	9														
4				3	3	4	4	5	5	6	7	8												
5					3	3	3	4	4	5	6	6	7											
6							3	3	3	4	5	5	6	7	7									
7								3	3	4	4	5	5	6	6	7	7							
8										3	4	4	5	5	5	6	6	7	7					
9										3	3	4	4	4	5	5	6	6	6	7				
10											3	3	4	4	4	5	5	5	6	7	7			
11											3	3	3	4	4	4	5	5	5	6	7	7		
12												3	3	3	4	4	4	5	5	6	6	7	7	
13													3	3	3	4	4	4	5	5	6	6	7	7
14													3	3	3	3	4	4	4	5	5	6	6	7
15														3	3	3	3	4	4	5	5	5	6	6
16															3	3	3	4	4	4	5	5	6	6
17															3	3	3	3	4	4	4	5	5	6
18																3	3	3	3	4	4	5	5	5
19																	3	3	3	4	4	4	5	5
20																	3	3	3	3	4	4	5	5
21																		3	3	3	4	4	4	5
22																			3	3	4	4	4	4
23																			3	3	3	4	4	4
24																				3	3	4	4	4
25																				3	3	3	4	4

注:1. 本表适用于产品合格率大于或等于 85%且小于 95%的抽样检验,不合格品限定数为 1。

2. DQL 为检验批总体中的不合格品数的上限值。

附表 3 风管与配件产成品检验批质量验收记录(金属风管)

单位(子单位)工程名称		分部(子分部)工程名称		分项工程名称	
施工单位		项目负责人		检验批容量	
分包单位		分包单位项目负责人		检验批部位	
施工依据		验收依据			

	设计要求及质量验收规范的规定	施工单位质量评定记录	监理(建设单位)验收记录：单项检验批产品数量(N)	单项抽样样本数(n)	检验批汇总数量$\sum N$	抽样样本汇总数量$\sum n$	单项或汇总$\sum$抽样检验不合格数量	评判结果	备注
主控项目	1. 风管强度与严密性工艺检测(第 4.2.1 条)								抽样数量及合格评定的要求按规范相关条文执行
	2. 钢板风管性能及厚度(第 4.2.3 条第 1 款)								
	3. 铝板与不锈钢板性能及厚度(第 4.2.3 条第 1 款)								
	4. 风管的连接(第 4.1.5 条,第 4.2.3 条第 2 款)								
	5. 风管的加固(第 4.2.3 条第 3 款)								
	6. 防火风管(第 4.2.2 条)								
	7. 净化空调系统风管(第 4.1.3 条,第 4.2.7 条)								
	8. 镀锌钢板不得焊接(第 4.1.5 条)								
一般项目	1. 法兰风管(第 4.3.1 条第 1 款)								—
	2. 无法兰风管(第 4.3.1 条第 2 款)								
	3. 风管的加固(第 4.3.1 条第 3 款)								
	4. 焊接风管(第 4.3.1 条第 1 款第 3.4.6 项)								
	5. 铝板或不锈钢板风管(第 4.3.1 条第 1 款第 8 项)								
	6. 圆形弯管(第 4.3.5 条)								
	7. 矩形风管导流片(第 4.3.6 条)								
	8. 风管变径管(第 4.3.7 条)								
	9. 净化空调系统风管(第 4.3.4 条)								
施工单位检查结果评定	专业工长： 项目专业质量检查员： 年 月 日								
监理单位验收结论	专业监理工程师： 年 月 日								

附表 4　风管与配件产成品检验批质量验收记录(非金属风管)

<table>
<tr><td colspan="2">单位(子单位)
工程名称</td><td colspan="2"></td><td colspan="2">分部(子分部)
工程名称</td><td></td><td>分项工程
名称</td><td colspan="2"></td></tr>
<tr><td colspan="2">施工单位</td><td></td><td colspan="3">项目负责人</td><td></td><td>检验批容量</td><td colspan="2"></td></tr>
<tr><td colspan="2">分包单位</td><td></td><td colspan="3">分包单位项目负责人</td><td></td><td>检验批部位</td><td colspan="2"></td></tr>
<tr><td colspan="2">施工依据</td><td></td><td colspan="3">验收依据</td><td colspan="4"></td></tr>
<tr><td rowspan="2"></td><td rowspan="2">设计要求及质量验收规范的规定</td><td rowspan="2">施工单位质量评定记录</td><td colspan="7">监理(建设单位)验收记录</td></tr>
<tr><td>单项检验批产品数量(N)</td><td>单项抽样样本数(n)</td><td>检验批汇总数量$\sum N$</td><td>抽样样本汇总数量$\sum n$</td><td>单项或汇总$\sum$抽样检验不合格数量</td><td>评判结果</td><td>备注</td></tr>
<tr><td rowspan="7">主控项目</td><td>1. 风管强度与严密性工艺检测(第 4.2.1 条)</td><td></td><td></td><td></td><td rowspan="7"></td><td rowspan="7"></td><td></td><td></td><td rowspan="7">抽样数量及合格评定的要求按规范相关条文执行</td></tr>
<tr><td>2. 硬聚氯乙烯风管材质、性能及厚度(第 4.2.4 条第 2 款第 1 项)</td><td></td><td></td><td></td><td></td><td></td></tr>
<tr><td>3. 玻璃钢风管材质、性能及厚度(第 4.2.4 条第 3 款第 1 项)</td><td></td><td></td><td></td><td></td><td></td></tr>
<tr><td>4. 硬聚氯乙烯风管的连接与加固(第 4.2.4 条第 2 款第 2、3 项)</td><td></td><td></td><td></td><td></td><td></td></tr>
<tr><td>5. 玻璃钢风管的连接与加固(第 4.2.4 条第 3 款第 2、3、4 项)</td><td></td><td></td><td></td><td></td><td></td></tr>
<tr><td>6. 砖、混凝土建筑风道(第 4.2.4 条第 4 款)</td><td></td><td></td><td></td><td></td><td></td></tr>
<tr><td>7. 织物布风管(第 4.2.4 条第 5 款)</td><td></td><td></td><td></td><td></td><td></td></tr>
<tr><td rowspan="7">一般项目</td><td>1. 硬聚氯乙烯风管(第 4.3.2 条第 1 款)</td><td></td><td></td><td></td><td rowspan="7"></td><td rowspan="7"></td><td></td><td></td><td rowspan="7">—</td></tr>
<tr><td>2. 有机玻璃钢风管(第 4.3.2 条第 2 款)</td><td></td><td></td><td></td><td></td><td></td></tr>
<tr><td>3. 无机玻璃钢风管(第 4.3.2 条第 3 款)</td><td></td><td></td><td></td><td></td><td></td></tr>
<tr><td>4. 砖、混凝土建筑风道(第 4.3.2 条第 4 款)</td><td></td><td></td><td></td><td></td><td></td></tr>
<tr><td>5. 圆形弯管(第 4.3.5 条)</td><td></td><td></td><td></td><td></td><td></td></tr>
<tr><td>6. 矩形风管导流片(第 4.3.6 条)</td><td></td><td></td><td></td><td></td><td></td></tr>
<tr><td>7. 风管变径管(第 4.3.7 条)</td><td></td><td></td><td></td><td></td><td></td></tr>
<tr><td colspan="2">施工单位检查结果评定</td><td colspan="8">专业工长：
项目专业质量检查员：
年　　月　　日</td></tr>
<tr><td colspan="2">监理单位验收结论</td><td colspan="8">专业监理工程师：
年　　月　　日</td></tr>
</table>

附表 5　风管与配件产成品检验批质量验收记录（复合材料风管）

单位（子单位）工程名称		分部（子分部）工程名称		分项工程名称	
施工单位		项目负责人		检验批容量	
分包单位		分包单位项目负责人		检验批部位	
施工依据		验收依据			

	设计要求及质量验收规范的规定	施工单位质量评定记录	监理（建设单位）验收记录						
			单项检验批产品数量（N）	单项抽样样本数（n）	检验批汇总数量 $\sum N$	抽样样本汇总数量 $\sum n$	单项或汇总 $\sum$ 抽样检验不合格数量	评判结果	备注
主控项目	1. 风管强度与严密性工艺检测（第 4.2.1 条）								抽样数量及合格评定的要求按规范相关条文执行
	2. 复合材料风管材质、性能及厚度（第 4.2.6 条第 1 款）								
	3. 铝箔复合材料风管（第 4.2.6 条第 2 款）								
	4. 夹芯彩钢板风管（第 4.2.6 条第 3 款）								
一般项目	1. 风管及法兰（第 4.3.3 条第 1 款）								—
	2. 双面铝箔复合绝热材料风管（第 4.3.3 条第 2 款）								
	3. 铝箔玻璃纤维板风管（第 4.3.3 条第 3 款）								
	4. 机制玻璃纤维增强氯氧镁水泥复合板风管（第 4.3.3 条第 4 款）								
	5. 圆形弯管制作（第 4.3.5 条）								
	6. 矩形风管导流片（第 4.3.6 条）								
	7. 风管变径管（第 4.3.7 条）								

施工单位检查结果评定	专业工长： 项目专业质量检查员： 年　　月　　日
监理单位验收结论	专业监理工程师： 年　　月　　日

附表 6　风管系统安装检验批质量验收记录（防排烟系统）

<table>
<tr><td colspan="2">单位（子单位）
工程名称</td><td colspan="3"></td><td colspan="2">分部（子分部）
工程名称</td><td></td><td>分项工程
名称</td><td></td></tr>
<tr><td colspan="2">施工单位</td><td colspan="2"></td><td colspan="3">项目负责人</td><td></td><td>检验批容量</td><td></td></tr>
<tr><td colspan="2">分包单位</td><td colspan="2"></td><td colspan="3">分包单位项目负责人</td><td></td><td>检验批部位</td><td></td></tr>
<tr><td colspan="2">施工依据</td><td colspan="2"></td><td colspan="3">验收依据</td><td colspan="3"></td></tr>
<tr><td rowspan="2"></td><td rowspan="2">设计要求及质量验收规范的规定</td><td rowspan="2">施工单位质量评定记录</td><td colspan="7">监理（建设单位）验收记录</td></tr>
<tr><td>单项检验批产品数量（N）</td><td>单项抽样样本数（n）</td><td>检验批汇总数量 $\sum N$</td><td>抽样样本汇总数量 $\sum n$</td><td>单项或汇总 $\sum$ 抽样检验不合格数量</td><td>评判结果</td><td>备注</td></tr>
<tr><td rowspan="8">主控项目</td><td>1. 风管支吊架安装（第 6.2.1 条）</td><td></td><td></td><td></td><td rowspan="13"></td><td rowspan="13"></td><td></td><td></td><td rowspan="8">抽样数量及合格评定的要求按规范相关条文执行</td></tr>
<tr><td>2. 风管穿越防火、防爆墙体或楼板（第 6.2.2 条）</td><td></td><td></td><td></td><td></td><td></td></tr>
<tr><td>3. 风管安装规定（第 6.2.3 条）</td><td></td><td></td><td></td><td></td><td></td></tr>
<tr><td>4. 高于 60℃ 风管系统（第 6.2.4 条）</td><td></td><td></td><td></td><td></td><td></td></tr>
<tr><td>5. 风管部件排烟阀安装（第 6.2.7 条第 1、5 款）</td><td></td><td></td><td></td><td></td><td></td></tr>
<tr><td>6. 正压风口的安装（第 6.2.8 条）</td><td></td><td></td><td></td><td></td><td></td></tr>
<tr><td>7. 风管严密性检验（第 6.2.9 条）</td><td></td><td></td><td></td><td></td><td></td></tr>
<tr><td>8. 柔性短管必须为不燃材料（第 5.2.7 条）</td><td></td><td></td><td></td><td></td><td></td></tr>
<tr><td rowspan="5">一般项目</td><td>1. 风管支吊架（第 6.3.1 条）</td><td></td><td></td><td></td><td></td><td></td><td rowspan="5">—</td></tr>
<tr><td>2. 风管系统的安装（第 6.3.2 条）</td><td></td><td></td><td></td><td></td><td></td></tr>
<tr><td>3. 柔性短管安装（第 6.3.5 条）</td><td></td><td></td><td></td><td></td><td></td></tr>
<tr><td>4. 防、排烟风阀的安装（第 6.3.8 条第 2、3 款）</td><td></td><td></td><td></td><td></td><td></td></tr>
<tr><td>5. 风口安装（第 6.3.13 条）</td><td></td><td></td><td></td><td></td><td></td></tr>
<tr><td colspan="2">施工单位检查结果评定</td><td colspan="8">专业工长：
项目专业质量检查员：
年　　月　　日</td></tr>
<tr><td colspan="2">监理单位验收结论</td><td colspan="8">专业监理工程师：
年　　月　　日</td></tr>
</table>

附表 7　风管系统安装检验批质量验收记录(空调风系统)

单位(子单位)工程名称		分部(子分部)工程名称		分项工程名称	
施工单位		项目负责人		检验批容量	
分包单位		分包单位项目负责人		检验批部位	
施工依据		验收依据			

	设计要求及质量验收规范的规定	施工单位质量评定记录	监理(建设单位)验收记录						
			单项检验批产品数量(N)	单项抽样样本数(n)	检验批汇总数量$\sum N$	抽样样本汇总数量$\sum n$	单项或汇总$\sum$抽样检验不合格数量	评判结果	备注
主控项目	1. 风管支吊架安装(第6.2.1条)								抽样数量及合格评定的要求按规范相关条文执行
	2. 风管穿越防火、防爆墙体或楼板(第6.2.2条)								
	3. 风管内严禁其他管线穿越(第6.2.3条)								
	4. 高于60℃风管系统(第6.2.4条)								
	5. 风管及部件安装(第6.2.7条第1、3、4、5款)								
	6. 风口安装(第6.2.8条)								
	7. 风管严密性检验(第6.2.9条)								
	8. 病毒实验室风管安装(第6.2.12条)								
一般项目	1. 风管支吊架(第6.3.1条)								—
	2. 风管系统的安装(第6.3.2条)								
	3. 柔性短管安装(第6.3.5条)								
	4. 非金属风管安装(第6.3.6条第1、2款)								
	5. 复合材料风管安装(第6.3.7条)								
	6. 风阀安装(第6.3.8条第1、2款)								
	7. 消声器及静压箱安装(第6.3.11条)								
	8. 风管过滤器安装(第6.3.12条)								
	9. 风口的安装(第6.3.13条)								

施工单位检查结果评定	专业工长： 项目专业质量检查员： 年　月　日
监理单位验收结论	专业监理工程师： 年　月　日

附表 8　风机与空气处理设备安装检验批验收记录(通风系统)

<table>
<tr><td colspan="2">单位(子单位)
工程名称</td><td colspan="2"></td><td colspan="2">分部(子分部)
工程名称</td><td></td><td>分项工程
名称</td><td colspan="2"></td></tr>
<tr><td colspan="2">施工单位</td><td></td><td colspan="3">项目负责人</td><td></td><td>检验批容量</td><td colspan="2"></td></tr>
<tr><td colspan="2">分包单位</td><td></td><td colspan="3">分包单位项目负责人</td><td></td><td>检验批部位</td><td colspan="2"></td></tr>
<tr><td colspan="2">施工依据</td><td></td><td colspan="3">验收依据</td><td colspan="4"></td></tr>
<tr><td rowspan="2"></td><td rowspan="2">设计要求及质量验收规范的规定</td><td rowspan="2">施工单位质量评定记录</td><td colspan="7">监理(建设单位)验收记录</td></tr>
<tr><td>单项检验批产品数量(N)</td><td>单项抽样样本数(n)</td><td>检验批汇总数量$\sum N$</td><td>抽样样本汇总数量$\sum n$</td><td>单项或汇总$\sum$抽样检验不合格数量</td><td>评判结果</td><td>备注</td></tr>
<tr><td rowspan="7">主控项目</td><td>1. 风机及风机箱的安装(第 7.2.1 条)</td><td></td><td></td><td></td><td rowspan="7"></td><td rowspan="7"></td><td></td><td></td><td rowspan="7">抽样数量及合格评定的要求按规范相关条文执行</td></tr>
<tr><td>2. 通风机安全措施(第 7.2.2 条)</td><td></td><td></td><td></td><td></td><td></td></tr>
<tr><td>3. 空气热回收装置的安装(第 7.2.4 条)</td><td></td><td></td><td></td><td></td><td></td></tr>
<tr><td>4. 除尘器的安装(第 7.2.6 条)</td><td></td><td></td><td></td><td></td><td></td></tr>
<tr><td>5. 静电式空气净化装置安装(第 7.2.10 条)</td><td></td><td></td><td></td><td></td><td></td></tr>
<tr><td>6. 电加热器的安装(第 7.2.11 条)</td><td></td><td></td><td></td><td></td><td></td></tr>
<tr><td>7. 过滤吸收器的安装(第 7.2.12 条)</td><td></td><td></td><td></td><td></td><td></td></tr>
<tr><td rowspan="8">一般项目</td><td>1. 风机及风机箱的安装(第 7.3.1 条)</td><td></td><td></td><td></td><td rowspan="8"></td><td rowspan="8"></td><td></td><td></td><td rowspan="8">—</td></tr>
<tr><td>2. 风幕机的安装(第 7.3.2 条)</td><td></td><td></td><td></td><td></td><td></td></tr>
<tr><td>3. 空气过滤器的安装(第 7.3.5 条)</td><td></td><td></td><td></td><td></td><td></td></tr>
<tr><td>4. 蒸汽加湿器安装(第 7.3.6 条)</td><td></td><td></td><td></td><td></td><td></td></tr>
<tr><td>5. 空气热回收器的安装(第 7.3.8 条)</td><td></td><td></td><td></td><td></td><td></td></tr>
<tr><td>6. 除尘器安装(第 7.3.11 条)</td><td></td><td></td><td></td><td></td><td></td></tr>
<tr><td>7. 现场组装静电除尘器的安装(第 7.3.12 条)</td><td></td><td></td><td></td><td></td><td></td></tr>
<tr><td>8. 现场组装布袋除尘器的安装(第 7.3.13 条)</td><td></td><td></td><td></td><td></td><td></td></tr>
<tr><td colspan="2">施工单位检查结果评定</td><td colspan="8">专业工长：
项目专业质量检查员：
年　月　日</td></tr>
<tr><td colspan="2">监理单位验收结论</td><td colspan="8">专业监理工程师：
年　月　日</td></tr>
</table>

附表 9　风机与空气处理设备安装检验批验收记录(舒适空调系统)

单位(子单位)工程名称		分部(子分部)工程名称		分项工程名称	
施工单位		项目负责人		检验批容量	
分包单位		分包单位项目负责人		检验批部位	
施工依据		验收依据			

	设计要求及质量验收规范的规定	施工单位质量评定记录	监理(建设单位)验收记录						
			单项检验批产品数量(N)	单项抽样样本数(n)	检验批汇总数量$\sum N$	抽样样本汇总数量$\sum n$	单项或汇总$\sum$抽样检验不合格数量	评判结果	备注
主控项目	1. 风机及风机箱的安装(第 7.2.1 条)								抽样数量及合格评定的要求按规范相关条文执行
	2. 通风机安全措施(第 7.2.2 条)								
	3. 单元式与组合式空调机组(第 7.2.3 条)								
	4. 空气热回收装置的安装(第 7.2.4 条)								
	5. 空调末端设备安装(第 7.2.5 条)								
	6. 静电式空气净化装置安装(第 7.2.10 条)								
	7. 电加热器的安装(第 7.2.11 条)								
	8. 过滤吸收器的安装(第 7.2.12 条)								
一般项目	1. 风机及风机箱的安装(第 7.3.1 条)								—
	2. 风幕机的安装(第 7.3.2 条)								
	3. 单元式空调机组的安装(第 7.3.3 条)								
	4. 组合式空调机组、新风机组安装(第 7.3.4 条)								
	5. 空气过滤器的安装(第 7.3.5 条)								
	6. 蒸汽加湿器的安装(第 7.3.6 条)								
	7. 紫外线、离子空气净化装置的安装(第 7.3.7 条)								
	8. 空气热回收器的安装(第 7.3.8 条)								
	9. 风机盘管的安装(第 7.3.9 条)								
	10. 变风量、定风量末端装置的安装(第 7.3.10 条)								

施工单位检查结果评定	专业工长： 项目专业质量检查员： 年　月　日
监理单位验收结论	专业监理工程师： 年　月　日

附表10　空调制冷机组及系统安装检验批质量验收记录(制冷机组及辅助设备)

单位(子单位)工程名称		分部(子分部)工程名称		分项工程名称	
施工单位		项目负责人		检验批容量	
分包单位		分包单位项目负责人		检验批部位	
施工依据		验收依据			

	设计要求及质量验收规范的规定	施工单位质量评定记录	监理(建设单位)验收记录						
			单项检验批产品数量(N)	单项抽样样本数(n)	检验批汇总数量$\sum N$	抽样样本汇总数量$\sum n$	单项或汇总$\sum$抽样检验不合格数量	评判结果	备注
主控项目	1. 制冷设备与附属设备安装(第8.2.1条)								抽样数量及合格评定的要求按规范相关条文执行
	2. 直膨表冷器的安装(第8.2.3条)								
	3. 燃油系统的安装(第8.2.4条)								
	4. 燃气系统的安装(第8.2.5条)								
	5. 制冷设备的严密性试验及试运行(第8.2.6条)								
	6. 氨制冷机安装(第8.2.8条)								
	7. 多联机空调(热泵)系统安装(第8.2.9条)								
	8. 空气源热泵机组的安装(第8.2.10条)								
	9. 吸收式制冷机组安装(第8.2.11条)								
一般项目	1. 制冷及附属设备安装(第8.3.1条)								—
	2. 模块式冷水机组安装(第8.3.2条)								
	3. 多联机及系统安装(第8.3.6条)								
	4. 空气源热泵的安装(第8.3.7条)								
	5. 燃油泵与载冷剂泵的安装(第8.3.8条)								
	6. 吸收式制冷机组的安装(第8.3.9条)								

施工单位检查结果评定	专业工长： 项目专业质量检查员： 年　月　日
监理单位验收结论	专业监理工程师： 年　月　日

附表 11　空调水系统检验批质量验收记录(水泵及附属设备)

<table>
<tr><td colspan="2">单位(子单位)
工程名称</td><td colspan="3"></td><td colspan="2">分部(子分部)
工程名称</td><td></td><td>分项工程
名称</td><td></td></tr>
<tr><td colspan="2">施工单位</td><td colspan="2"></td><td colspan="3">项目负责人</td><td></td><td>检验批容量</td><td></td></tr>
<tr><td colspan="2">分包单位</td><td colspan="2"></td><td colspan="3">分包单位项目负责人</td><td></td><td>检验批部位</td><td></td></tr>
<tr><td colspan="2">施工依据</td><td colspan="2"></td><td colspan="3">验收依据</td><td colspan="3"></td></tr>
<tr><td colspan="2" rowspan="2">设计要求及质量
验收规范的规定</td><td rowspan="2">施工单位质量评定记录</td><td colspan="7">监理(建设单位)验收记录</td></tr>
<tr><td>单项检验批产品数量(N)</td><td>单项抽样样本数(n)</td><td>检验批汇总数量$\sum N$</td><td>抽样样本汇总数量$\sum n$</td><td>单项或汇总$\sum$抽样检验不合格数量</td><td>评判结果</td><td>备注</td></tr>
<tr><td rowspan="6">主控项目</td><td>1. 系统的管材与配件验收(第 9.2.1 条)</td><td></td><td></td><td></td><td rowspan="6"></td><td rowspan="6"></td><td></td><td></td><td rowspan="6">抽样数量及合格评定的要求按规范相关条文执行</td></tr>
<tr><td>2. 阀门的检验、试压(第 9.2.4 条第 1 款)</td><td></td><td></td><td></td><td></td><td></td></tr>
<tr><td>3. 水泵、冷却塔安装(第 9.2.6 条)</td><td></td><td></td><td></td><td></td><td></td></tr>
<tr><td>4. 水箱、集水器、分水器安装(第 9.2.7 条)</td><td></td><td></td><td></td><td></td><td></td></tr>
<tr><td>5. 蓄能储槽安装(第 9.2.8 条)</td><td></td><td></td><td></td><td></td><td></td></tr>
<tr><td>6. 地源热泵换热器安装(第 9.2.9 条)</td><td></td><td></td><td></td><td></td><td></td></tr>
<tr><td rowspan="9">一般项目</td><td>1. 现场设备的焊接(第 9.3.2 条第 3 款)</td><td></td><td></td><td></td><td rowspan="9"></td><td rowspan="9"></td><td></td><td></td><td rowspan="9">—</td></tr>
<tr><td>2. 风机盘管、冷排管等设备管道连接(第 9.3.7 条)</td><td></td><td></td><td></td><td></td><td></td></tr>
<tr><td>3. 附属设备安装(第 9.3.10 条)</td><td></td><td></td><td></td><td></td><td></td></tr>
<tr><td>4. 冷却塔安装(第 9.3.11 条)</td><td></td><td></td><td></td><td></td><td></td></tr>
<tr><td>5. 水泵及附属设备安装(第 9.3.12 条)</td><td></td><td></td><td></td><td></td><td></td></tr>
<tr><td>6. 水箱、集水器、分水器、膨胀水箱等安装(第 9.3.13 条)</td><td></td><td></td><td></td><td></td><td></td></tr>
<tr><td>7. 地源热泵换热器安装(第 9.3.15 条)</td><td></td><td></td><td></td><td></td><td></td></tr>
<tr><td>8. 地表水换热器安装(第 9.3.16 条)</td><td></td><td></td><td></td><td></td><td></td></tr>
<tr><td>9. 蓄能系统设备安装(第 9.3.17 条)</td><td></td><td></td><td></td><td></td><td></td></tr>
<tr><td colspan="2">施工单位检查结果评定</td><td colspan="8">专业工长：
项目专业质量检查员：
年　月　日</td></tr>
<tr><td colspan="2">监理单位验收结论</td><td colspan="8">专业监理工程师：
年　月　日</td></tr>
</table>

附表 12　空调冷热水系统安装检验批质量验收记录(金属管道)

单位(子单位)工程名称		分部(子分部)工程名称		分项工程名称	
施工单位		项目负责人		检验批容量	
分包单位		分包单位项目负责人		检验批部位	
施工依据		验收依据			

	设计要求及质量验收规范的规定	施工单位质量评定记录	监理(建设单位)验收记录						
			单项检验批产品数量(N)	单项抽样样本数(n)	检验批汇总数量$\sum N$	抽样样本汇总数量$\sum n$	单项或汇总$\sum$抽样检验不合格数量	评判结果	备注
主控项目	1. 管道的管材与配件验收(第 9.2.1 条)								抽样数量及合格评定的要求按规范相关条文执行
	2. 管道的连接安装(第 9.2.2 条第 2、3、5 款)								
	3. 隐蔽管道的验收(第 9.2.2 年第 1 款)								
	4. 系统的冲洗、排污(第 9.2.2 条第 4 款)								
	5. 系统的试压(第 9.2.3 条)								
	6. 阀门的安装(第 9.2.4 条)								
	7. 阀门的检验、试压(第 9.2.4 条第 1 款)								
	8. 管道补偿器安装及固定支架(第 9.2.5 条)								
	9. 地源热泵换热器安装(第 9.3.1 条)								
一般项目	1. 塑料管道的焊接(第 9.3.1 条)								—
	2. 管道的法兰连接(第 9.3.4 条)								
	3. 管道的安装(第 9.3.5 条第 1、3、4 款)								
	4. 塑料管道支架(第 9.3.9 条)								
	5. 阀门及其他部件的安装(第 9.3.10 条)								
	6. 补偿器安装(第 9.3.14 条)								
	7. 地源热泵换热器汇集管安装(第 9.3.15 条)								

施工单位检查结果评定	专业工长： 项目专业质量检查员： 年　月　日
监理单位验收结论	专业监理工程师： 年　月　日

附表 13　防腐与绝热施工检验批质量验收记录(风管系统与设备)

单位(子单位)工程名称		分部(子分部)工程名称		分项工程名称	
施工单位		项目负责人		检验批容量	
分包单位		分包单位项目负责人		检验批部位	
施工依据		验收依据			

	设计要求及质量验收规范的规定	施工单位质量评定记录	监理(建设单位)验收记录						
			单项检验批产品数量(N)	单项抽样样本数(n)	检验批汇总数量$\sum N$	抽样样本汇总数量$\sum n$	单项或汇总$\sum$抽样检验不合格数量	评判结果	备注
主控项目	1. 防腐涂料的验证(第10.2.1条)								抽样数量及合格评定的要求按规范相关条文执行
	2. 绝热材料规定(第10.2.2条)								
	3. 绝热材料复验规定(第10.2.3条)								
	4. 洁净室内风管绝热材料规定(第10.2.4条)								
一般项目	1. 防腐涂层质量(第10.3.1条)								—
	2. 空调设备、部件油漆或绝热(第10.3.2条)								
	3. 绝热层施工(第10.3.3条)								
	4. 风管橡塑绝热材料施工(第10.3.4条)								
	5. 风管绝热层保温钉固定(第10.3.5条)								
	6. 防潮层的施工与绝热胶带固定(第10.3.7条)								
	7. 绝热涂料(第10.3.8条)								
	8. 金属保护壳的施工(第10.3.9条)								

施工单位检查结果评定	专业工长： 项目专业质量检查员： 年　月　日
监理单位验收结论	专业监理工程师： 年　月　日